Salvatore Giammusso

Hermeneutik und Anthropologie

Philosophische Anthropologie
Band 8

Herausgegeben von Hans-Peter Krüger und Gesa Lindemann

Was bisher Leben und Bewusstsein, Sprache und Geist genannt wurde, steht in den neuen biomedizinischen, soziokulturellen und kommunikationstechnologischen Verkörperungen zur Disposition. Diese neuen Sozio-Technologien führen zu einer tief greifenden anthropologischen Entsicherung, die eine offensive Erneuerung der Selbstbefragung des Menschen als vergesellschaftetes Individuum und als Spezies herausfordert.

Die philosophische Anthropologie reflektiert die Grenzen sowie die interdisziplinären Grenzübergänge zwischen den verschiedenen erfahrungswissenschaftlichen Disziplinen und ihren jeweiligen Anthropologien. Sie behandelt diese Grenzfragen philosophisch im Hinblick auf die Fraglichkeit der Lebensführung im Ganzen.

Diese Reihe ist ein Ort für die Publikation von Texten zur philosophischen Anthropologie. In ihr werden herausragende Monographien und Diskussionsbände zum Thema veröffentlicht.

Salvatore Giammusso

Hermeneutik und Anthropologie

Akademie Verlag

Gedruckt mit Unterstützung des Programms FARO 2011 und des Forschungsprogramms 2011 des Fachbereichs Philosophie „A. Aliotta" der Universität Neapel „Federico II".

Pubblicato con un contributo del programma FARO 2011 e della ricerca dipartimentale 2011 – Dipartimento di filosofia „A. Aliotta", Università degli studi di Napoli „Federico II".

Redaktionelle Bearbeitung: Frank Hermenau, Kassel

Bibliografische Information der Deutschen Nationalbibliothek
Die Deutsche Nationalbibliothek verzeichnet diese Publikation in der Deutschen Nationalbibliografie; detaillierte bibliografische Daten sind im Internet über http://dnb.d-nb.de abrufbar.

Ein Wissenschaftsverlag der Oldenbourg Gruppe

www.akademie-verlag.de

Lektorat: Mischka Dammaschke
Einbandgestaltung: Petra Florath, Berlin
Satz: Frank Hermenau, Kassel
Druck: MB Medienhaus Berlin
Bindung: Norbert Klotz, Jettingen-Scheppach

Dieses Papier ist alterungsbeständig nach DIN/ISO 9706.

ISBN 978-3-05-005555-8
E-Book: ISBN 978-3-005812-2

Meinem Lehrer
Giuseppe Cacciatore
in Dankbarkeit

Inhaltsverzeichnis

Vorwort

In diesem Band sind Vorträge und Aufsätze versammelt, die ich in über zwei Jahrzehnten in deutscher Sprache zum Thema einer hermeneutischen Anthropologie geschrieben habe. Die Schriften sind aus unterschiedlichen Anlässen entstanden, aber sie beschäftigen sich überwiegend mit einer Auslegung und einer produktiven Aneignung der Anthropologie, so wie sie in der modernen Philosophie von Wilhelm Dilthey und seiner Schule vertreten wurde. Bei der Deutung dieser Denkrichtung spielt der Gedanke des Unergründlichen – vita abscondita – eine wichtige Rolle, weil er erkenntnistheoretische und ethische Aspekte verbindet. Das Leben für unergründlich zu halten bedeutet, mit der Kreativität menschlichen Seins Ernst zu machen. Grundlosigkeit und Kreativität sind in dieser Hinsicht ein und dasselbe. Das Leben kann in seinem kreativen Charakter weder auf die Strukturen des Seins noch auf das Apriori einer transzendentalen Subjektivität reduziert werden. Es ist ein produktives Ganzes, das ständig neue individuelle Formen entstehen lässt. Indem die diltheysche Tradition die Idee der Unergründlichkeit betont, rückt sie die Frage nach einem angemessenen Verstehen der individuellen, kreativen Phänomene menschlicher Lebensformen in die Mitte der Erkenntnistheorie. Sie will deshalb die Daseinsontologie und den Transzendentalismus durch eine Hermeneutik ersetzen, die die Lebenswelt als Textur von Bezügen und produktiven Spannungen zwischen Individualitäten und historischen Kontexten auslegt. Der Gedanke der Unergründlichkeit beschränkt sich aber nicht auf das Gebiet der Erkenntnistheorie. Das Leben für unergründlich zu nehmen hat praktische Konsequenzen. Ein hermeneutisches Philosophieren, das an diese Idee anknüpft, tritt entschieden für einen emanzipatorischen Demokratiebegriff sowie für eine Erziehung zur Urteilsfähigkeit im Dialog und öffentlichen Leben ein. Eine Haltung der integrativen Offenheit und der Ehrfurcht vor dem Leben ist ihr ethischer Vorschlag, dem ein Verstehen der Natur entspricht, die wir immer schon sind. In dieser Perspektive bildet die Frage, was der Mensch sei, kein zeitloses Problem der Philosophiegeschichte, sondern umreißt den Themenbereich einer hermeneutischen Anthropologie, die sich für die Ergebnisse der Einzelwissenschaften und für die Probleme des praktischen Lebens offen hält.

***

Nach zwanzig Jahren der anthropologischen Forschung sollte ich mich bei so vielen Menschen mit vielen Worten bedanken, dass ich am besten im Schweigen meine Verpflichtung ausdrücke. Ohne Zweifel werden sie in diesen Schriften die Spuren eines gemeinsamen Dialogs finden. Ich erwähne nur jene Bochumer Lehrer wie Frithjof Rodi, Gunter Scholtz, Bernhard Waldenfels, die meine Arbeit im Bereich der Phänomenologie und Hermeneutik förderten. Ein besonderes Wort des Dankes möchte ich Friedrich Kümmel dafür aussprechen, dass er im offenen Gespräch viele Denkanstöße gegeben und zur Veröffentlichung meiner Beiträge zur hermeneutischen Anthropologie motiviert hat. Zwei angesehene Kollegen haben dieses Projekt ermöglicht: Hans-Peter Krüger hat es beim Akademie Verlag unterstützt und Fabrizio Lomonaco, der geschäftsführende Direktor meines Fachbereichs, hat für eine Finanzierung gesorgt. Beiden bin ich sehr dankbar.

I Zur Einführung: Der Gedanke der Unergründlichkeit des Lebens bei Dilthey und in seiner Schule

1. „Homo absconditus" lautet der Titel eines späten Aufsatzes von Helmuth Plessner,[1] dem Mitbegründer der philosophischen Anthropologie. Der Gedanke der Verborgenheit des Menschen gehört eigentlich schon seit Dilthey zur Tradition der lebensphilosophischen Hermeneutik und kann als eine ihrer inspirierenden Ideen in theoretischer und praktischer Hinsicht gelten.[2] „In jedem allgemeinen Zug des Lebens" – so hatte Dilthey seine These vertreten – „liegt ein Verhältnis zur Bedeutung des Lebens überhaupt, sonach etwas ganz Unergründliches."[3] Es war das Verdienst Georg Mischs, des Schülers und Schwiegersohns Diltheys, diese Idee weitergeführt zu haben. Im „Vorbericht" zum fünften Band der *Gesammelten Schriften* hatte Misch, anknüpfend an Materialien aus dem Nachlass Diltheys, dem Begriff der Unergründlichkeit eine zentrale Rolle für die Theorie der Geisteswissenschaften zugeschrieben.[4] Der Begriff tauchte wieder auf im Aufsatz „Die Idee der Lebensphilosophie in der Theorie der Geisteswissenschaften", aber erst in *Lebensphilosophie und Phänomenologie* und dann ausführlicher in den Logik-Vorlesungen rückte Misch Diltheys Idee in den Mittelpunkt seines systematischen Ansatzes.[5] Von Misch kamen dann entscheidende Impulse für die Weiterentwicklung

[1] H. Plessner, *Gesammelte Schriften*, hg. von G. Dux, O. Marquard und E. Ströker unter Mitwirkung von R. W. Schmidt, A. Wetterer, M.-J. Zemlin, Frankfurt a. M., 1980–86, Bd. VIII, 359 (im Folgenden zitiert als GS).

[2] Zum Begriff der Unergründlichkeit im Zusammenhang mit der Lebensphilosophie vgl. O. F. Bollnow, *Die Lebensphilosophie*, Berlin/Göttingen/Heidelberg 1958, bes. 104–106; dazu siehe auch F. Fellmann, *Lebensphilosophie. Elemente einer Theorie der Selbsterfahrung*, Reinbek bei Hamburg 1993, 108–123.

[3] W. Dilthey, *Gesammelte Schriften,* 26 Bde., Bd. V, 394 (im Folgenden zitiert als GS mit Bandnummer und Seitenzahl).

[4] G. Misch, „Vorbericht des Herausgebers", in: W. Dilthey, GS V, Leipzig/Berlin 1924, VII–XCVII.

[5] G. Misch, „Die Idee der Lebensphilosophie in der Theorie der Geisteswissenschaften" [1924], zitiert nach F. Rodi/H.-U. Lessing (Hg.), *Materialien zur Philosophie Wilhelm Diltheys*, Frankfurt a. M., 132–146; ders., *Lebensphilosophie und Phänomenologie. Eine Auseinandersetzung der Dilthey'schen Richtung mit Heidegger und Husserl*, Darmstadt ³1967; ders., *Der Aufbau der Logik*

der hermeneutischen Theorie und für die Konjunktur des Unergründlichkeitsbegriffs bei Autoren wie Helmuth Plessner und Otto Friedrich Bollnow.[6] Plessner verstand bereits Mitte der zwanziger Jahre die Phänomenologie als Instrument im Dienst der Lebensphilosophie.[7] In *Macht und menschliche Natur* (1931) bezog er sich explizit auf Mischs Gedanken des Unergründlichen und formulierte den Begriff der Macht als „Mächtigkeit" und Offenheit zur historischen Welt, der dann im späten Aufsatz in der Form des „Homo absconditus" auftritt. Otto Friedrich Bollnow wiederum schloss sich an die Werke Diltheys, Mischs und Plessners an. Er verteidigte diesen lebensphilosophischen Ansatz bereits in den dreißiger Jahre,[8] als Misch und Plessner in die Emigration gingen. In der Nachkriegszeit hielt Bollnow an diesem theoretischen Zusammenhang fest und stellte ihn auf die Probe, vor allem anhand von Phänomenen wie Raum, Zeit und Sprache.[9]

Die Idee des „Homo absconditus" kann mit guten Gründen als Emblem der lebenshermeneutischen Denkrichtung ausgelegt werden. Wie ist es aber zu verstehen, dass der Mensch sich selbst verborgen bleibt und sowohl die historischen Phänomene als auch die Erkenntnis als unergründlich zu betrachten sind? In den folgenden Ausführungen werde ich das Thema in seinem begrifflichen Umfang diskutieren und es dann in den hier versammelten Beiträgen aus jeweils unterschiedlichen Perspektiven weiterverfolgen. Thesenhaft sei vorangeschickt, dass dieser Gedanke des Unergründlichen nicht in den Skeptizismus mündet. Eine auf ihm basierende hermeneutische Anthropologie gibt keineswegs das rationale Projekt der Aufklärung preis; vielmehr integriert sie es, indem sie die Unmöglichkeit eines archimedischen Punktes im Leben in ihren praktischen und theoretischen Konsequenzen als verbindlich ansieht.

2. Ich gehe von Dilthey aus und nehme dabei das soeben kurz umrissene Thema der Unergründlichkeit wieder auf. In dem systematischen Fragment „Leben und Erkennen" (ca. 1892–93) schreibt Dilthey, dass die Unergründlichkeit ein Merkmal sowohl der Natur als auch der Kultur als Aspekten des Lebens ist. „Jedes Kunstwerk" – so schreibt er – „ist als Lebendigkeit wahr, doch unergründlich, wie die Natur selber, da diese eben ein Teil des Lebens ist, daher vieldeutig, inexplikabel."[10] Nach Dilthey ist das Leben

---

auf dem Boden der Philosophie des Lebens. Göttinger Vorlesungen über Logik und Einleitung in die Theorie des Wissens, hg. von G. Kühne-Bertram und F. Rodi, Freiburg/München 1994.

[6] Zur „Göttinger Logik" vgl. O. F. Bollnow, „Lebensphilosophie und Logik", in: ders., *Studien zur Hermeneutik*, Bd. II, Freiburg/München 1983, 13–28; F. Rodi, „Hermeneutische Logik im Umfeld der Phänomenologie: Georg Misch, Hans Lipps, Gustav Špet", in ders., *Erkenntnis des Erkannten. Zur Hermeneutik des 19. und 20. Jahrhunderts*, Frankfurt a. M. 1990 , 147–167; G. Kühne-Bertram, „Logik als Philosophie des Logos. Zu Geschichte und Begriff der hermeneutischen Logik", in: *Archiv für Begriffsgeschichte* 33 (1993), 260–293.

[7] Zu Plessner im Zusammenhang mit der „Göttinger Logik" vgl. *Dilthey-Jahrbuch für Philosophie und Geschichte der Geisteswissenschaften*, 7 (1990–91), hg. von F. Rodi; ferner S. Giammusso, *Potere e comprendere. La questione dell'esperienza storica e l'opera di Helmuth Plessner*, Mailand 1995, und H.-U. Lessing, *Hermeneutik der Sinne*, Freiburg/München 1998.

[8] O. F. Bollnow, *Dilthey. Eine Einführung in seine Philosophie*, Leipzig/Berlin 1936, Schaffhausen ^{4}1980.

[9] Vgl dazu S. Giammusso, *La forma aperta. La questione di un'ermeneutica della vita nell'opera di O. F. Bollnow*, Mailand 2008.

[10] W. Dilthey, GS XIX, 358.

ein „Rätsel" und als solches „immer gleich unergründlich".[11] In seinem „Traum", einem Entwurf zu einer Rede zu seinem 70. Geburtstag, lassen sich Töne vernehmen, die diese Idee vertiefen und fortsetzen: Dilthey redet hier von einem „unermeßlichen, unfaßlichen, unergründlichen Universum"[12] und vom „geheimnisvoll unergründlichen Antlitz des Lebens mit dem lachenden Mund und den schwermütig blickenden Augen".[13] Bei diesen Formulierungen könnte eine negative Sichtweise vermutet werden, als ob das Leben unverständlich und irrational sei;[14] so ist es aber nicht. In erster Linie ist daran zu erinnern, dass Dilthey in diesem Zusammenhang das Leben als historisches Leben versteht, in dem die unterschiedlichen Weltanschauungen und Kultursysteme um den Vorrang kämpfen. Aber die konkurrierenden Weltanschauungen können höchstens jeweils eine Seite des Wirklichen zum Ausdruck bringen. Ein erkenntnistheoretisches Fragment aus der siebziger Jahren deutet diese Einseitigkeit der Weltanschauungen an: „Die Unergründlichkeit der Welt" – so Dilthey – „stellt sich in der Tatsache dar, daß jedes System nur Eine Seite auffaßt."[15] Der Geisteshistoriker muss dann an die Kultursysteme herangehen, ohne dabei zu vergessen, dass keines von ihnen das Monopol der Wahrheit für sich beanspruchen kann. Er weiß, dass „die Weltanschauungen in der Natur des Universums und dem Verhältnis des endlichen auffassenden Geistes zu denselben" gegründet sind,[16] aber er akzeptiert zugleich den Kampf der Weltanschauungen als unerschöpflich und unentscheidbar. Die behauptete Unergründlichkeit der historischen Welt hat dann bei Dilthey ein befreiendes Element, weil sich der Historiker für unterschiedliche Positionen offen halten kann.

Nun hat der Gedanke des Unergründlichen bei Dilthey auch andere Facetten, die eng zusammengehören. Es sei hier an eine schöne Metapher erinnert, mit der Dilthey die geisteswissenschaftliche Erkenntnis und das Leben zueinander in Verbindung setzt. „Das Leben" – sagt Dilthey in einer von Misch zitierten Notiz – „ist dieser Strom, dieses Meer, unergründlich"; und an anderer Stelle: „Jede Geisteswissenschaft ist entweder Wirklichkeitsdarstellung oder sie besteht aus Abstraktionen, welche nur Teilinhalte des Wirklichen enthalten. Sie gleicht einer Brücke, die über einen mächtigen Strom führt, einem Schiffe, das über das uns nicht ergründliche Meer ..."[17] fährt. Man sieht: Bei der Unergründlichkeit geht es in erster Linie um einen lebensphilosophischen Kampfbegriff, der gegen eine statische Seinsauffassung polemisiert. An ihrer Stellte möchte Dilthey eine Idee des historischen Lebens als „mächtigen Strom", als Einheit von Bewegung und Form vorschlagen.[18] Daraus folgt ferner eine praktische Haltung: Jeder Individualität in

---

[11] W. Dilthey, GS VIII, 145.

[12] W. Dilthey, GS VIII, 224.

[13] W. Dilthey, GS VIII, 226.

[14] Diese Auslegung Gadamers wurde infrage gestellt von O. F. Bollnow, *Studien zur Hermeneutik*, Bd. II, a. a. O., 32–34, und F. Rodi, „Traditionelle und philosophische Hermeneutik", in: ders., *Erkenntnis des Erkannten*, a. a. O, 89–101.

[15] W. Dilthey, GS XVIII, 200.

[16] W. Dilthey, GS VIII, 224.

[17] G. Misch, „Vorbericht", a. a. O., XLII; auch in „Die Idee der Lebensphilosophie in der Theorie der Geisteswissenschaften", a. a. O, 140.

[18] „Das Grundverhältnis ist" – schreibt Dilthey –, „daß vita motus perpetuus, Impuls, Streben, Ablauf, und doch zugleich [...] bewußter Besitz und Streben nach Festigkeit, das eben aus dem

der menschlichen Welt muss Rechnung getragen werden, wofür es einer offenen Haltung bedarf.[19] Aus dieser Gelassenheit der historischen Welt gegenüber kann der Historiker die Vergangenheit immer neu befragen; das ist eben die Aufgabe der Geisteswissenschaften, die zwar das tiefe Meer des Lebens durchschreiten, ohne doch seinen Grund ergründen zu können, und dies zunächst deswegen, weil es keinen Grund gibt, wie Bollnow in seinem Dilthey-Buch treffend dazu bemerkt. Mit dieser Idee der Grundlosigkeit menschlichen Seins und der Unmöglichkeit, das Leben auf den Begriff zu bringen, wirkt das historische Bewusstsein wie die Lanze Odins, die die Wunden heilt, die sie selbst gerissen hat.[20] Denn die Unergründlichkeit führt zu keiner Resignation, sondern – positiv formuliert – zu einer liberalen Haltung, die jede Einzelerscheinung als einen Aspekt des unergründlichen Ganzen würdigt.

Die Formulierungen Diltheys sind reich an Metaphern, aber sie sind keineswegs rhapsodisch. Wie die *Dilthey-Forschung* seit den achtziger Jahre gezeigt hat, wurden sie im Rahmen einer historisch-systematischen Begründung der Geisteswissenschaften entwickelt.[21] Wenn auch kursorisch, sei hier an den theoretischen Ort erinnert, an dem Leben und Denken von ihm erörtert werden. Im systematischen Teil seiner *Einleitung in die Geisteswissenschaften* („*Berliner Entwurf*", ca. 1893), behauptet Dilthey, dass das Denken viel tiefer als die Sphäre des Urteils ansetzt, denn selbst bei Denkakten wie Gefühlsregungen und Wertschätzungen gibt es bewusste Leistungen wie Unterscheiden und Verbinden, Einordnen von Eindrücken und Worten. Inneres Leben und Denken verweisen also aufeinander.[22] Dilthey spitzt die Idee mit der These zu, dass das Denken „im Leben auftritt, an dieses gebunden ist, und im Dienste seines Zusammenhangs steht".[23] Das Denken wird bei Dilthey also als „eine Funktion des Lebens" behandelt,[24] d. h. als eine logische Energie, die aus dem Leben selbst herauswächst und das Bewusstsein der äußeren Gegenstände sowie der inneren Motivationen gestaltet und vermehrt.[25] Aus diesem Grund kann Dilthey sagen, dass das Leben „gedankenmäßig, unserem Denken zugänglich" ist.[26] Die Gedankenmäßigkeit schließt freilich die Vielschichtigkeit nicht aus. Das Leben weist für Dilthey eigentlich eine viel zu komplexe Struktur auf, als dass sie durch starre allgemeine Verstandesbegriffe ausgesagt werden könnte.[27] Denn Letztere

---

Verlauf hervorgeht. Beides zusammen: ‚Gestaltung'." Vgl. G. Misch, *Lebensphilosophie und Phänomenologie*, a. a. O., 116; dazu F. Rodi, *Erkenntnis des Erkannten*, a. a. O., 125.

19 Das Phänomen der Individualität in der historistischen Forschungstradition hat vor allem G. Cacciatore untersucht in: „Ethik und Geschichtsphilosophie im kritischen Historismus", in D. Losurdo (Hg.), *Geschichtsphilosophie und Ethik*, Frankfurt a. M. 1998, 57–86.

20 O. F. Bollnow, Dilthey, a. a. O., 141, und ausführlicher G. Cacciatore, *La lancia di Odino. Teorie e metodi della scienza storica tra Ottocento e Novecento*, Mailand 1994.

21 Vgl. F. Rodi, „Il sistema ricostruito della ‚Einleitung in die Geisteswissenschaften' di Dilthey, in F. Bianco (Hg.), *Dilthey e il pensiero del Novecento*, Mailand 1985, 168–178; Ders., „Genesi e struttura della ‚Introduzione alle scienze dello spirito' di Dilthey", in: G. Cacciatore e G. Cantillo (Hg.), *Wilhelm Dilthey. Critica della metafisica e ragione storica*, Bologna 1985,187–206.

22 Dilthey, GS XIX, 318.

23 A. a. O., 345.

24 A. a. O., 318.

25 A. a. O., 320.

26 A. a. O., 307.

27 A. a. O., 320.

sind eindeutig und durchsichtig; es scheint, als ob sie dem Leben fremd wären. Dagegen ist das Leben ein strukturiertes Ganzes, das Kategorien erfordert, die aus dem Leben selbst kommen und es wiederum in seiner Komplexität verständlich machen. Es kann deshalb nicht verwundern, dass Dilthey behauptet, ihr Merkmal sei „die Unergründlichkeit ihres Gehaltes durch das Denken".[28]

Hier ist aber auch der systematische Ort des „tragischen Widerspruchs" zwischen Leben und Denken,[29] den der Gedanke der Unergründlichkeit andeutet. Dilthey behauptet, dass „das Leben für das Denken unergründlich bleibt" und dass „das Denken hinter dem Leben nicht zurück kann, weil es dessen Ausdruck ist."[30] Dilthey will damit darauf aufmerksam machen, dass der Macht des Verstehens in der Struktur des Lebens selbst eine Grenze gesetzt ist. Denn das Denken versucht, in seinen metaphysischen, religiösen und poetischen Formen ein sicheres Verstehen des Lebens zu finden; dieser Versuch muss jedoch scheitern, weil das Verstehen einen Lebenshorizont nicht hintergehen kann. Das Leben bleibt Quelle und Ziel des Denkens. Das hat Konsequenzen für die Philosophie. Sie kann nicht mehr beanspruchen, den Grund des Wirklichen begrifflich aufhellen zu können, aber sie darf sich auch nicht mit bloßer Skepsis zufriedengeben.[31] Dilthey sieht nun die Möglichkeit, diesen toten Punkt zu überwinden, indem er die Grundlosigkeit und Unergründlichkeit der menschlichen Welt zum Ausgangspunkt nimmt. Das Leben wird bei ihm als ein dynamisches Ganzes ausgelegt, das jeweils individuelle Formen strukturiert zum Ausdruck bringt. Die Formen des Lebens, die geisteswissenschaftlichen Gegenstände, sind immer in verschiedenen Wirkungszusammenhängen situiert und können wohl in ihrer kontextuellen Artikulation beschrieben und verstanden werden, aber das Leben selbst als schöpferische Macht lässt sich prinzipiell auf diese seine Formen nicht reduzieren. Somit wird aber nicht eine Skepsis unterstützt, sondern eine moderne Philosophie, die der Struktur und der Bewegung, also der Gestaltung des Lebens selbst gerecht wird. Dies ist kein Abschied vom rationalen Projekt der Moderne, sondern vielmehr seine Durchführung mit anderen und angemesseneren Mitteln.

3. Josef König hat ein interessantes Porträt von Georg Misch als Philosoph skizziert. Er betont die zentrale Rolle, die das Unergründliche in seiner Philosophie spielt.[32] Nach der Veröffentlichung der Logik-Vorlesungen wäre dem Urteil Königs nur hinzuzufügen, dass der Begriff der Unergründlichkeit bei Misch in Opposition zur „Gedankenmäßigkeit" im Zusammenhang einer Philosophie des Logos entwickelt wird. Misch nimmt zwei Ideen Diltheys auf und entfaltet sie auf dem Gebiet einer hermeneutischen Logik. Abgesehen von den Logik-Vorlesungen, ist Misch aber keineswegs ein systematischer Denker und es ist nicht einfach, in wenigen Absätzen den Reichtum seiner subtilen und raffinierten Thesen wiederzugeben. Ich werde mich im Folgenden auf die Interpretation des Logos

---

28 A. a. O., 361.

29 A. a. O., 357.

30 A. a. O., 347.

31 Vgl. dazu G. Cacciatore, *Scienza e filosofia in Dilthey*, Neapel 1976, 2 Bde., Bd. II, 366 ff.

32 J. König, „Georg Misch als Philosoph", in: *Nachrichten der Akademie der Wissenschaften in Göttingen, I. Philologisch-historische Klasse*, Nr. 7 (1967), 149–243, bes. 202 ff.

als metaphysischer Begriff und die konsequente Auseinandersetzung mit der Logik und der Ontologie beschränken.

Die ersten Ausführungen von Misch über den Begriff des Logos sind in den zwanziger Jahre entstanden. Schon in seiner *Philosophischen Fibel* setzt Misch den *logos* in Verbindung mit zwei anderen „metaphysischen Urworten": *tao* und *brahman*. Im Unterschied zu diesen zwei Begriffen der orientalischen Metaphysik weist Misch dem Begriff des *logos* eine abstraktere Eigentümlichkeit zu. Der Logos bezieht sich auf die Denkbarkeit des einheitlichen Prinzips von Mannigfaltigem. Damit hebt sich nach Misch die griechische Philosophie von der asiatischen Kosmologie ab und bekommt eine konkurrierende Stellung zur Religion.[33] Misch betont die Dialektik von Unendlichkeit und Gedankenmäßigkeit als wesentlichen Zug dieser vom Denken errichteten Ebene in der griechischen Kultur. „Die Gedankenmäßigkeit des Weltzusammenhanges fällt hier zusammen mit seiner Überschaubarkeit für das an der Gestalt der Dinge haftende Auge".[34] Im Vergleich zur orientalischen Kultur kommt es in der griechischen Philosophie zu einem neuen Verhältnis zwischen dem Unendlichem und der rationalen Form, wobei „das Wissen vom Unendlichen … nur im Dienste des Weltbegreifens auftritt: das Unendliche ist ‚Anfang' (arché), von dem etwas Anderes ausgeht, ist nicht etwas in sich selbst Vollendetes."[35]

In seinem Buch *Lebensphilosophie und Phänomenologie* knüpft Misch an Heraklits Begriff des Logos an, indem er die historische mit der systematischen Behandlung verbindet. Er will damit seinen nicht traditionellen Gebrauch des Terminus „Logik" rechtfertigen und die Idee des Unendlichen in die traditionelle Logik integrieren.

> „Denn das Wort ‚Logos' hat, mit dem vollen Gewicht genommen wie es von Heraklit zu einem Urwort der abendländischen Philosophie geprägt worden ist, eine doppelsinnige Bedeutung, die eben jenes Grundverhältnis von Gedankenmäßigkeit, Bedeutsamkeit und Unergründlichkeit betrifft: es bezeichnet in seiner Beziehung auf Maß, Gesetz und Ethos die Gedankenmäßigkeit des Lebens als etwas in seiner allgemeinen Verbindlichkeit Erkennbares und verstattet doch zugleich in bezug auf die Seele den Spruch, daß in ihr ‚der Logos sich selbst mehrt', und über diesen Zug der Produktivität hindurch, die eben nicht in der puren Lebendigkeit, sondern in dem ‚besonnenen Feuer' gefunden wird, die metaphysische Bestimmung, wonach die Unergründlichkeit der Seele gerade auf der Tiefgründigkeit des Logos in ihr beruht – οὕτω βαθὺν λόγον ἔχει".[36]

In Heraklits Prinzip, dem Feuer, sieht Misch das Zusammenwirken von Dynamik und Statik. Nun ist eben diese Dialektik von Bewegung und Ruhe im Logos enthalten. Der Logos wird somit als ein Urbegriff ausgelegt, in dem Gedankenmäßigkeit und Unergründlichkeit verflochten sind, weil er als rationales Maß des Mannigfaltigen zugleich in der Seele als unendliches Prinzip wirkt. Misch schreibt nun Heraklit das Verdienst zu,

---

[33] G. Misch, *Philosophische Fibel*, Leipzig/Berlin 1926, 54–56.

[34] A. a. O., 274.

[35] A. a. O., 275f.

[36] G. Misch, *Lebensphilosophie und Phänomenologie*, a. a. O., 51.

diesen doppelten Sinn des Logos als erster hervorgehoben zu haben. Das ist für Misch insofern wichtig, als er die Ontologie zugunsten einer Logik des Lebens verabschieden will, die die Unergründlichkeit in die Theorie des Wissens miteinbezieht.

Daher auch die Auseinandersetzung mit Husserl und der Phänomenologie. Der mathematische Ansatz hatte Husserl dazu geführt, das Gebiet der reinen Logik, der idealen Einheiten und invarianten Bedeutungen zu untersuchen. Im Vergleich zu Husserl betont Misch den bestimmt-unbestimmten Sinn des *logos*, also, in den Worten Diltheys: die Einheit von Leben und Form. In den Logik-Vorlesungen schreibt Misch, dass es einen gemeinten Sinn vor dem Ausdruck gibt, weil einer etwas und nicht etwas anderes meint, doch ist der Sinn auch unbestimmt, weil er sich nur in der Artikulation des Ausdrucks bestimmt.[37] Es sind zwei Auffassungen von Logik, die sich hier gegenüberstehen. Die husserlsche Auffassung strebt danach, sich als „reine und universale Wissenschaftslehre“[38] zu etablieren. Eine solche Logik ist auf der transzendentalen Subjektivität gegründet als dem ursprünglichen Logos, aus dem jedes andere logisches Element entsteht.[39] Die Logik von Misch entsteht auf lebensphilosophischem Boden, sie verzichtet von Anfang an auf feste Fundamente; ferner möchte sie die traditionelle Logik am Leitfaden eines als endlich-unendlich gedachten Logos transformieren.[40]

Nicht weniger kritisch war Misch in Bezug auf Heidegger. Heidegger teilte mit der Lebensphilosophie den Anspruch, mit der traditionellen Logik und dem akademischen Neukantianismus zu brechen. Heideggers Ansatz ist Diltheys Begriff eines Strukturzusammenhangs viel näher als Husserls Auffassung der reinen Logik. Bekanntlich stand Heideggers Daseinsanalytik im Dienst der Seinsfrage. Er wollte zu einer Idee des Seins kommen, die das Ontische und das Historische zusammenhalten konnte. An diesem Punkt scheiden sich die Geister. Misch wirft Heidegger vor, die Sphäre des Lebens auf die des Daseins zu restringieren.[41] Die Fundamentalontologie, welche die formale Struktur des Daseins herausarbeitet, biete aber ein zu enges Fundament für die Philosophie und es komme darauf an, die Unergründlichkeit in der Logik zu denken, sodass auf dieser Basis die Probleme der Ontologie gelöst werden können. Misch kritisiert Husserl und Heidegger, um dem Leben gerecht zu werden. Mit der These der Unergründlichkeit, des bestimmt-unbestimmten Charakters des Logos will Misch darauf hinaus, dass das Leben keinen Grund hat: Der Logos des Lebens ist grundlos und artikuliert sich jeweils in sinnvollen Zusammenhängen, die beschreibbar sind. Wo aber die offene Mächtigkeit des Lebens auf bestimmte Möglichkeiten eingeengt wird, da wird die lebensphilosophische Hermeneutik auch kritisch.

---

37 Vgl. G. Misch, *Der Aufbau der Logik*, a. a. O., 487 ff.

38 E. Husserl, *Formale und transzendentale Logik*, Halle/Saale 1929, Husserliana XVII, 8.

39 A. a. O., 280.

40 Vgl. dazu O. F. Bollnow, „Der Aufbau der Logik auf dem Boden einer Philosophie des Lebens“, in: ders., Studien zur Hermeneutik, Bd. II, a. a. O., 46–193; F. Rodi, „Der Logos des ‚getreuen Ausdrucks‘. Georg Mischs Kritik der ‚Logik-Ontologie‘ von Husserl und Heidegger“, in: ders., *Erkenntnis des Erkannten*, a. a. O., 123–146; und ferner die Beiträge, die in den Bde. 11 und 12 des *Dilthey-Jahrbuchs* erschienen sind.

41 G. Misch, *Lebensphilosophie und Phänomenologie*, a. a. O., 35.

4. Von hier aus ist Plessners Theorie der Unergründlichkeit gut in den Blick zu bekommen. Bereits in den *Grenzen der Gemeinschaft* sind Überlegungen zu lesen, die das Thema darstellen. Plessner setzt dem Naturding das psychische Leben gegenüber, das sich durch einen „Ungrundcharakter" bzw. seine Unergründlichkeit auszeichnet, wie man mit gutem Recht sagen kann. Denn das Psychische überschreitet ständig seine Bestimmungen, um wieder flüssig zu werden; es ist „Werden und Sein in einem",[42] d. h. Einheit von Bestimmtheit und Unbestimmtheit. In den *Grenzen* stehen diese Überlegungen über das psychische Leben innerhalb eines ethisch-politischen Zusammenhangs und es wird nicht direkt auf Dilthey und Misch Bezug genommen. Der Gedanke des Unergründlichen wird sozusagen nur operativ benutzt, wohingegen er in *Macht und menschliche Natur* ausdrücklich thematisiert wird. In diesem Werk führt Plessner diese Denkfigur fort, indem er an einer politischen Begründung der historischen Erfahrung arbeitet. Hier knüpft er an Dilthey an und schreibt ihm das Verdienst zu,

> „daß er die philosophische Haltung vorgezeichnet hat, die das ausspricht und im Medium der Wissenschaft praktiziert, was heute nicht mehr nur Sache der Gelehrten, sondern Sache des ganzen geistigen und öffentlichen Lebens in Europa ist: den Verzicht auf die Vormachtstellung des eigenen Wert- und Kategoriensystems mit der festen Überzeugung in seine Zukunftsfähigkeit zu verbinden."[43]

Plessner legt Dilthey als den Autor aus, der für eine Überwindung des Eurozentrismus plädiert hat, ohne einen Skeptizismus bzw. Dekadenzgedanken zu vertreten. Diese Position sei ihm dadurch möglich gewesen, dass er eine Anthropologie in die Mitte des historischen Wissens rückte, die eine Verbindung von Erfahrung und Verstehen herstellte. Das Prinzip der Unergründlichkeit ist der Leitfaden für diese produktive Verbindung. Den Menschen für unergründlich zu halten heißt bei Plessner, „den Menschen auch in den außerempirischen Dimensionen des rein Geistigen als Zurechnungssubjekt seiner Welt, als die ‚Stelle' des Hervorgangs aller überzeitlichen Systeme" zu sehen.[44] Das ist eine Betrachtungsweise, eine Möglichkeit, die im Zusammenhang einer radikalen historischen Weltansicht entsteht:[45] Die unhistorischen Kulturformen sollten dementsprechend von dem historischen Menschen verstanden werden, der sie hervorgebracht hat. Mit dieser Relativierung der Kultur ist aber auch der Anspruch preisgegeben, das menschliche „Wesen" endgültig zu bestimmen. Plessner behauptet nun, dass diese Möglichkeit den Pluralismus vom Ansatz her in die Geschichte hineinbringt. In diesem Sinn ist bei ihm der Gedanke des Unergründlichen, genauso wie bei Misch, ein kritisches Prinzip, das jede einseitige Auffassung des Menschen ablehnt.

Plessners Begriff der Unergründlichkeit deutet ferner eine offene Immanenz der historischen Welt an. Das Verhältnis zwischen Vergangenheit und Gegenwart ist demgemäß prinzipiell unvollendet, denn es stellt sich immer schon als gestaltet und zugleich weiter gestaltbar dar. Diese These betont die Verantwortung der Gegenwart, die ihre Macht über

---

[42] H. Plessner, *Grenzen der Gemeinschaft. Eine Kritik des sozialen Radikalismus*, GS V, 62.

[43] H. Plessner, *Macht und menschliche Natur*, GS V, 186.

[44] A. a. O., 148.

[45] A. a. O.

die Geschichte ausübt.[46] Mit dem Gedanken des Unergründlichen formuliert Plessner ein Plädoyer für eine aktive Stellung zur Geschichte, die zum politischen Engagement motiviert. Plessners Überwindung des Historismus qua indifferentem Relativismus der historischen Werte ist dann eine praktische: Erst wenn man sich selbst als unergründlich nimmt, d. h. in Kontexten situiert, und gleichzeitig offen für neue Entscheidungen ist, kann man die offene Mächtigkeit und die Verantwortung auch entdecken. Es hieße aber Plessner Unrecht tun, seinen Begriff der Unergründlichkeit für ein bloß praktisches Postulat zu halten. Es ist bei ihm eine lebensphilosophische Zeitauffassung vorausgesetzt als „Einheit einer aus der Vergangenheit her in die Zukunft und einer aus der Zukunft her in die Vergangenheit offenen Gegenwart".[47] Der Augenblick wird als bestimmt-unbestimmt ausgelegt, als Vermittlungsort zwischen dem Vorher und dem Nachher. Das „Nunc" ist das Ergebnis einer verzeitigten Zeit; es ist aber immer noch offen für neue Vergegenwärtigungen, also für Entscheidungen, die an die Vergangenheit anknüpfen und dem Verhältnis zu ihr und zur Zukunft eine andere Form geben. Plessner betont damit die Unbestimmtheit der Zeiterfahrung und des historisch-politischen Lebens. Der Mensch ist dann dadurch unergründlich, dass er „eine Relation zur eigenen Unbestimmtheit" – wie es Hans-Peter Krüger treffend formuliert[48]– finden muss.

Daran schließt sich der erkenntnistheoretische Aspekt an. Plessner behauptet, dass „die Unergründlichkeit der geistigen Welt auf dem methodischen Prinzip der *ins Verständnis* zielenden Frage" beruht.[49] Es ist hier die theoretische Macht des Verstehens gemeint, die sich von der Gegenwart zur Vergangenheit wendet und Kontinuitäten und Diskontinuitäten entdeckt.[50] Plessner vertritt also die These, dass eben das Verstehen die geisteswissenschaftlichen Gegenstände als prinzipiell unergründlich, als offene Fragen behandelt.[51] Die Ergründbarkeit der Naturphänomene hat mit ihrer Messbarkeit im Experiment zu tun. Das Verstehen kann auf technische Kontrolle seiner Ergebnisse durch Experimente nicht rechnen und muss Antworten auf seine wissenschaftlichen Fragen in den Sachen selbst jeweils von einer bestimmten Situation der Gegenwart aus suchen. Die Art der Antworten hängt von der Konfiguration des leitenden Erkenntnisinteresses der Gegenwart ab. Die historische Wirklichkeit ist nach Plessner dann verständlich, aber zugleich unerschöpflich, weil sie ständig von der evokativen Macht des Verstehens erneuert wird. Es gibt kein Verstehen – so kann die These Plessners zugespitzt werden – ohne Vergegenwärtigung des Vergangenen und eben dies öffnet das Verstehen, das die historische Wirklichkeit mit anderen Augen sichtbar macht.

Wir können von hier aus Plessners Begriff des „Homo absconditus" im vollen Licht sehen. Mit ihm formuliert Plessner den Gedanke des Unergründlichen am Anfang der siebziger Jahre abschließend um.

---

46 A. a. O., 186.
47 A. a. O., 196.
48 H.-P. Krüger, *Zwischen Lachen und Weinen*, Bd. 1 (*Das Spektrum menschlicher Phänomene*), Berlin 1999, 252.
49 H. Plessner, *Macht und menschliche Natur*, a. a. O., 181.
50 A. a. O., 188.
51 A. a. O., 181.

> „Die Verborgenheit des Menschen für sich selbst wie für seine Mitmenschen – *homo absconditus* – ist die Nachtseite seiner Weltoffenheit. Er kann sich nie ganz in seinen Taten erkennen – nur seinen Schatten, der ihm vorausläuft und hinter ihm zurückbleibt, einen Abdruck, einen Fingerzeig auf sich selbst. Deshalb hat er Geschichte. Er macht sie, und sie macht ihn. Sein Tun, zu dem er gezwungen ist, weil es ihm erst seine Lebensweise ermöglicht, verrät und verschleiert sich ihm in einem."[52]

Plessner redet hier von der Selbstverborgenheit des Menschen und versteht diese Eigentümlichkeit als Korrelat der Weltoffenheit. Der leiblichen Weltoffenheit des Menschen sind also Grenzen gesetzt. Geschichte zu haben und gebrochen zu sein bedeuten für das menschliche Wesen ein und dasselbe. Die Unergründlichkeit bedeutet, dass es für den Menschen unmöglich ist, zu einem absoluten, transparenten Wissen zu kommen. Diese Position bestreitet selbstverständlich nicht den Wert der wissenschaftlichen Erkenntnis und des rationalen Denkens; sie verabschiedet aber den idealistischen Mythos, das Ganze des Seins und der Erkenntnis durch den Begriff auf eine Einheit zu bringen. Das ist letztlich die Belehrung durch „die geschichtliche Auffassung, *die bis zum Äußersten geht*".[53]

5. Es wäre nicht schwer, die Entwicklung des Unergründlichkeitsbegriffs bei den Schülern Mischs und bei den der *Göttinger Logik* nahestehenden Autoren zu rekonstruieren. Ich werde mich hier auf den paradigmatischen Fall von Otto Friedrich Bollnow beschränken, der über die methodischen Aspekte der lebensphilosophischen Hermeneutik wie kein Zweiter nachgedacht hat. Der systematische Ort der Unergründlichkeit ist bei Bollnow die Anthropologie,[54] die er als einen Wendepunkt in der modernen Philosophie auslegt. Bollnow knüpft an die diltheysche Tradition an, welche die Philosophie in enger Beziehung zur Wissenschaft betreiben will. Er versteht die Anthropologie nicht als eine neue Disziplin der Philosophie neben den anderen, sondern er will auf eine hermeneutische Neubegründung der Philosophie hinaus, die von Letztbegründungen und bildlichen Weltanschauungen absieht. Die Anthropologie muss sich als produktive Einheit von hermeneutischem Philosophieren und empirischer Forschung durchsetzen und sich für die Zukunft offenhalten. Das kann sie tun, indem sie sich an dem Prinzip der Unergründlichkeit bzw. an der offenen Frage orientiert. Dieses Prinzip ist ein regulatives, es „lehnt" – schreibt Bollnow in einem kurzen, aber prägnantem Aufsatz –

> „jede der Einzelforschung vorgeordnete Systematik ab. Jedes neu aufzunehmende Phänomen liefert etwas unvorhersehbar Neues für das Gesamtverständnis des Menschen; jedes ist unersetzlich, die Fragestellung

[52] H. Plessner, GS VIII, 359.

[53] Ders., *Macht und menschliche Natur*, a. a. O., 148.

[54] O. F. Bollnow, „Die philosophische Anthropologie und ihre methodischen Prinzipien", in: R. Rocek/O. Schatz (Hg.), *Philosophische Anthropologie heute*, München 1972, 19–36.

> muß also grundsätzlich offen bleiben für neue Entdeckungen. Niemals ergibt sich also so ein geschlossenes Bild vom Menschen.“[55]

Hiermit beharrt Bollnow darauf, dass sich der anthropologische Zugang zur Philosophie nicht nur davor hütet, das menschlichen Wesen in ein Bild einzuschließen, er dekonstruiert vielmehr Systeme, die Voreingenommenheiten und unbemerkte Bildlichkeiten voraussetzen. Unergründlichkeit soll in diesem Zusammenhang ausdrücken, dass wir nicht wissen, worin das Wesen des Menschen besteht, und dass die Anthropologie an diesem Nicht-Wissen festhält, indem sie es als offenes Ganze nimmt. Die anthropologische Forschung hat bei Bollnow die Form einer hermeneutischen Arbeit, die die Einzelphänomene und das offene Ganze zusammenhält. „Wir gehen nicht aus“ – sagt er –

> „von einem fertigen Wesen, sondern vielmehr von einem einzelnen Phänomen ... und suchen von hier aus mit Hilfe einer zunächst vorsichtig angewandten Arbeitshypothese, daß dies konkrete Phänomen im Zusammenhang des menschlichen Lebens nichts Zufälliges oder gar Fehlerhaftes ist, ein Wesen so zu erschließen, daß in ihr dieser bestimmte Zug als sinnvoll und notwendig begriffen werden kann.“[56]

Bollnows hermeneutische Anthropologie verfährt nach einer Logik von Teilen und Ganzem, indem sie ein bestimmtes Phänomen, etwa die Krise, in den Zusammenhang des offenen Ganzen integriert und wiederum fragt, wie das Ganze eben durch dieses Phänomen zu verstehen sei. Dies deuten die insgesamt drei prozeduralen Prinzipien der philosophischen bzw. pädagogischen Anthropologie an, die Bollnow aufstellte: anthropologische Reduktion, Organon-Prinzip und anthropologische Interpretation der Einzelphänomene. Es geht hier um eine beschreibende Deutung, bei der Hypothesen eine Rolle spielen; und immer sollte die Deutung sich an die Regel der Unergründlichkeit halten und kein vorgefasstes Wissen bestätigen wollen. Die hermeneutische Logik von Teil und Ganzem lebt von offenen Fragen. Bollnow schließt sich an Plessners Begriff der Unergründlichkeit an, setzt dabei aber neue Akzente. Er schreibt:

> „Offene Frage heißt dabei, um es gegen ein gelegentlich vorgekommenes Mißverständnis zu schützen, nicht unbeantwortete oder gar unbeantwortbare Frage, sondern eine solche, deren Ergebnis nicht schon durch die Art der Fragestellung vorgezeichnet ist, sondern offen ist für neue, überraschende und nicht vorhergesehene Antworten.“[57]

Bei Bollnow hellt das Prinzip der offenen Frage bzw. der Unergründlichkeit ein regulatives Kriterium auf, das die Erfahrung des Neuen ermöglicht.[58] Darum kann eine

---

[55] O. F. Bollnow, „Methodische Prinzipien der pädagogischen Anthropologie“, in: *Bildung und Erziehung*, Heft 3/1965, 163.

[56] O. F. Bollnow, *Die anthropologische Betrachtungsweise in der Pädagogik*, Essen 1965, 36.

[57] O. F. Bollnow, „Die philosophische Anthropologie und ihre methodischen. Prinzipien“, a. a O., 34f.

[58] Walter Braun hat im Hinblick darauf die Position Plessners von der Bollnows unterschieden. Nach Braun sieht Bollnow in der offenen Frage nur ein methodisches Prinzip, wohingegen Plessner den Schluss zieht, dass der Mensch selbst verborgen bleibt, weil er sich nie ganz in seinen Hand-

philosophische Anthropologie als Form hermeneutischen Denkens „niemals zu einem Abschluß kommen, weil aus der Unergründlichkeit des Menschen immer Neues und Unvorhergesehenes in den Blick kommt.“[59]

In Bollnows Reformulierung der Unergründlichkeit verbinden sich unlösbar methodische und ethische Aspekte . Die Kritik der formalen Ontologie will den prinzipiellen Pluralismus der Theorieansätze begründen und legitimieren.[60] Nach dem Prinzip der offenen Frage sind viele Perspektiven auf die menschliche Lebenswelt möglich und keine kann für sich einen privilegierten Status beanspruchen, weil der Zusammenhang der Erfahrung eine unergründliche Ganzheit bildet, die auf keine Grundelemente zurückgeführt werden kann. Daraus hat Bollnow, ein Pädagoge genauso gut wie ein Philosoph, die Konsequenzen für sein Fach gezogen: Die Pädagogik

> „muß den oft von Außenstehenden, insbesondre von konservativen Kräften, an sie herangebrachten Anspruch: sie müsse ein festes Bild vom Menschen haben, zu dem sie die Kinder erziehe, entschieden zurückweisen, um sich offen zu halten für neue, nicht voraussehbare Möglichkeiten der Zukunft.“[61]

Das Prinzip der Unergründlichkeit, das methodisch die prinzipielle Gleichwertigkeit jeder Seite menschlichen Lebens anerkennt, gilt auch für den ethischen Bereich: Es legitimiert die Kritik und die Distanzierung von Institutionen und sozialen Kräften, die im Namen der sozialen Kontrolle ein geschlossenes Bild vom Menschen vertreten und es in erzieherische Praktiken übersetzen.[62] Die Unergründlichkeit fundiert also ein kritisches Wissen. Es ist kein Zufall, dass Bollnow eine pädagogische Systematik vermeidet und eher eine anthropologische, d. h. offene und integrationsfähige Betrachtungsweise für die Phänomene der pädagogischen Praxis entwickelt hat.[63]

6. Ich komme zu einer abschließenden Bemerkung. Man kann mit guten Gründen behaupten, dass die Idee des Unergründlichen zu den Grundbegriffen der hermeneutischen Anthropologie gehört. Dieser Begriff ist sehr nuancenreich, aber es scheint nicht gewagt zu behaupten, dass er einen einheitlichen Zugang zum historischen Leben ermöglicht. Er führt tatsächlich eine pluralistische Betrachtungsweise ein, die sowohl ein Ziel als auch

---

lungen erkennen kann. Vgl. W. Braun, *Pädagogische Anthropologie im Widerstreit: Genese und Versuch einer Systematik*, 49. Demgegenüber ist aber einzuwenden, dass Bollnow selbst die These der Selbstverborgenheit in einem anderen Zusammenhang vertritt: In der Theorie der geisteswissenschaftlichen Erkenntnis hält er daran fest, dass der Sinn der Ausdrücke einem Autor verborgen bleibt, weil der Autor seinen Gegenstand und nicht seinen Gegenstandsbezug sieht; es bedarf also eines deutenden Interpreten, damit der Sinn ausgelegt wird.

59 O. F. Bollnow, „Die philosophische Anthropologie und ihre methodischen. Prinzipien“, a. a. O., 36.

60 O. F. Bollnow, *Die anthropologische Betrachtungsweise in der Pädagogik*, a. a. O., 37.

61 O. F. Bollnow, *Theorie und Praxis in der Erziehung*, Aachen 1988, 88.

62 O. F. Bollnow, *Die anthropologische Betrachtungsweise in der Pädagogik*, a. a. O., 39.

63 Vgl. dazu H. Döpp-Vorwald, „Über Problem und Methode der Pädagogischen Anthropologie“, in: *Pädagogische Rundschau*, 20 (1966), 994–1015; B. Gerner, „Anthropologie und Pädagogik“, in: *Bildung und Erziehung*, 21 (1968), 178–192; J.-E. Pleines, „Über die anthropologische Betrachtungsweise in der modernen Pädagogik“, in: *Pädagogische Rundschau*, 30 (1976), 836–857.

eine ideale Form des Lebens, die man in der Geschichte verwirklichen sollte, ausschließt. Die These, dass das Leben opak ist – Vita abscondita –, ergibt sich aus der prinzipiellen Unmöglichkeit, das Leben auf den Begriff zu gründen. Denn das Leben wird hier als eine kreative Macht ausgelegt, als Werden und Sein in einem, aus dem unendlich viele Formen hervorgehen. Die menschliche Lebenswelt ist in dieser Hinsicht grundlos und unergründlich. Mit der These der Grundlosigkeit menschlichen Seins ist zugleich die Chance gegeben, den modernen Pluralismus zu unterstützen. Das Leben für unergründlich zu halten bedeutet dann, jede Lebensform als autonom und prinzipiell gleichberechtigt anzusehen. Das hat praktische Folgen. Wir können nicht ganz genau wissen, welche Formen entstehen werden, sodass wir uns am besten nicht um eine Systematisierung der Zukunft bemühen, sondern besser lernen, jene gelassenen Lebensformen zu schätzen, die uns für das Neue und Individuelle offen halten. Demgemäß besteht die ethisch-politische Aktualität der Unergründlichkeit darin, dass sie Kategorien wie Individualität und Andersartigkeit, und – im Umgang damit – Gelassenheit und Toleranz betont. Ein hermeneutisches Philosophieren, das dem Prinzip der Unergründlichkeit Rechnung trägt, ist deshalb kritisch. Es kämpft gegen jede Form von naturalistischem und idealistischem Reduktionismus, gegen geschlossene Menschenbilder und einseitige Verengungen der menschlichen Mächtigkeit.

Diese Einsicht hat aber Konsequenzen für die Theorie des Wissens selbst. Sie steht damit vor der Aufgabe einer Hermeneutik der Lebenswelt, die das Unendliche, die Unbestimmtheit, das Qualitative in die wissenschaftliche Forschung integriert. Eine solche Betrachtungsweise hat das mentalistische Paradigma der neuzeitlichen Philosophie verabschiedet und denkt eher in relationalen Kategorien. Sie legt die Lebenswelt als eine Textur von Bezügen aus, die beschrieben werden können. Es wird somit der Bezug zwischen Ausdrucksform und Lebenskontext in den Vordergrund der Erkenntnistheorie gerückt. Ein Phänomen zu verstehen heißt in diesem Zusammenhang, die Rolle zu verstehen, die es in einem Kontext spielt; wiederum kann das Phänomen auch als Element gebraucht werden, um einen neuen Blick auf die Artikulation des Ganzen zu werfen. Eine hermeneutische Anthropologie bedient sich dieser Logik von Teilen und Ganzem innerhalb eines prinzipiellen Methodenpluralismus. Historische Betrachtung, Beschreibung und Deutung der Phänomene sind dabei Instrumente, die versuchen, von verschiedenen Richtungen dem Leben selbst nahe zu kommen. Andererseits kann eine hermeneutische Anthropologie nicht den Anspruch erheben, es völlig ergründen und festlegen zu wollen. Denn sie weiß, dass jedes Licht, das auf einen Gegenstand fällt, um den Gegenstand herum einen unergründlichen Schatten wirft.

II „Der ganze Mensch“. Das Problem einer philosophischen Lehre vom Menschen bei Dilthey und Plessner

1. Das anthropologische Problem war für Dilthey relevant. Georg Misch hatte früh darauf aufmerksam gemacht, dass Dilthey kurz vor seinem Tod seine ganze theoretische Arbeit unter dem Stichwort „anthropologische Forschung“ zusammenfasste.[1] Bereits in den Vorlesungen von 1864/65 über *Logik mit besonderer Berücksichtigung der Geschichte und Methode der einzelnen Wissenschaften* hat „Psychologie und Anthropologie“ als „allgemeine grundlegende Wissenschaft des Geistes“ eine wichtige Funktion inne,[2] die auch in der *Einleitung in die Geisteswissenschaften* erhalten bleibt: „So aufgefaßt“, d. h.: als analytische Erkenntnis der allgemeinen Eigenschaften dieses Menschen – schreibt Dilthey –, „ist Anthropologie und Psychologie die Grundlage aller Erkenntnis des geschichtlichen Lebens, wie aller Regeln der Leitung und Fortbildung der Gesellschaft.“[3] In der Sekundärliteratur wurde nun festgestellt, dass Anthropologie und Psychologie trotz ihrer Relevanz in der Architektonik der diltheyschen Kritik der historischen Vernunft kaum unterschieden werden.[4] Außerdem ist zu bedenken, dass Dilthey in einem Fragment der siebziger Jahre, *Das fundamentale Gesetz der Geschichte*, eine Rollenaufteilung einführt: Im Mittelpunkt der Psychologie steht danach die „Entwicklung der drei Seiten jedes psychischen Lebensmoments wie der ganzen psychischen Entwicklung sowie der Deskription dieser drei Seiten und ihrer Gesetze“; die Anthropologie beschäftigt sich danach „mit der Lehre vom psychischen Organismus, d. h. von der Konstitution des Gesamtzustandes Gefühl, des Gesamtzustandes Wille, der psychischen Intelligenz und von dem Kreislauf, der zwischen ihnen besteht“, und bildet somit „den Übergang zur

---

[1] G. Misch, Vorbericht des Herausgebers, zu Dilthey, *Gesammelte Schriften*, Band V, Leipzig/Berlin 1924, L. (Diltheys Schriften werden im Folgenden zitiert als: GS, mit Bandnummer und Seitenzahl.)

[2] Vgl. die entsprechende Kurzfassung der Vorlesungen unter dem Titel *Grundriß der Logik und des Systems der philosophischen Wissenschaften*, GS XX, 26f.

[3] W. Dilthey, GS I, 32.

[4] Vgl. H. U. Lessing, *Die Idee einer Kritik der historischen Vernunft. Wilhelm Diltheys erkenntnistheoretisch-logisch-methodologische Grundlegung der Geisteswissenschaften*, Freiburg/München 1984, 168.

Philosophie der Geschichte".[5] Diese Stelle ließe an eher genetische Aufgaben der Psychologie und an eine typologisch-historische Rolle der Anthropologie denken. Es kann andererseits auch legitim danach gefragt werden, ob „Dilthey von einer Psychologie, die er auch Anthropologie nennt", spricht oder ob es „hier zwei getrennte Sachen" gibt.[6] In der Tat, eine detaillierte und systematische Antwort auf diese Frage ist kaum gegeben worden,[7] und obwohl diese außerhalb des Rahmens der vorliegenden Untersuchung liegt, neigen wir dazu, beide Begriffe gleichzusetzen, weil es uns scheint, dass es Diltheys Anliegen seit den frühen Logik-Vorlesungen bis zum Berliner Entwurf und zum Plan der Fortsetzung war, nicht so sehr diese Begriffe – die er im Grunde als Dioskurenpaar behandelt – genau zu unterscheiden, als sie von einer naturwissenschaftlich-erklärenden Analyse seelischer Zustände streng zu trennen.

„Wenn man unser Studium des Menschen" – schreibt der späte Dilthey rückblickend auf seine ganze Arbeit –

> „auf die Wissenschaft der Psychologie, wie sie sich ausgebildet hat, einschränkt, so entspricht dem der historische Gang dieses Studiums nicht. Von ganz verschiedenen Seiten aus hat man Eingang in dies Studium gesucht. Der größte Gegensatz aber, der auf diesem Gebiet besteht, ist doch zwischen dem, was ich einmal als inhaltliche Psychologie bezeichnet habe, was man auch konkrete Psychologie, Anthropologie nennen mag, und der eigentlichen Wissenschaft der Psychologie. Diese Anthropologie steht Fragen nach der Bedeutung des Lebens, dem Werte desselben noch nahe, weil sie dem konkreten Leben selbst so nahe steht." (GS VII, 239)

Mag man das diltheysche Projekt Anthropologie, Psychologie oder Erkenntnisanthropologie nennen, diese Selbstbesinnung möchte sich jedenfalls mit dem ganzen menschliche Leben befassen und darum eine originale Kategorienlehre entwickeln, die den Übergang vom Individuum als psychophysische Lebenseinheit zur geschichtlichen Welt ermöglichen soll.[8] Es ist also wohl anzunehmen, dass Anthropologie und Psychologie trotz

---

[5] W. Dilthey, GS XVIII, 183 f.

[6] Vgl. F. Rodi, „Die Rolle der Anthropologie in Wilhelm Diltheys Konzeption einer Grundlegung der Geisteswissenschaften", in: Ratnamala Singh (Hg.), *Perspectives. A Collection of Essays in Honour of G. A. Rauche*, Durban 1986, 128.

[7] Selbst die subtile Studie von Frithjof Rodi stellt die Frage nach der Beziehung zwischen Anthropologie und Psychologie im Denken Diltheys nicht mit der Absicht einer endgültigen Lösung des Problems, sondern um die zunehmende Relevanz des strukturpsychologisch-anthropologischen Ansatzes in den Vorlesungen und den vorbereitenden Studien zur Grundlegung der Geisteswissenschaften zu zeigen, wobei es sich schließlich ergibt, dass „mit dem Auftreten des Gedankens der psychischen Struktur einerseits das anthropologische Fundament gewonnen [ist], aber dieses nun hinsichtlich seines systematischen Stellenwerts in der Grundlegung in Rivalität zum erkenntnistheoretischen Ausgangspunkt [tritt]." Vgl. Rodi, a. a. O., 135.

[8] Da das „ganze" Individuum in die Mitte der Analyse Diltheys rückt, ist auch die natürliche Seite inbegriffen, und dies mag auch die seltsamen Aufgaben verständlich machen, die Dilthey der Anthropologie und Psychologie in den frühen Logik-Vorlesungen neben den Aufgaben einer Wissenschaft von der Empfindung, des Willens und der Vorstellung und deren „unerklärten Synthese" in der „Gestalt unseres Seelenlebens" zuschreibt, d. h. „die Morphologie der menschlichen Gestalt als Wissenschaft", die „Morphologie des Schädels", die Analyse der „Temperamente als physisch-

einiger Schwankungen im Wesentlichen gleichbedeutend sind. Sicher ist, dass die Anthropologie im Rahmen des diltheyschen Programms allmählich eine tragendere Rolle spielt, die im vierten Buch des *Berliner Entwurfs* aus den neunziger Jahren programmatisch wie folgt präzisiert wird:

> „Der Begriff der Anthropologie ist der einer vollständigen, in der Vorstellung alle Funktionen des Seelenlebens umfassenden, nach ihrem Gewicht und ihren Beziehungen auch das große Selbstverständliche zum Bewusstsein erhebenden. Schließlich soll durch sie das ganze Leben verständlich erscheinen; auch die Hauptformen der psychischen Unterschiede, das Verhältnis zum theoretischen Leben etc."[9]

Um diesen Begriff der „Anthropologie" und seine Tragweite näher zu verstehen, muss man den Blick auf das ganze Projekt einer Kritik der historischen Vernunft lenken, wie es aus der historischen Vorbereitung sowie aus der philosophischen Grundlegung der *Einleitung in die Geisteswissenschaften* in seiner vollen Gestalt heute erscheint.

Dilthey wollte den Kritizismus mit dem Historismus verbinden, um die historische Wissenschaft zu begründen. Die Vertreter der Historischen Schule hatten bei dieser Aufgabe versagt, denn „ihrem Studium und ihrer Verwertung des geschichtlichen Lebens" – so Dilthey in der *Einleitung* – „fehlte der Zusammenhang mit der Analysis der Tatsachen des Bewußtseins, sonach die Begründung auf das einzige in letzter Instanz sichere Wissen, kurz eine philosophische Grundlegung.".[10] Diese von Dilthey beabsichtigte „philosophische Grundlegung" stützt sich im Wesentlichen auf die Analyse der „Tatsachen des Bewußtseins", d. h. der Zusammenhänge, in denen „die Totalität des Seelenlebens enthalten ist",[11] und distanziert sich dadurch von den Abstraktionen der empiristischen und selbst kantischen Erkenntnistheorie. Dilthey hat eine Selbstbesinnung auf das Leben im Sinn als „Bewußtmachung" und „Analysis" der „Bedingungen des Bewußtseins", die „die letzte Instanz der Grundlegung aller Wissenschaft" bildet.[12] Sie ist weder mit bloßer Erkenntnistheorie noch mit naturalistischer Biopsychologie zu verwechseln, sondern bildet eine echte Anthropologie, d. h. eine „Reflexion", die Typen der Wirkungszusammenhänge entwirft und „die Bedeutsamkeit der Zusammenhänge im Ganzen des Lebens" ausspricht.[13]

An die Stelle des traditionellen Erkenntnissubjeks tritt also der „ganze Mensch", d. h. der Mensch „als wollend fühlend vorstellendes Wesen",[14] als lebendiger Organismus und historisches Subjekt, ja als psychophysische Lebenseinheit. „Die Methode des folgenden Versuchs" – schreibt Dilthey – „ist daher diese: jeden Bestandteil des gegenwärtigen abstrakten, wissenschaftlichen Denkens halte ich an die ganze

---

psychische Beschaffenheit des Individuums" und schließlich „die Verteilung des Menschengeschlechts auf der Erde". GS XX, 26f.

9 GS XIX, 308.

10 Ebd., XVI.

11 GS XIX, 75.

12 W. Dilthey, *Frühe Entwürfe zur Erkenntnistheorie und Logik der Geisteswissenschaften*, GS XIX, 57.

13 GS VII, 239.

14 W. Dilthey, GS I, XVIII.

Menschennatur, wie Erfahrung, Studium der Sprache und der Geschichte sie erweisen und suche ihren Zusammenhang."[15] Im Rahmen dieses anthropologischen Projekts von Dilthey spielt der Begriff des Ganzen eine zentrale Rolle. Obwohl dieser Begriff an die Terminologie Hegels erinnert, zielt er nicht auf eine Dialektik des Absoluten ab, sondern auf „eine auf die Totalität der Menschennatur sich erstreckende Phänomenologie der ‚Tatsache Mensch'".[16] Von der Geistesgeschichte ausgehend,[17] bestreitet Dilthey die idealistische Tendenz, die historischen Individualitäten dem System zu subordinieren, und verzichtet gleichzeitig auf eine atomisierende Betrachtung der Geschichte positivistischer Prägung. Analog zu einigen Motiven der historischen Schule stellt Dilthey einen engen Zusammenhang her zwischen dem Ganzen und den Teilen, der Totalität und der Empirie, dem „Bemühen des menschlichen Geistes, zu einer Einheit vorzudringen",[18] und unerlässlicher Individualität der historischen Wirklichkeiten. Nun ist in diesem Fall die Ganzheitskategorie kein spekulatives, wie noch bei Hegel, sondern eher ein methodologisches Instrument, das im Dienst der empirischen Forschung steht: Es führt das heuristische Kriterium ein, anscheinend isolierte Probleme in größeren Zusammenhängen zu verorten. Das ist Aufgabe eines hermeneutischen Denkens, das sieht, wie sich Teile und Ganzes reziprok voraussetzen.

Die hermeneutische Perspektive macht die Überwindung der traditionellen Kluft zwischen Natur und Geist, Physischem und Psychischem möglich.

> „Was man als Physisches und Psychisches zu trennen pflegt, ist in dieser Tatsache [dem Menschengeschlecht] ungesondert. Sie enthält den lebendigen Zusammenhang beider. Wir sind selber Natur, und die Natur wirkt in uns, unbewußt, in dunkeln Trieben; Bewußtseinszustände drücken sich in Gebärde, Mienen, Worten beständig aus, und sie haben ihre Objektivität in Institutionen, Staaten, Kirchen, wissenschaftlichen Anstalten: eben in diesem Zusammenhang bewegt sich die Geschichte."[19]

Da der Mensch in der Geschichte nie als bloße Psyche bzw. Physis auftaucht, ist eine Theorie, die nur an einem dieser Aspekte der conditio humana ansetzt und den anderen vernachlässigt, inhaltlich und methodologisch falsch, denn sie widerspricht der Empirie. Die historische Erfahrung erweist, wie eng der Zusammenhang zwischen Natur und Geist ist: Die historischen Organismen, die konkreten Lebensformen des Menschen, die Objektivationen des Geistes bauen auf physisch-geografische Elemente auf und, umgekehrt, die Gesten, wenn auch physiologisch bedingt, sind echter Ausdruck der Kultur, weil sie Bedeutung tragen. Nicht nur der Mensch, sondern auch seine geistigen Produkte,

---

[15] Ebd.

[16] F. Rodi, „Genesi e struttura della ‚Introduzione alle scienze dello spirito' di Dilthey", in: G. Cacciatore und G. Cantillo (Hg.), *Wilhelm Dilthey. Critica della metafisica e ragione storica, Wilhelm Dilthey. Critica della metafisica e ragione storica*, Bologna 1985, 189.

[17] Zur Geschichtsschreibung Diltheys vgl. G. Cacciatore, *Vita e forme della conoscenza storica. Saggi sulla storiografia di Wilhelm Dilthey*, Napoli 1985, dessen Verdienst vor allem darin besteht, die geschichtswissenschaftlichen Forschungen Diltheys in enger Verbindung mit seiner Anthropologie und Erkenntnistheorie zu entwickeln.

[18] W. Dilthey, GS XVIII, 142.

[19] W. Dilthey, GS I, 80.

die historisch-sozialen Erscheinungen, wie Nationalökonomie, Literatur und Dichtung, Musik usw.,[20] sind also nicht auf die genannte Alternative reduzierbar.

Daraus folgt der Versuch, neue Kategorien auszuarbeiten, mit denen die historische Welt zu verstehen sei. Da es nicht mehr darum geht, Naturerscheinungen streng kausal zu erklären, kommen Kategorien, die einen Zusammenhang zwischen Leben und Verstand herstellen, nicht mehr in Frage. Von den bloß formalen Kategorien, mit denen das Denken logisch operiert (Identität, Gleichheit, Unterschied), unterscheiden sich wesentlich die „realen" Kategorien, d. h. diejenigen, die einen Zusammenhang zwischen Leben und Leben ausdrücken: „Das Merkmal jener formalen Kategorien" – schreibt Dilthey – „ist ihre gänzliche Durchsichtigkeit und Eindeutigkeit. Diese weist auf ihren Ursprung im Denken. Das Merkmal der realen Kategorie ist die Unergründlichkeit ihres Gehaltes durch das Denken."[21] Im Gegensatz zu den Neukantianern, die die Kritik der historischen Vernunft als bloße Erweiterung der Vernunftkritik auffassten und die Kategorien deduktiv begründeten,[22] war Dilthey von deren Geschichtlichkeit überzeugt. Die realen Kategorien beziehen sich auf ein historisches und eben darum unerschöpfliches Objekt; sie sind „nicht a priori auf das Leben als ein ihm Fremdes angewandt", sondern liegen „im Wesen des Lebens selber",[23] d. h. sie sind selbst historische Produkte. Begriffsgeschichtlich besteht also das Neue des diltheyschen Ansatzes darin, dass die Kategorie als eine dynamische Struktur begriffen wird, die aus dem historischen Leben entsteht und ihrerseits wiederum das Verständnis des Lebens ermöglicht. Gehören die Kategorien dem zu interpretierenden Leben an, dann sind sie überhaupt nicht aus einem allgemeinen Prinzip deduzierbar; sie sind unergründlich und deshalb betont Dilthey, nicht alle aufzählen zu können. Die von Dilthey genannten Kategorien – die Struktur, die Bedeutsamkeit, die Entwicklung – kreisen alle um die Bedeutung. Diese ist die umfassendste Kategorie, da die Struktur des Lebens selbst in der Beziehung zwischen den Teilen und dem Ganzen besteht.[24]

Nun versteht Dilthey diese Kategorienlehre – das ist die Pointe – als Anthropologie. Diese besitzt eine Sonderstellung in der Architektonik des diltheyschen Projekts, weil sie sich im fünften Buch des „Systems" befindet,[25] d. h. in einer von den historischen Büchern und der Gnoseologie vorbereiteten Stelle, die sich der Welt der Institutionen öffnet. Da die Anthropologie den Übergang von der Individualität zur geschichtlichen Welt ermöglicht, ist sie also der Konvergenzpunkt der diltheyschen Bemühungen um eine Kritik der historischen Vernunft. Anthropologie bedeutet dann für Dilthey eine Selbstbesinnung auf die Totalität des Lebens, des Individuum und der historisch-sozialen Welt, die unergründlich ist: Sie kann nie abgeschlossen werden, weil ihr Gegenstand, „der Mensch als Kulturwesen",[26] als Quelle der Kultur und der Selbstbesinnung selbst sich

[20] Ebd.
[21] GS, XIX, 361.
[22] W. Windelband, *Präludien*, Tübingen [5]1915, 2 Bd., Bd. II, 145.
[23] W. Dilthey, GS VII, 232.
[24] Ebd.
[25] Vgl. F. Rodi, „La ricostruzione del sistema della ‚Introduzione alle scienze dello spirito'", in: F. Bianco (Hg.), *Dilthey e il pensiero del Novecento*, Mailand 1985, 172f.
[26] W. Dilthey, GS XX, 27.

jeder systematischen und endgültigen Betrachtung entzieht. Das Leben bleibt dann nur einer Beschreibung offen, die Strukturzusammenhänge jeweils deutlich macht, indem sie Kategorien benutzt, die aus dem zu interpretierenden Leben selbst entnommenen werden. Aus diesem Grund sagt er: „Gäbe es eine Wissenschaft des Menschen, so wäre es Anthropologie, die die Totalität der Erlebnisse nach dem Strukturzusammenhang verstehen will.“[27]

Diese diltheysche Anthropologie unterscheidet sich sowohl von der wissenschaftlichen als auch von der in der idealistischen Tradition des 19. Jahrhunderts angelegten Anthropologie. Die wissenschaftliche Anthropologie war eine anatomiebezogene, mit der Naturgeschichte und der Paläontologie zusammenarbeitende Disziplin. Sie verfuhr physiologisch, d. h. sie erklärte kulturelle Lebensformen gemäß der morphologischen Menschheitsentwicklung. Demgegenüber machte der Neukantianismus die konstruktive Funktion des Bewusstseins geltend, sodass selbst die Natur als Vernunftprodukt betrachtet wurde. Auf dem Bild des Menschen als eines logischen Subjekts beruhte dann die implizite Anthropologie des Neukantianismus. Mit dieser Alternative zwischen Natur und Geist war Dilthey, wie erwähnt, nicht zufrieden. Die Methodologie der historischen Forschung hatte ihn davon überzeugt, dass die historisch-sozialen Äußerungen mit solchen Begriffen nicht zu verstehen waren. Daraus folgte das Bedürfnis nach neuen Kategorien, die der Persönlichkeit, der Individualität, der Lebendigkeit gerecht würden. Die Anthropologie Diltheys entsteht also als Überwindung der Alternative zwischen Natur und Geist, zwischen a posteriori und a priori, zwischen Positivismus und Transzendentalismus. Von diesem Standpunkt aus betrachtet, hat sie eine klar anticartesianische Bedeutung[28] und das Problem, das sie sich stellt, ist erkenntnistheoretischer Natur: das Verständnis des Lebens durch das Medium der historischen Erfahrung. So ergibt sich der Zusammenhang zwischen Anthropologie und Hermeneutik. Die diltheysche Hermeneutik hat einen zweifachen Wert: Sie ist die Wissenschaft der Kunst, geschriebene Texte zu interpretieren;[29] sie hat aber außerdem noch eine erkenntnistheoretische Funktion, weil sie die Aufgabe hat, „die Möglichkeit eines Wissens vom Zusammenhang der geschichtlichen Welt darzutun und die Mittel zu seiner Verwirklichung aufzufinden.“[30] Die Aufgaben der Anthropologie und der Hermeneutik sind also miteinander verbunden: Die Anthropologie arbeitet an den die Metaphysik überwindenden Kategorien, die Hermeneutik wendet sie an. Beide zielen darauf ab, die Erkenntnis der historischen Welt

---

[27] W. Dilthey, GS VII, 279.

[28] Besonders Manfred Riedel hat auf den anticartesianischen Sinn des diltheyschen Erfahrungsbegriffs aufmerksam gemacht; vgl. M. Riedel, „Hermeneutik und Erkenntniskritik. Zum Verhältnis von theoretischem Wissen und praktischer Lebensgewißheit bei Wilhelm Dilthey“, in F. Rodi/H. U. Lessing (Hg.), *Materialien zur Philosophie Wilhelm Diltheys*, Frankfurt a. M. 1984, 372 ff.

[29] „Das kunstmäßige Verstehen dauernd fixierter Lebensäußerungen nennen wir Auslegung. Da nun das geistige Leben nur in der Sprache seinen vollständigen, erschöpfenden und darum eine objektive Auffassung ermöglichenden Ausdruck findet, so vollendet sich die Auslegung in der Interpretation der in der Schrift enthaltenen Reste menschlichen Daseins. Diese Kunst ist die Grundlage der Philologie. Und die Wissenschaft dieser Kunst ist die Hermeneutik.“ W. Dilthey, GS VII, 217.

[30] Ebd., 218.

zu begründen. Dies macht deutlich, was es heißt, wenn Dilthey schreibt: „Anthropologie und Psychologie sind die Grundlage aller Erkenntnis des geschichtlichen Lebens".

2. Dieser enge Zusammenhang von Anthropologie, Hermeneutik und Ganzheitsgedanken ist auch für Plessners Projekt einer philosophischen Anthropologie maßgebend. Seit den zwanziger Jahren, u. a. unter Einfluss der von Dilthey beeinflussten Göttinger Schule, nimmt Plessner Abschied vom Neukantianismus zugunsten des diltheyschen Ansatzes. Erst in seinem Werk *Die Einheit der Sinne* skizziert er die Linien seiner Dilthey-Interpretation, an die er mehrmals in seinen folgenden Auseinandersetzungen mit den lebensphilosophischen Fragestellungen anknüpfen wird. Plessner rechnet es Dilthey als größtes Verdienst an, zu dem Programm einer „Wissenschaft von der menschlichen Person"[31] beigetragen zu haben. Zu dieser Theorie sei Dilthey dadurch gekommen, dass er „in seinem Projekt einer historischen Vernunft den Fehler [vermied], die Geschichtswissenschaft nach ihrer Möglichkeit zu fragen",[32] d. h. sie durch eine bloße Erweiterung des kantischen Kritizismus auf das Gebiet der Kultur zu begründen. Der Neukantianismus konnte nach Plessner „nicht sehr tief" führen, da die kantische Vernunftkritik die exakte Wissenschaft mit dem Prinzip der Messung gleichsetzte, sodass „eine gleichförmige Übertragung dieser Frage auf Geschichtswissenschaft geradezu sinnwidrig" gewesen wäre.[33] Im Gegensatz dazu versuchte Dilthey, „die Kritik der historischen Vernunft im Aspekt der Historie selber durchzuführen."[34] Die Kategorien waren also keine zeitlosen Werte mehr, sondern Objektivationen des Lebens, dessen Verständnis sie wieder möglich machten. Anstelle der Anschauung als Organon des naturwissenschaftlichen Erkennens wurde das Verstehen zum methodologischen Kanon. Indem Dilthey die historistischen Voraussetzungen dieser Verstehenstheorie entwickelte, wurde seine Philosophie „im Sinne einer Erkenntnistheorie mehr als Erkenntnistheorie" und er baute sie „zu einer Lehre von den Elementen der Geschichtlichkeit, von all dem, was ‚Geschichte' möglich macht, vom Individuum in seinem Wechselverhältnis mit seiner Generation, Zeit, Tradition, von den Zusammenhängen wie Staat, Recht, Wirtschaft, Sprache usw., von der Masse und ihrer Dynamik" aus.[35]

Bei Dilthey entstand die Anthropologie im Zusammenhang mit dem Erkenntnisproblem der historischen Welt. Plessner erkennt das Erfordernis einer Begründung der Geisteswissenschaften an, will aber das anthropologische Programm Diltheys im Sinne einer Theorie des Menschen als vitaler Lebenseinheit, d. h. als eines psychophysisch neutralen Wesens radikalisieren. Als neue Grundlagen dieser Theorie gilt die Philosophie der Natur: „Die Theorie der Geisteswissenschaften" – schreibt Plessner in seinem Hauptwerk – „braucht Naturphilosophie, d. h. eine nicht empirisch restringierte Betrachtung der körperlichen Welt, aus der sich die geistig-menschliche Welt nun einmal aufbaut,

---

[31] Helmuth Plessner, „Die Einheit der Sinne", in: *Gesammelte Schriften*, hg. von G. Dux, O. Marquard und E. Ströker unter Mitwirkung von R. W. Schmidt, A. Wetterer, M.-J. Zemlin, Frankfurt a. M. 1980–86., III, 19 (im Folgenden zitiert als: GS, mit Bandnummer und Seitenzahl).

[32] Ebd., 143.

[33] Ebd.

[34] H. Plessner, *Macht und menschliche Natur*, GS V, 171.

[35] Ebd., 173.

von der sie abhängt, mit der sie arbeitet, auf die sie zurückwirkt."[36] Dieser Hinweis auf die Naturphilosophie soll zuerst geklärt werden. Der Ansatz Plessners stützt sich auf die Biologie, aber das Element Natur hat auf keinen Fall das Übergewicht in seinem Denken über das Element Kultur. Die philosophische Anthropologie will vielmehr der Schicht des Verhaltens nachgehen, die der Unterscheidung zwischen Physischem und Psychischem vorausgeht, sodass die physiologischen Wissenschaften vom Menschen mit den pragmatischen verbunden werden.[37] Plessners Absicht ist es – analog zu der Diltheys –, den in einer Umwelt als historisches Wesen lebenden Menschen aus Fleisch und Blut, ja den „ganzen Menschen" zu thematisieren. Eine solche Theorie, die den ganzen Menschen verstehen möchte, darf sich nicht darauf beschränken, ihn als reinen Kulturträger oder als ethisches Subjekt zu untersuchen, denn so würde sie einen wesentlichen Aspekt des menschlichen Lebens unterdrücken; daher muss sie notwendig „den ganzen *Umkreis der Existenz und der mit dem persönlichen Leben in selber Höhe liegenden, zu ihm in Wesenskorrelation stehenden Natur* miteinbegreifen",[38] also selbst die lebenswesentlichen Funktionen umfassen, die der Mensch mit allem Lebendigen teilt.

Bei Plessner hängt also die Naturphilosophie von der Anthropologie und der Hermeneutik ab. „Eine Theorie der Geisteswissenschaften, welche die Wirklichkeit des menschlichen Lebens in ihrer Spiegelung durch den Menschen begreiflich zu machen sucht, ist nur als philosophische Anthropologie möglich. Denn allein eine Lehre von den Wesensformen des Menschen in seiner Existenz liefert das Substrat und die Mittel zu einer allgemeinen Hermeneutik."[39] In diesem Sinn glaubt Plessner, dass Dilthey die Möglichkeitsbedingungen der Hermeneutik nicht genug geklärt habe; die Gesetze des Ausdrucks müssten noch formuliert werden; und dies sei nur möglich, wenn es gelinge, die *leibliche* Bedingungen der Expressivität zu analysieren.

Für Plessner ist es jedoch erforderlich, sich einer neuen Methode zu bedienen, welche die Phänomene der vorwissenschaftlichen Erfahrung beschreibt und ihren Sinn erfasst. Plessner knüpft dann an die Phänomenologie seines Lehrers Husserl an.[40] Die Phänomenologie galt ihm – wie vielen jungen Philosophen seiner Generation – als eine echte Revolution im Bereich der Philosophie.[41] Mit seinem „Ruf zu den Sachen" schien die phänomenologische Beschreibung dem jungen, von der Biologie herkommenden Plessner als die einzige Methode, die lehrte, „die Welt [zu] sehen, wie sie ist, einfach und direkt, ohne Vorurteile und Theorie, in der Art des Naturwissenschaftlers, der zwischen sich und die Dinge nur eine Frage legt und nicht unter Bergen von Literatur erstickt."[42] Aus Plessners Perspektive kommt die Phänomenologie erst dann zustande, wenn es

---

[36] H. Plessner, *Die Stufen des Organischen und der Mensch*, GS IV, 63f.

[37] H. Plessner, „Die Aufgabe der Philosophischen Anthropologie", GS VIII, 38. Plessners Unterscheidung zwischen den physiologischen und den pragmatischen Wissenschaften vom Menschen ist im Sinne Kants zu verstehen; vgl. I. Kant, *Anthropologie in pragmatischer Hinsicht*, Hamburg [7]1980, 3.

[38] H. Plessner, GS IV, 65.

[39] Ebd., 65f.

[40] H. Plessner, *Bei Husserl in Göttingen*, GS IX , 344–355.

[41] Vgl. zum Beispiel H. G. Gadamer, „Erinnerungen an Edmund Husserl", in: *Edmund Husserl und die phänomenologische Bewegung*, hg. von H. R. Sepp, Freiburg/München [2]1988, 13–16.

[42] H. Plessner, GS IX, 346.

darum geht, zur anschaulichen Wirklichkeit als echter Quelle jeglicher Erfahrung zurückzukommen, um falsche Theorien zu widerlegen. Dies wird ihr möglich, denn sie

> „setzt am Phänomen ein, wie es im vorproblematischen Leben da ist, und geht Schritt für Schritt in innerer Strukturerhellung, in immanenter Beschreibung der zum ‚Sinn', zu den Bedingungen der Erscheinung gehörenden Züge vor. So wird sie von Schicht zu Schicht getragen und von den anschaulichen zu den erschaubaren Tatbeständen, den Wesenheiten, weitergeführt."[43]

Nun besteht Plessners Methode in einer analytischen Beschreibung des Phänomens, die von der Fülle seines konkreten Daseins zu den internen Bedingungen seines Erscheinens hinführt, ja zu dem Wesen, vorausgesetzt, dass das „Wesen einer Sache sich dann mit dem [deckt], woraufhin sie als eine solche ansprechbar ist."[44] Nach Plessner bemüht sich also die Phänomenologie um eine Erhellung der Verhältnisse zwischen Sache und linguistischem Ausdruck, um eine „Kategorialanalyse", d. h. um die Analyse der Ansprechbarkeitsbedingungen einer Sache. Die Phänomenologie gehört dann zum Arbeitsbereich der philosophischen Anthropologie, weil sie es ermöglicht, „die Bedingungen der Ansprechbarkeit von Etwas als Mensch"[45] zu zeigen. Plessner hütet sich aber vor jeglichem metaphysischen Gebrauch dieser Methode, wie dies noch bei Scheler der Fall war, weil er überhaupt nicht das überzeitliche Was des Menschseins angeben will; vielmehr geht es ihm um einen flexiblen Rahmen, innerhalb dessen der ganze Mensch zu verstehen ist. Plessner will somit weder auf einen erneuten Transzendentalismus noch auf eine Ontologisierung seiner Gegenstände hinaus: Plessners Phänomenologie beginnt mit der „Herausarbeitung des anschaulichen Tatbestandes …, um mit dem Verstehen des Tatbestandes zu enden."[46] Sie geht nicht von dem naiven Postulat aus, das ursprüngliche Meinen sei im Vergleich zu aller Theorie unbedingt gültig. Sie bleibt Methode zur Beschreibung und zum Verständnis der Lebensphänomene und auf dieser Weise wird die zum „Instrument zur Durchführung des Diltheyprogramms".[47]

Die Begründung der Geisteswissenschaften und die Erneuerung der Anthropologie – davon ist Plessner überzeugt – sind also nur auf der Grundlage einer phänomenologisch-ontologischen Analyse des Organischen möglich. Diese Analyse unterscheidet die verschiedenen Stufen des Lebens mittels einer regressiven Methode, die von der Tatsache des Lebens zu seinen phänomenologischen Möglichkeitsbedingungen fortschreitet. Zunächst wird das Organische vom Anorganischen getrennt. Die Grundthese Plessners lautet: Das Spezifikum des Lebendigen besteht in seinem positionalen Charakter. Zum Verständnis des Positionalitätsbegriffs ist auf das zweifache Verhältnis eines Organismus zu seiner Grenze hinzuweisen. Im ersten Fall sind Körper und Grenze wesensfremd; im zweiten hat der Körper die Grenze. Im ersten Fall gehört die Grenze weder dem Körper noch dem Medium an; sie bedeutet nur das Zu-Ende-Sein des einen und das Anfangen des anderen. Im zweiten Fall gehört die Grenze reell dem Körper an, sodass sich der

---

[43] H. Plessner, GS VII, 76.
[44] H. Plessner, GS V, 152.
[45] Ebd., 153.
[46] H. Plessner, GS VII, 76.
[47] H. Plessner, GS IV, 66.

Körper vom Medium abhebt; er fängt nicht dort an, wo das Medium aufhört, sondern ist unabhängig.[48] Der eine Grenze habende Körper hat Positionalität, wobei der positionale Charakter ein dialektisches Verhältnis des Körpers zu seiner Umwelt bedeutet. Dank der Grenze hebt sich der Körper vom Medium ab und wird autonom; gleichzeitig eröffnet die Grenze ihn der Welt. Dass der organische Körper den Charakter des Gesetztseins hat, heißt also, dass er autonom und umweltbezogen ist.

Hier ist nicht der Ort, Plessners Theorie im Detail zu analysieren; es mag genügen, darauf hinzuweisen, dass die Positionalitätsthese durch eine indirekte Methode verifiziert wird, da die Begriffe „Grenze“ und „Position“ nicht erfahrbar, sondern nur erschaubar sind. Plessner leitet die typischen Lebensfunktionen aus dem dialektischen Verhältnis von Körper und Grenze ab. Assimilation und Dissimilation, Selektion und Vererbung, Anpassung und Angepasstheit sind organische Modale, qualitative Erscheinungen, die nicht auf ihre physikalischen Prozesse reduzierbar sind.[49] Die Pointe liegt darin, dass der Positionalitätsbegriff ein ursprüngliches und neutrales Niveau erreicht, von dem aus es möglich wird, die cartesianische Alternative anzugreifen und sie aufzulösen, wie Dilthey selbst es versucht hatte. Plessner meint, dass der Doppelaspekt von Innen und Außen konstitutiv für alle Lebewesen ist und folglich nicht im Sinne Descartes ontologisiert werden darf. Es kommt vielmehr darauf an, ihn zu begreifen und seine Formen nach den Arten der Beziehung zwischen Körper und Umwelt zu unterscheiden. Plessner betont die Rolle der Organe, die den Organismus mit sich selbst und mit der Umwelt vermitteln.

„In seinen Organen“ – schreibt Plessner –

> „geht der lebendige Körper aus ihm heraus und zu ihm zurück, sofern *die Organe offen sind und einen Funktionskreis mit dem bilden, dem sie sich eröffnen.* Offen sind die Organe gegenüber dem *Positionsfeld.* So entsteht der *Kreis des Lebens*, dessen eine Hälfte vom Organismus, dessen andere vom Positionsfeld gebildet wird.“[50]

Die Stufen des Organischen sind danach zu bestimmen, ob die Geschlossenheit oder die Aufgeschlossenheit überwiegt. In Bezug auf diesen Aspekt sind Missverständnisse entstanden;[51] der Sinn des Stufenbegriffs soll daher zuerst geklärt werden. Plessner leugnet nicht die Evolution, da die Selektion sogar als organisches Modal betrachtet wird. Ebensowenig nimmt er zum Problem des Ursprungs der Lebensformen Stellung. Seine Absicht ist es, die Struktur der Lebensformen nach der spezifischen Position jeder Lebensform in der Umwelt zu klären. Entscheidend wird also das Verhältnis des Organismus zur Welt, um die verschiedenen Stufen zu identifizieren. Die Stufen bedeuten mithin unterschiedliche Eingliederungsmöglichkeiten der Lebewesen in den jeweiligen Umfeldern.

---

[48] Ebd., 154ff.

[49] H. Plessner, a. a. O., S. 175–275. Zu Plessners Theorie der organischen Modale vgl. M. Grene, „Positionality in the Philosophy of Helmuth Plessner“, in: *The Review of Metaphysics,* 20 (1966/67), 250–277, bes. 250–257.

[50] H. Plessner, a. a. O., 253.

[51] H. Driesch z. B. warf Plessner vor, für den Ilozoismus zu plädieren. Vgl. H. Plessner, *Selbstdarstellung*, a. a. O., 325.

Dafür, ontologisch die Pflanze vom Tier, das Tier vom Menschen zu trennen, ist die phänomenologische Methode zuständig, da die empirische Klassifizierung unzureichend ist. Das empirisch deutlichste Merkmal der Pflanze ist die Fähigkeit zur Synthese; das des Tieres ist ein zentrales Nervensystem. Nun nehmen aber weder alle Pflanzen anorganische Stoffe in sich auf, noch haben alle Tiere ein Zentralnervensystem. Nur mit ontologischen Analysen sind dann die Lebensformen mit der Strenge beschreibbar, die keine Empirie gestattet. Plessner redet dann von offener und geschlossener Form, wobei diesen Begriffen ein prägnanter Sinn zuzuschreiben ist. Die Form „bezeichnet hier" – schreibt Plessner – „die Organisationsidee ..., nach welcher der lebendige Körper seine dingliche Selbständigkeit mit seiner vitalen Unselbständigkeit vereinigt."[52] Die Form bezeichnet also nur die Weise der Organisation, nach der Aufgeschlossenheit und Geschlossenheit koordiniert sind. Unter offener Form versteht Plessner „diejenige Form, welche den Organismus ... zum unselbständigen Abschnitt des ihm entsprechenden Lebenskreises macht."[53] Die offene Form ist unmittelbar in die Umwelt eingegliedert. Dass die Aufgeschlossenheit gegenüber der Geschlossenheit überwiegt, ist dadurch erfahrbar, dass sich die lebensnotwendigen Funktionen der Pflanze auf der Oberfläche abspielen, wie z. B. im Fall der Fortpflanzung und der Assimilation (Dissimilation). Die geschlossene Form bezeichnet diejenige Form, die den Organismus „in allen seinen Lebensäußerungen mittelbar seiner Umgebung eingliedert und ihn zum selbständigen Abschnitt des ihm entsprechenden Lebenskreises macht."[54] Die mittelbare Eingliederung des Organismus in die Umwelt wird durch das Nervensystem ermöglicht, das das Erreichen eines Strukturniveaus höheren Grades, in welchem der ganze Körper repräsentiert ist. So spaltet sich der Organismus in zwei gegensätzlich gerichtete Funktionen: Sensorik und Motorik. Der Organismus verhält sich aktiv und passiv: Als Körper ist er unmittelbar bei den Sachverhalten, nimmt ihre Zeichen auf und informiert das Nervenzentrum; gleichzeitig ist er aktiv sich verhaltender Leib.[55] Das sensomotorische Schema ist die Struktur selbst der geschlossenen Form. Das Nervenzentrum ist aber nicht der Ort tierischer Positionalität, sondern die phänomenologische Bedingung der Scheidung zwischen „Körper" und „Leib". Vermittels dieser Trennung erlangt das Tier einen Doppelaspekt: Es hat einen Körper und ist ein Leib. Der tierische Organismus ist ein das Nervenzentrum selbst einschließendes Ganzes; trotzdem lebt es im Körper und ist der absolute Bezugspunkt seines Lebensraums. Seine Positionalität in der Umwelt ist daher konzentrisch.[56]

Die konzentrische Positionalität bestimmt die Strukturgrenzen des tierischen Verhaltens. Hier knüpft Plessner an die Forschungen von Wolfgang Köhler über die Intelligenz der Anthropoiden an; aber Plessners Schlussfolgerungen aus dem von Köhler bereitgestellten Material sind eigenständig und widersprechen z. T. denen Köhlers. Köhler erklärte im Sinne seiner Gestalttheorie die Schwierigkeiten, auf welche Anthropoiden bei der Lösung von ihnen in ungewohnter Weise gestellten Problemen stießen, und schrieb

[52] H. Plessner, GS IV, 283.
[53] Ebd., 284.
[54] Ebd., 291.
[55] Ebd., 295.
[56] Ebd., 305.

dieses Versagen ihrer Gestaltschwäche zu.[57] Im Gegensatz dazu interpretiert Plessner diese Unfähigkeit nicht als Versagen eines bestimmten Sinnes, sondern als Indiz der tierischen Positionalität. „Die Schranke der tierischen Organisation" – schreibt Plessner – „liegt darin, daß dem Individuum sein selber Sein verborgen ist, weil es nicht in Beziehung zur positionalen Mitte steht".[58] Das Tier ist nicht imstande, sich und seine Umwelt zu objektivieren, da es nicht über einen Fluchtpunkt verfügt, aufgrund dessen es sich sein ganzes Dasein repräsentieren kann. Konzentrisch in sein Lebensfeld eingeschlossen, versteht das Tier nur dann die Strukturen eines Sachverhalts, wenn ihm die Elemente positiv gegeben sind und eine besondere biologische Bedeutung erhalten.

Das Tier und der Mensch sind geschlossene Lebensformen, d. h. auf ihre Umwelt mittelbar bezogene Organismen. Das Tier geht völlig in der Leib-Umwelt-Relation auf; darum hat es eine konzentrische Positionalität. Exzentrisch ist demgegenüber die Struktur menschlichen Verhaltens. Der Mensch lebt gleichzeitig als Mitte und Peripherie seines positionalen Feldes; sein Lebenshorizont ist nicht leibrelativ, da er sich als „Ich" von seinem Leib und von der Umwelt distanziert. In der Analyse Plessners stellt das „Ich" nur die reflexive Funktion dar, die eine Abstandnahme ermöglicht: der Mensch kann nicht die von seinem Leib abhängige konzentrische Position durchbrechen; er stellt sie sich aber vor, und in diesem Sinne ist er ein exzentrisches Wesen.[59]

Aus der Exzentrizitätsthese hat Plessner drei Kategorien entwickelt: die natürliche Künstlichkeit, die vermittelte Unmittelbarkeit und den utopischen Standort.[60] Obwohl sie mehrmals „anthropologische Grundgesetze" genannt werden, haben sie den Status von kategorialen Begriffen, die

> „zwischen der Grundverfassung der exzentrischen Position und den typischen Weisen menschlichen Wirkens [vermitteln]. Sie knüpfen an die geschichtlich bezeugte Auslegung menschlichen Seins an ohne den Anspruch auf Vollständigkeit aller in ihr steckenden Möglichkeiten. Die Gesichtspunkte, unter denen wir sie zusammenfassen, werden nicht als die einzig denkbaren vorgestellt, wenn sie auch nicht willkürlich, sondern im Blick auf die großen Bereiche menschlichen Schaffens gewählt sind."[61]

Die Kategorien der natürlichen Künstlichkeit, der vermittelten Unmittelbarkeit und des utopischen Standorts sind also – ähnlich wie bei Dilthey – keine ontologischen Strukturen, sondern Interpretationen der menschlichen Äußerungen im Licht der Exzentrizitätsthese.

Das Handeln, die Expressivität und die Transzendenz werden also in Bezug auf die ursprüngliche Einheit des ganzen Menschen verstanden. Der Idealismus hatte die Kultur auf den Geist zurückgeführt, den Menschen in seinem Bewusstsein eingesperrt und das

---

57 W. Köhler, *Intelligenzprüfungen an Anthropoiden* , I (Aus der Anthropoidenstation auf Teneriffa 3.) Abhandlungen der Kgl. Preussischen Akademie der Wissenschaften (phys.-math. Klasse), Jg. 1917, Nr. 1, Berlin 1917.

58 H. Plessner, GS IV, 360.

59 Ebd., 363ff.

60 Ebd., 384–420.

61 H. Plessner, GS VII, 244.

menschliche Bedürfnis nach Transzendenz auf die Idee Gottes gegründet. Der naturalistische Empirismus hatte dagegen das Handeln, die kognitive und expressive Prozesse nach physiologischen Modellen erklärt. Demgegenüber behauptet Plessner, dass die Kultur weder mit dem Geist (Scheler) noch mit einer Lebensschwäche (Gehlen) zu tun hat: Sie wurzelt in der unauflöslichen Verschränkung von Leib und Körper, die den Menschen dazu zwingt, sein Leben zu führen. Dieselbe exzentrische Position bestimmt die vermittelte Unmittelbarkeit des Menschen, aufgrund deren er nur indirekt seine direkte Relation zur Welt erkennt. Mit der Kategorie des utopischen Standorts bezieht sich Plessner auf den dramatischen Charakter menschlichen Verhaltens, gespalten zu sein zwischen dem Bedürfnis nach Stabilität durch Religion und dem Zweifel an der Existenz Gottes. Die Struktur des menschlichen Verhaltens zeigt sich dann als ein Widerspruch. Als exzentrisches Wesen kann der Mensch nicht vermeiden, nach sich selber zu fragen, nach einem Definitivum zu suchen; andererseits kann er sich jedoch auch nicht dem Zweifel an den ideologischen Gebäuden entziehen, die es ihm ermöglichen zu leben.[62]

3. Wie sich u. a. aus der Kategorienlehre Plessners ergibt, haben seine auf der Ebene des psychophysisch neutralen Verhaltens durchgeführten Analysen eine dynamische Anthropologie begründet. Der Exzentrizitätsbegriff hebt nicht den Doppelaspekt von Innen und Außen auf: Dass der Mensch sich im Alltag zweifach erfährt, als Körper und als Leib im Körper, ist nicht zu bestreiten. Dieser Doppelaspekt ist aber ein Epiphänomen exzentrischer Positionalität zur Welt. Wie die Anthropologie Diltheys verfolgt auch Plessners Anthropologie eine deutlich anticartesianische Absicht. Dies soll besonders deshalb hervorgehoben werden, da eine bekannte Interpretation der Anthropologie- – die von Odo Marquard – die entgegengesetzte These vertritt.

Auf dem schon erwähnten Dilthey-Kongress in Rom hat Marquard über die Beziehungen zwischen Dilthey und der Anthropologie des 20. Jahrhunderts vorgetragen; sein Referat nimmt einige von ihm mit anderer Absicht schon früher formulierte Thesen wieder auf.[63] Nach Marquard ist die philosophische Anthropologie ein Produkt der Moderne, die durch eine doppelte Abkehr entsteht: von der Schulmetaphysik einerseits und von der Geschichtsphilosophie andererseits. Marquard betont besonders den Gegensatz zwischen Geschichtsphilosophie und Anthropologie: Ist die erste im Sinne Voltaires die Philosophie des unbedingten Menschheitsfortschritts – und in ihren Ausläufen eine revolutionäre Philosophie –, so ist die zweite eine Naturphilosophie des Menschen. Nun stehen nach Marquard die Anthropologien von Dilthey und Plessner selbst vollständig in dieser Tradition.

> „Diltheys Anthropologie – das Fundament seiner Theorie der Geisteswissenschaften – steht in der Tradition dieser philosophischen Anthropologie: insofern war auch sie – was die philosophische Anthropologie von Anfang an war,

---

[62] H. Plessner, a. a. O., 384ff., 420ff.

[63] Vgl. O. Marquard, „Zur Geschichte des philosophischen Begriffs ‚Anthropologie' seit dem Ende des 18. Jahrhunderts", in: *Collegium Philosophicum. Studien*, Joachim Ritter zum 60. Geburtstag, Basel 1965, 209–239 (jetzt in Marquard, *Schwierigkeiten mit der Geschichtsphilosophie*, Frankfurt a. M. 1982, 122–144). Hier wollte Marquard die Anthropologie angreifen; später hat Marquard mithilfe derselben Oppositionsthese die Anthropologie gegen die Geschichtsphilosophie verteidigt.

> bei Plessner blieb und noch heute ist – Naturphilosophie des Menschen: eine Philosophie, für die die Natur sagt, was der Mensch ist."[64]

Marquard glaubt, Dilthey gebrauche die Anthropologie skeptisch, um die Geschichtsphilosophie anzugreifen. Letztere zeigt sich in einer teleologischen und einer revolutionären Perspektive, da sie im geschichtlichen Werden ein einziges Ziel erblickt: die Emanzipation des Menschen. Von diesem Standpunkt aus betrachtet nach Marquard die Geschichtsphilosophie den Menschen als ein Wesen, das seine Dimension noch nicht im vollen Sinne erreicht hat; danach ordnet sie die vielfältigen Einzelgeschichten der Verwirklichung der wahren Menschheitsgeschichte, nämlich derjenigen, in welcher der Mensch endlich ein von Unterdrückung freies Subjekt ist. Um nun gerade die Pluralität der Geschichten und der Individualitäten zu garantieren, soll Dilthey auf die Konzeption einer einheitlichen Natur des Menschen zurückgegriffen haben – eine Natur, die bereits verwirklicht ist und sich immer gleich bleiben wird. Die Geisteswissenschaften, die sich auf die Individualität des erkannten Gegenstandes und des erkennenden Subjekts gründen, wären dann von Dilthey als Instrument der Pluralisierung der Geschichte konzipiert worden. Auch die diltheysche Hermeneutik – ebenso wie die moderne Hermeneutik – erfüllt dann dieselbe Funktion: der Todeserfahrung im Namen einer absoluten Textinterpretation durch die Pluralisierung der individuellen Interpretationen zu entgehen. In diesem Sinn wäre die Philosophie Diltheys eine Lebensphilosophie: Leben und leben lassen, das sei sein Prinzip.[65]

Obwohl hier die von Marquard vertretene These nur *en passant* besprochen werden kann,[66] muss doch darauf aufmerksam gemacht werden, dass sie den theoretischen Ansprüchen von Dilthey und Plessner nicht völlig gerecht wird. In der Oppositionsthese Marquards ist das polemische Echo der deutschen Debatte zur praktischen Philosophie spürbar.[67] Der eigentliche Gegensatz besteht hier zwischen den neuaristotelisch inspirierten Konservativen, denen Marquard zuzurechnen ist, und dem kritisch orientierten Flügel in der Nachfolge der Frankfurter Schule. Um den vermeintlich dogmatischen Charakter neukantianischer Ethik anzugreifen, wie sie die heutigen Frankfurter Theoretiker auf transzendentalpragmatischer Grundlage rekonstruiert haben, hat Marquard in der Tradition der Anthropologie Argumente als Stütze für seinen moralischen Relativismus gesucht. So werden Dilthey und Plessner zu Gegnern der Geschichtsphilosophie par excellence und ihre Anthropologien zum Schutzmittel des Individuums. Nun ist die These korrekturbedürftig, dass die Anthropologien von Dilthey und Plessner Naturphilosophien des Menschen seien, d. h. Philosophien, „für die die Natur sagt, was der Mensch ist", da beide Autoren, wie schon gezeigt, anticartesianische Theorien entwickeln. Dil-

---

[64] O. Marquard, „Dilthey und die Anthropologie", Vortrag, gehalten auf der Tagung *Wilhelm Dilthey e il pensiero del Novecento* (vgl. Anmerkung 12), 5 (jetzt veröffentlicht unter dem Titel „Leben und Leben lassen. Anthropologie und Hermeneutik bei Dilthey", in: F. Rodi (Hg.), *Dilthey-Jahrbuch für Philosophie und Geschichte der Geisteswissenschaften*, Bd. 2, Göttingen 1984, 128–139).

[65] Ebd., 10–16.

[66] Vgl. S. Giammusso, „Individuo, tradizioni e pluralismo dei valori. Per un'interpretazione critica dello scetticismo morale contemporaneo", in: *Archivio di storia della cultura*, II (1989), 251–302.

[67] Vgl. vor allem W. Oelmüller (Hg.), *Materialien zur Normendiskussion* I–III, Paderborn 1978–79; vgl. auch H. Schnädelbach (Hg.), *Rationalität*, Frankfurt a. M. 1984.

they geht den Weg der erkenntnistheoretischen Analyse und behauptet die Irreduzibilität des Erlebnisbegriffs auf die Alternative Natur – Geist; Plessner hingegen versucht die Doppelaspektivität menschlichen Daseins auf der Grundlage von dessen spezifischer Positionalität im Verhältnis neu zu fassen. Darüber hinaus scheint es eher gewagt zu behaupten, die Aufgabe der Hermeneutik, wie sie sich bei Dilthey und vor allem bei Plessner darstellt, bestehe in der Verteidigung der Individualität. Dilthey fasste die Hermeneutik vor allem als erkenntnistheoretisches Mittel zum Verständnis der historischen Welt. Zwar ist die Hermeneutik auch eine praxisorientierende Theorie; diese Vermittlungsfunktion der Theorie ist aber im Sinne einer Orientierung des Handelns gemäß der Geschichtserkenntnis zu verstehen, nicht aber in dem Sinne, dass die Pluralität der Individuen und ihre Irreduzibilität auf den totalisierenden Dogmatismus der Geschichtsphilosophie vindiziert würde. Eine solche Hermeneutik-Interpretation wird noch weniger von Plessner vertreten. Sind bei Dilthey Anthropologie und Hermeneutik darin verbunden, dass sie den Zusammenhang der historischen Welt verwirklichen, so ist Plessners Anthropologie selbst Hermeneutik: Die Interpretation geschriebener Texte erweitert sich zur Interpretation menschlicher Äußerungen. Das ist eben der Sinn der plessnerschen Forschungen zu Lachen und Weinen, Lächeln, Nachahmung, Leidenschaft und zur dramatischen Verkörperung.[68] In diesen Forschungen versucht Plessner ständig, nach dem diltheyschen Prinzip, den ganzen Menschen zu betrachten, die Kluft zwischen einer bloß physiologischen und einer bloß mentalistisch-psychologischen Arbeitsmethode zu überwinden. Gegen die von den naturwissenschaftlichen Experimentalwissenschaften für das Studium des menschlichen Verhaltens angewandten Prozeduren macht Plessner das Recht der alltäglichen Erfahrung geltend. Seine Forschungen gehen nicht von abstrakten, an der Wahrheit der Methode sich orientierenden Prinzipien aus, sondern beziehen sich auf die konkrete, mannigfaltige Fülle, in der sich die Sphäre des Sinns darstellt. „Lachen und Weinen als Ausdrucksformen begreifen" – schreibt Plessner in Bezug auf diese zwei Formen menschlichen Verhaltens, aber paradigmatisch für seine weitere Analysen – „heißt, vom Menschen als Ganzem ausgehen, nicht von Partikularem, das sich quasi selbständig aus dem Ganzen loslösen läßt wie Körper, Seele, Geist, Sozialverband. Als Ganzer ist uns der Mensch, d. h. der Mitmensch, und sind wir uns selber zugänglichen im Konnex des Verhaltens, des Umgangs mit unseresgleichen und der Umwelt." (VII, 223) Das Verhalten ist also ein Ganzes, eine ursprüngliche Relation zwischen Organismus und Umwelt, die in nicht in eine Abfolge von Bewegungen und Reflexen aufgelöst werden kann, will man seinen objektiven, in der alltäglichen Erfahrung sich manifestierenden Sinn verstehen. Der Sinnbegriff als objektiv verständliche Richtung eines Lebewesens auf die Gegenwelt einer gestalteten Umgebung wird also hier zum Schlüsselbegriff für das Unternehmen einer anthropologischen Hermeneutik.

Nicht aufgrund ihrer angeblich pluralistischen Funktion ist die Anthropologie aktuell, sondern weil sie dazu beiträgt, das Verhältnis zwischen Philosophie und Humanwissenschaften neu zu fassen und die Wissenschaftlichkeit der Theorie mit den Erfordernissen der Praxis zu vermitteln. Dazu hat Dilthey den Weg geöffnet: Die Polemik gegen die cartesianische Alternative lässt sich auch als Verzicht auf die methodologische Alter-

[68] H. Plessner, *Lachen und Weinen. Eine Untersuchung der Grenzen menschlichen Verhaltens*; *Das Lächeln*; *Zur Anthropologie der Nachahmung*; *Zur Anthropologie des Schauspielers*, GS VII.

native zwischen Apriori und Aposteriori begreifen. Als Wissenschaftlichkeitskriterium hatte Kant die Messbarkeit angenommen; so schloss er aus der Reihe wissenschaftlicher Disziplinen die lebenswichtigen, d. h. wertorientierenden Wissenschaften aus. Ganz im Gegensatz dazu stand die ästhetische, von Dichtern und Schriftstellern ausgearbeitete Lebensinterpretation. Dilthey überwand diese Alternative dadurch, dass er den Zweckzusammenhang menschlichen Geistes mithilfe anthropologischer, aus der Lebenswelt selbst hervorgehender Kategorien verstand. Philosophie und Humanwissenschaften traten so in eine Beziehung produktiven Austauschs. Der Bruch zwischen einer abstrakten, deduktiven, notwendigen Logik und dem aus den Einzelwissenschaften stammenden empirischen Material war damit geheilt. Die Folge war – wie Georg Misch treffend bemerkte –, dass bei der Begründung der Humanwissenschaften die Hermeneutik die Logik ersetzte.[69] Dass Philosophie und Humanwissenschaften in ein zirkelhaftes Verhältnis treten, ist auch relevant in Bezug auf die Praxis. Das Verstehen eines Textes, eines Kunstwerkes, eines Ereignisses ermöglicht dem interpretierenden Individuum, einen historischen Zusammenhang zu rekonstruieren und sein Handeln in der Welt zu bestimmen. So wird das Wissen zum Lebensinstrument; der Mensch selbst wird nicht mehr als abstrakt logisches Subjekt aufgefasst, sondern als ein Wesen, das seine Existenz historisch erlebt und sich des Wissens bedient, um die Welt zu verstehen und sein Handeln in ihr zu orientieren.

Plessner hat noch einen weiteren Schritt in diese Richtung getan. Der Anfangspunkt seiner universalen Anthropologie war die historische Deutung des Menschen als der Quelle kultureller Lebensformen. Dies implizierte aber den Abschied von den apriorischen ebenso wie von den empirischen Anthropologien, weil die einen historisch bedingte Eigenschaften des Menschen verabsolutierten und so das Kontingente als notwendig ausgaben, während die anderen die Komplexität historisch-sozialer Äußerungen nicht völlig verstehen konnten. Aus diesem zweifachen Versagen der traditionellen Anthropologien heraus rückt Plessners Besinnung über den Begriff der „Unergründlichkeit des Menschen“ in den Mittelpunkt. Ähnlich wie bei Dilthey[70] ist dieser Begriff, der im Wesentlichen die „nie ausschöpfbare und doch faßliche, d. h. immer neu zu sehende, weil beständig sich in anderem Sinne erneuernde Lebenswirklichkeit“ der geistig-geschichtlichen Welt bedeutet,[71] kein Plädoyer für den Skeptizismus, sondern er hat eine heuristische Funktion: Er hält fest, dass das Studium des Menschen nicht mit den ex-

[69] G. Misch, „Die Idee der Lebensphilosophie in der Theorie der Geisteswissenschaften“ (1924), zitiert nach F. Rodi/H.-U. Lessing (Hg.), a. a. O., 142.

[70] Dass der diltheysche Begriff des historischen Bewusstseins keineswegs für den Skeptizismus bzw. Relativismus plädiert, wurde vor allem von Giuseppe Cacciatore behauptet: „E’ sulla base di questa fondamentale scoperta dell’età moderna – la coscienza storica – che Dilthey può andare al di là della costatazione scettico-relativistica, per tentare ambiziosamente, di costruirne una ‚critica‘. Critica della ragione storica è, dunque, la dichiarazione coraggiosa – pur se travagliata e percorsa di faticose contraddizioni – di una fede razionale tutta rivolta a rinnovare sulle basi della coscienza storica l’organizzazione tradizionale della conoscenza umana. Storicità, allora, come fecondo punto d’avvio nella costruzione razionale del sapere e non soddisfatto, quanto scetticamente conchiuso, punto terminale della ricerca.“ Vgl. G. Cacciatore, *Scienza e filosofia in Dilthey*, Neapel 1976, 2 Bde., Bd. II, 366.

[71] H. Plessner, GS V, 181.

akten Methoden der Naturwissenschaften angefasst werden kann, sondern Sinn für die Pluralität der immer mit anderen Augen zu interpretierenden menschlichen Äußerungen verlangt. Aus diesem Grund sind die Probleme der Humanwissenschaften eine offene Frage.[72]

Plessner hat den Verhaltensbegriff betont, um eine zweifache Aufgabe zu lösen: die Wissenschaften vom Menschen zu begründen[73] und einen hinreichend flexiblen Begriff zu finden, der es erlaubt, den Menschen zu identifizieren. Und gerade im Versuch, eine rationale Identität nach der Krise idealistischer bzw. positivistischer Mythen zu rekonstruieren, besteht der universale Aspekt von Plessners Anthropologie. Unter diesem Blickwinkel scheiden sich die Geister, denn Dilthey subordiniert die Anthropologie dem Begründungsproblem historischer Erkenntnis, wohingegen Plessner die Anthropologie zum fundamentalen Problem der Philosophie erhoben hat: Selbstidentifizierung des Menschen durch Interpretation spezifisch menschlicher Äußerungen, wie z. B. Expressivität und Handeln. Die Identifizierung des Menschen ist aber weder deduktiv noch empirisch möglich. Die anthropologische Forschung ist deshalb eine Untersuchung der Mehrdeutigkeit menschlichen Verhaltens und trägt gleichzeitig dazu bei, das subjektive Verhalten gegen jede einseitige Auffassung des Menschen zu orientieren.

---

[72] H. Plessner, GS V, 175.

[73] Ders., *Die Aufgabe der philosophischen Anthropologie*, GS VIII, 38ff.

III Plessners Verständnis der Moderne

Geschichtsphilosophie und Anthropologie beim frühen Plessner

1. „Die moderne philosophische Anthropologie" – schreibt Max Horkheimer 1935 – „entspringt demselben Bedürfnis, das die idealistische Philosophie der bürgerlichen Epoche von Anfang an zu befriedigen sucht: nach dem Zusammenbruch der mittelalterlichen Ordnungen, vor allem der Tradition als unbedingter Autorität, neue absolute Prinzipien aufzustellen, aus denen das Handeln seine Rechtfertigung gewinnen soll."[1] Nach Horkheimer ist also selbst die philosophische Anthropologie eine camouflierte Form des Idealismus, denn sie rehabilitiert absolute Prinzipien durch die Wendung auf die Metaphysik, ja auf eine Metaphysik der menschlichen Natur: Diese Prinzipien sollen wiederum der spätbürgerlichen Daseinsform des vereinzelten Individuums eine feste Orientierung für das Handeln in einer Welt ermöglichen, in der jedes Absolute fraglich geworden ist. Der Vorwurf Horkheimers, der Anthropologe sei unkritisch der Gesellschaft gegenüber und versuche sogar, durch die Hintertür einer neuen, naturorientierten Metaphysik des Menschen wieder absolute Normen eintreten zu lassen, war bekanntlich gegen Max Scheler und seine Schüler gerichtet. Wie Plessner selbst mit leichter Bitterkeit in einem späteren Adorno-Aufsatz feststellt,[2] hatte Horkheimer die Schriften Plessners überhaupt nicht gegenwärtig. Damit ist aber nicht prinzipiell ausgeschlossen, dass der Ideologieverdacht in letzter Instanz auch das plessnersche Unternehmen betreffen könnte.[3]

---

[1] M. Horkheimer, „Bemerkungen zur philosophischen Anthropologie", in: *Kritische Theorie*, Frankfurt a. M. 1968, Bd. I, 203.

[2] H. Plessner, „Adornos Negative Dialektik. Ihr Thema mit Variationen", in: *Kantstudien*, 61 (1970), 517.

[3] In der Literatur ist der Einwand Horkheimers gegen die Anthropologie Schelers in der Tat reaktualisiert und auch auf Plessner erweitert worden, zwar mit der These, die Anthropologie Plessners konvergiere letztlich auf „einen angeblich aufgeklärten Pseudodeterminismus, der jetzt nicht mehr Gott heißt, sondern menschliche Natur", und zeige eine Affinität zu einer autoritären Auffassung der Ordnung à la Carl Schmitt. Vgl. R. Kramme, „Antropologia politica. L'immagine antropologica della società in Helmuth Plessner", in: B. Accarino (Hg.), *Ratio imaginis. Uomo e mondo nell'antropologia filosofica*, Pisa 1991, 109.

Freilich sind heute die Unterschiede in den Ansätzen von Plessner und Scheler viel klarer als in den dreißiger Jahren[4] und es wäre unsinnig, auf den Kantianer Plessner automatisch das anwenden zu wollen, was den Metaphysiker Scheler betrifft. Doch ist das innere Verhältnis von Anthropologie und Politik, von Natur und Geschichte, von Theorie und Praxis bei Plessner keineswegs eindeutig und auch in der Literatur hat man dieses Thema kaum ausführlich behandelt. Die folgende Untersuchung will die geschichtsphilosophischen Voraussetzungen der Idee einer philosophischen Anthropologie bei Plessner im Lichte dieser systematischen Fragen betrachten. Beim frühen Plessner ansetzend, geht sie unter synoptischer Deutung der publizistischen, politischen, sozialphilosophischen und philosophischen Schriften der Genese seines Ansatzes bis ca. 1924 in großen Linien nach. Wenn gezeigt werden kann, dass bereits beim frühen Plessners nicht die Natur und die Konvergenz mit einer halbmetaphysischen Naturordnung, sondern die Geschichte und eine Philosophie der Geschichte als Basis eines erneuerten Philosophiebegriffs sowie als kritische Orientierungsnorm politischen Handelns maßgebend sind, so hat dies Konsequenzen: Nicht nur wäre der Einwand Horkheimers in Bezug auf Plessner unzutreffend; auch die These Habermas', Plessner halte an einem unbegründeten humanistischen Postulat fest,[5] behaupte also eine Diskrepanz zwischen Theorie und Praxis, und die These Marquards, Plessner arbeite an einer Philosophie der Natur des Menschen als Pluralisierungsmittel der Geschichte[6] – entwerfe also eine Anthropologie als Metaphysik der Menschennatur in praktischer Absicht –, werden dann problematisch. Im Rahmen dieser Untersuchung muss freilich vieles unerörtert bleiben.[7] Wert wird vor allem darauf gelegt, dass der geschichtsphilosophische Zusammenhang in den Vordergrund tritt und die Dialektik der Moderne und ihre Pathologien herausgearbeitet werden. Sie bilden die Voraussetzungen von Plessners Idee einer philosophischen Anthropologie.

2. Schon bei einem nur kursorischem Überblick über die frühe Produktion Plessners fällt sofort die Vielfältigkeit seiner Schriften auf. Eine genauere synoptische Lektüre erschließt den gemeinsamen Nenner des Erkenntnistheoretikers, des Sozialphilosophen,

---

[4] Vgl. R. H. A. Coorbey, „Plessner, Scheler en de menselijke Geest", in: *Tijdschrift voor Filosofie*, 48 (1986), 49–65, und vor allem H. Fahrenbach, „‚Lebensphilosophische' oder ‚existenzphilosophische' Anthropologie? Plessners Auseinandersetzung mit Heidegger", in: *Dilthey-Jahrbuch für Philosophie und Geschichte der Geisteswissenschaften*, 7 (1990–91), 71–111.

[5] J. Habermas, „Helmuth Plessner", in: *Philosophisch-politische Profile*, Frankfurt a. M. 1971, 222ff.

[6] O. Marquard, „Leben und Leben lassen", in: *Dilthey-Jahrbuch für Philosophie und Geschichte der Geisteswissenschaften*, 2 (1984), 128–139.

[7] Für die frühen erkenntnistheoretischen Schriften verweise ich auf R. Breun, *Helmuth Plessners Bestimmung der Idee der Philosophie und deren Ausarbeitung als philosophische Anthropologie*, Diss. Tübingen 1987, und vor allem auf die ausführliche Monographie von S. Pietrowicz, *Helmuth Plessner. Genese und System seines philosophisch-anthropologischen Denkens*, Freiburg 1992, 157–210. Über die „Grenzen" vgl. vor allem B. Accarino, *Mercanti ed eroi. La crisi del contrattualismo tra Weber e Luhmann*, Napoli 1986, 104–114, und besonders W. Eßbach, J. Fischer und H. Lethen (Hg.), *Plessners „Grenzen der Gemeinschaft". Eine Debatte*, Frankfurt a. M. 2002. Vom Verfasser vgl. auch die Studie in diesem Band „Politische Kultur als Spiel der Zivilisation" und das Buch *Potere e comprendere. La questione dell'esperienza storica e l'opera di Helmuth Plessner*, Mailand 1995.

des Geisteshistorikers und des Publizisten. Thesenhaft sei behauptet, dass all diese Gesichter Plessners in einer fragmentarisch formulierten, aber doch einheitlichen geschichtsphilosophischen Sicht der Moderne in praktischer Hinsicht wurzeln. Dem Kantianer, der in den frühen zwanziger Jahren in seiner Ästhesiologie – trotz aller lebensphilosophischen Revisionen – methodologisch an den Prinzipien der Kritik festhält, im Partisanen und Verteidiger der Weimarer Republik, der u. a. die politisch indifferenten Intellektuellen bekämpft, im Sozialphilosophen, der den sozialen Radikalismus angreift und die „Utopie in der Maschine“ verortet, im Geisteshistoriker, der bereits 1919/1920 der Frage nach der deutschen Verspätung in der Moderne nachgeht, öffnet sich nicht die neukantianische Kluft zwischen Theorie und Praxis, sondern verschiedene, aber eng verbundenen Aspekte des Geschichtsphilosophen umgreifen einander.

Plessner macht die Hauptaspekte der Lebensformen westlicher Kultur bei ständigem Wechsel des Ansatzpunktes zum Gegenstand. Er bestimmt die Moderne jeweils vom Standpunkt der Auseinandersetzung zwischen Okzident und Orient sowie aus der Perspektive des Zusammenhangs von Wissen und Gesellschaft, des modernen Typus „Wissenschaft“, der neuzeitlichen Kategorien der Kunst und der Politik. Bei diesem vielseitigen Zugang zur Frage nach der Moderne spielen Autoren wie Simmel und Troeltsch sicher eine Rolle. Es ist aber vor allem auf Max Weber hinzuweisen: Sein methodologisch relevantes Insistieren auf die Korrelation von Wissen und Gesellschaft und das politische Engagement für die Modernisierung der deutschen politischen Kultur bilden die Voraussetzungen, auf die sich Plessners Analysen stützen. Der Verweis auf die Schlüsselfunktion der Wissenssoziologie Webers und vor allem auf ihre geschichtsphilosophische Ausführung bei Plessner mag vielleicht nicht selbstverständlich erscheinen, da in der Literatur üblicherweise Theoretiker wie Kant, Dilthey, Scheler und Husserl als Quellen gelten.[8] Selbst in neueren Arbeiten findet Weber kaum Erwähnung. Demgegenüber werde ich in erster Linie dem Weber verpflichteten Modernitätsbegriff Plessners nachgehen, dann seine Bestimmung der Pathologien der Moderne betonen und schließlich sein erkenntnistheoretisches Paradigma als Versuch rekonstruieren, an den Idealen der Moderne bei permanentem Kampf gegen ihre Pathologien festzuhalten.

3. Bereits 1916 entwickelt Plessner in dem Aufsatz „Vom abendländischen Kulturbegriff“ zum ersten Mal ausführlich einige Überlegungen zum Begriff der Moderne.[9] Noch im Kriegsjahr 1916 mit dem Untertitel „Anläßlich der Umbildung der Universität Konstantinopel“ erschienen, ist dieser Aufsatz in erster Linie ein Zeitzeichen. Inhaltlich ist er

[8] Eine Ausnahme ist R. Kramme, *Helmuth Plessner und Carl Schmitt: eine historische Fallstudie zum Verhältnis von Anthropologie und Politik in der deutschen Philosophie der zwanziger Jahre*, Berlin 1989, bes. 23–35. Kramme vertritt aber die These, dass Plessner im Banne der neukantianischen Trennung zwischen Theorie und Praxis am Beispiel Webers bleibt. Dagegen werde ich versuchen zu zeigen, dass Plessner trotz aller methodologischen Verpflichtungen sich von Webers politischem Dualismus distanziert und an einer Art von Geschichtsphilosophie in praktischer Absicht arbeitet.

[9] H. Plessner, „Vom abendländischen Kulturbegriff. Anläßlich der Umbildung der Universität Konstantinopel“, in: *Beiträge zur Kenntnis des Orients. Jahrbuch der Deutschen Vorderasien-Gesellschaft*, 13 (1916), 44–53.

aber keineswegs eine bloße Gelegenheitsäußerung, sondern bietet eine reiche Mannigfaltigkeit von Anregungen und Motiven, die um Fragen der politischen Theorie, der Kulturgeschichte und -politik und der Religionssoziologie kreisen, und er kündigt Themen an, die in einigen plessnerschen Schriften der zwanziger Jahre systematischen Charakter annehmen werden. Wichtig ist vor allem die gewählte Perspektive, die aus der Auseinandersetzung mit den idealtypischen Elementen der orientalischen Kultur das Spezifische an der europäischen Moderne hervortreten lassen will.

Den Ausgangspunkt bildet eine nicht explizit genannte kolonialpolitische Fragestellung. Man könnte sie folgendermaßen reformulieren: Wie lässt sich unter der Voraussetzung, dass die Außenpolitik der Weststaaten – notwendigerweise auch die Deutschlands – zur Bildung von kolonialen Großräumen tendiert, eine Politik denken, die das Bedürfnis nach Wissenschaft, Technik und wirtschaftlichem Wachstum in einem nichteuropäischen Kulturkreis motiviert, ohne dass die jeweiligen Völker durch die Zwangskapitalisierung überrollt werden und die kapitalistische Rationalisierung als suspekt und fremd empfinden? Gefragt ist eine Strategie, die nicht unter den Vorzeichen der Machtpolitik steht, sondern für die europäische Zivilisation wirbt. Die vorgeschlagene Modernisierungsstrategie insistiert auf der Rolle der Kultur. Wichtig für unser Thema sind aber weder die Fragestellung noch die vorgeschlagene islampolitische Strategie, sondern die geschichtsphilosophischen Prämissen. In deren Hintergrund steht Webers Kapitalismusbuch, dessen Ergebnisse Plessner rezipiert, vor allem die These der Zusammengehörigkeit von Wirtschaftsform und Ethik in einem ökonomischen Typus und ihre Anwendung für das Verständnis der Zusammenhänge zwischen der Berufsideologie in der protestantischen Ethik und dem Ursprung des Kapitalismus. In freier Variation einiger Grundgedanken Webers erkennt Plessner das Neue und Paradigmatische des Systems der Moderne in dem, was er als „Heraklitismus der Praxis" bezeichnet. Mit diesem Begriff wird auf den Strukturwandel des Sinnes sozialer Betätigung hingewiesen: Der moderne Industrielle und der Kaufmann verstehen ihre soziale Rolle als eine vom Pathos der Offenheit getragene Betätigung; ihre Arbeit ist zum Selbstzweck geworden und gilt somit als prinzipiell unabschließbar und grenzenlos.

Auch für Plessner hängt diese halbsakralisierte Verselbstständigung der Arbeit mit dem Geist des Luthertums zusammen.[10] Die Reprise einer alten dualistischen These, die Idee des permanenten Kampfes des Geistes mit der sündigen Materie, führt im Luthertum zu einer innerlich als Wert erlebten Werkfreudigkeit, die für Plessner die eigentliche Zäsur zwischen der Daseinsform des modernen Westens und der orientalischen Kultur markiert. In Plessners Argumentation wird eine Denkfigur sichtbar, die charakteristisch für seine weitere Bestimmung der Moderne ist: Einerseits wird die Autonomie des Individuums hervorgehoben, die mit der Rehabilitierung der Arbeit in Beziehung steht; andererseits wird der Begriff der Offenheit als notwendiges Pendant dieser Autonomisierung des Individuums eingeführt. Der moderne Mensch erscheint hier als eine

---

[10] „Erst mit dem Augenblick des in Luther sich durchringenden Geistes" – schreibt Plessner – „gewinnt das wirkliche Alltagsleben – in den vollen Kontrast zur himmlischen Überwelt gesetzt – die Bedeutung der Materie, die im unendlichen Prozeß steter Annäherung geheiligt werden muß." Ebd., 49.

sinnwidrige Gestalt, die als legitimierte Einzelgestalt dadurch hervortritt, dass sie sich in einer unendlichen, dem individuellen Glück indifferenten Aufgabe eben als Individuum auflöst. Die Autonomisierung der Arbeit ist dann gleichbedeutend mit dem Selbstopfer des Individuums, das eine Form der Befriedigung in der Teilnahme an einem „grenzenlosen Prozeß" findet, der „nicht einmal wahrer Fortschritt genannt zu werden verdient, weil er seinem unendlichen Ideal sich nicht zu nähern vermag."[11]

Der Akzent ist m. E. gerade auf die Rolle zu setzen, die diese Idee eines Heraklitismus der Praxis, eines Pathos der Unendlichkeit als Grundkategorie und roter Faden der frühen Untersuchungen Plessners spielt. Vor allem auch die moderne Wissenschaft ist nach Plessner von einem derartigen Pathos getragen, weil sich der einzelne Forscher einer Aufgabe widmet, die prinzipiell eine Sache der künftigen Generationen ist. Die Typisierung des modernen Wissenschaftlers wird soziologisch in einer Untersuchung aus dem Jahre 1924 über die moderne Wissenschaftsform ausgeführt, die sich wiederum Max Weber verpflichtet weiß. Am Leitfaden des Wertfreiheitsprinzips will sie die Beziehungen zwischen Gesellschafts- und Wissenschaftsformen idealtypisch beschreiben, wobei keine als übergeordnet, sondern beide als „gleichursprüngliche Seiten eines Systems" interpretiert werden.[12]

Plessner unterscheidet drei Hauptsysteme der Korrelation von Wissenschaft und Gesellschaft in der abendländischen Tradition: das mittelalterliche, das absolutistische und das demokratische. Die beiden ersten Systeme sind durch einen geschlossenen Charakter geprägt, das dritte ist ein offenes System. Um den prägnanten Gebrauch des Begriffspaars Geschlossenheit – Offenheit zu verstehen, muss man die von Plessner gesehene sinngesetzliche Korrelation zwischen Machtform und Wahrheitsauffassung beachten: Gipfelt die hierarschisch-feudal organisierte Gesellschaft des Mittelalters in der Autorität des Papstes und in einer statischen Auffassung der Wahrheit als Offenbarung, so findet die naturrechtlich-absolutische Autorität des Herrschers ihr Pendant in einer Auffassung der Wahrheit als Deduktion aus Vernunftprinzipien. Dass das dritte System offen ist, heißt dagegen, dass beide Gesellschafts- und Wissensformen durch dynamische Züge gekennzeichnet sind.

Die mathematische Form und die Gesetzmäßigkeit der neuen Wissenschaft entsprechen also dem Rechenhaftigkeits- und Sicherungsbedürfnis des gegen Natur und Gott selbstständig gewordenen Individuums, sodass sich vom „Aufeinanderabgestimmtsein von objektiver Weltansicht und Geschäftsmaxime" sprechen lässt.[13] Die Eigenschaften der neuen Wissenschaft und die Verselbstständigung des individuellen Strebens gehören dann zu einem System, in dem die Temporalisierung und Empirisierung der Wahrheit, die sich auf diese Weise mit einer regulativen Idee decken, mit einer Gesellschaftsform eng verbunden sind, in der eine Dynamik der Pluralität herrscht.

Diese Offenheit der Moderne bedeutet aber nicht nur eine Transformation des Wahrheitsbegriffs und der gesellschaftlichen Organisation. Laut Plessner ist sie zugleich eine große Sinnwandlung der Zeiterfahrung. Sie ist ein Synonym für die Tatsache, dass die psychologisch-wissenschaftlich-gesellschaftlich tragende Zeitkategorie der

[11] Ebd., 48f.

[12] H. Plessner, GS X, 12.

[13] A. a. O., 11.

modernen Daseinsform die Zukunft ist. Nicht nur der Typus des Industriellen und des Wissenschaftlers, sondern der moderne, individuell autonome Mensch tout court handelt und lebt mit Blick auf eine nie ankommende Zukunft, in der die ganze Existenz ihren idealen Schwerpunkt findet. Die Figuren der Moderne lassen sich dann durch die Verbindung der geschichtsphilosophischen Kategorien der Autonomie und der Offenheit beschreiben, welche letztlich eine temporale Orientierung zur Zukunft haben.

In verschiedenen Analysen hat Plessner den – mehr oder weniger systematischen – Versuch unternommen, für die Bereiche der Politik, der Technik und der Ästhetik die Verkoppelung von Autonomie und zeitoffenem Ideal als spezifisch moderne Daseinsform zu belegen. In dem Aufsatz „Die Untergangsvision und Europa" sieht Plessner in einer säkularisierten Internationale die Schlüsselkategorie zum Verständnis der politischen Moderne. Die geografische Verlegung des politischen Schwerpunkts und die naturrechtliche Erschütterung der Autorität der katholischen Kirche etablieren das Pathos der in der Wirklichkeit stets neu zu verwirklichenden Ideale der Freiheit, der Gleichberechtigung und der Gleichheit.

Diese geschichtsphilosophischen Bestimmungen der politischen Moderne finden ihr Pendant im Aufsatz „Politische Kultur". Eine funktionale und typologische Analyse der demokratischen Staatswirklichkeit des 19. und 20. Jahrhunderts wird hier am Leitfaden des zukunftsorientierten Offenheitscharakter gegeben. „Diese Wirklichkeit" – schreibt Plessner – „ist nie und nirgends abgeschlossen, sie ist fließend, elastisch, nicht starr, sie ist ein offenes System von Möglichkeiten der Umbildung und Neuschöpfung. Nirgends, es sei denn in absoluten Autokratien, ist der Staat eine Substanz. Nach moderner Auffassung ist er wesentlich Leistung, Sache seiner Bürger und in die Verantwortlichkeit des Volkes gelegt."[14] Die Wirklichkeit des modernen Staates setzt die Autonomie und die Würde der Bürger als gleichberechtigter Individuen voraus, die sie zugleich als ein nur in der Zukunft zu verwirklichendes Ideal antizipiert.

Eben diese Orientierung an der Zukunft ist laut Plessner auch für den Sinn der modernen Technik maßgebend. Im schon erwähnten Aufsatz „Untergangsvision und Europa" erkennt er in der Verbindung von protestantischem Geist und Technik die eigentliche Kluft zu der magisch disziplinierten orientalischen Welt. „Erst die protestantische Durchbrechung" – schreibt er –, „die Verlegung des Schwergewichts menschlicher Existenz in sie selbst, vollzieht das Novum einer Tatkultur, einer praktischen Mission auf dem Wege der Technik, der Kolonisation und Überwindung natürlicher Widerstände durch die Maschine."[15] Unter dem Gesichtspunkt der Technik wird die Heraklitismus-These wieder aufgenommen: Ihre modernen Züge gewinnt die Anwendung von künstlichen Instrumenten dadurch, dass sie der Beherrschung der Natur im Sinne einer stets zu erneuernden Heiligung der Materie dient. Interessant ist hier besonders die geschichtsphilosophische Funktion, die Plessner der modernen Technik zuschreibt: Dank des zukunftsorientierten technischen Geistes und der technikbedingten Beziehungen zwischen den Völker kann man von einer Universalgeschichte der ganzen Menschheit sprechen.

---

[14] H. Plessner, „Politische Kultur", in: *Frankfurter Zeitung*, Frankfurt a. M., 3 April 1921; wieder abgedruckt in: *Deutsche Universitätszeitung*, 8 (1953), Nr. 2, 7.

[15] H. Plessner, „Die Untergangsvision und Europa", a. a. O., 277.

Auch in dem Aufsatz „Zur Geschichtsphilosophie der bildenden Kunst seit Renaissance und Reformation“ aus dem Jahre 1918 kommt Plessner u. a. zu derselben Frage nach dem Sinn der modernen Welt. Diesmal steht eine geschichtsphilosophische Interpretation der Stile moderner Kunst im Mittelpunkt. Dabei taucht der Gedanke der Autonomie als tragende Kategorie der modernen ästhetischen Sphäre und der Moderne tout court auf. Der Funktionswandel der ästhetischen Produktion und der ästhetischen Erfahrung, der mit der Renaissance stattfindet gehe den Weg einer Verselbstständigung der die Proportionen der Natur wiedergebenden Bildlichkeit und sei ein Aspekt der allgemeinen Umdeutung der Welt, zu der auch die Reformation in einem analogen Sinn beitragen. Beide Kulturformen stimmen darin überein, dass sie die Idee der Autonomie sowohl hinsichtlich der natürlichen Erscheinungen als auch hinsichtlich der Innerlichkeit einführen. Die Zäsur zum mittelalterlichen Katholizismus ist somit gesetzt.

4. Versucht man diese Sicht der Modernität in den Blick zu bekommen, so muss man sich davor hüten, sie mit dem Etikett „Fortschrittsoptimismus“ abzustempeln. Die Kategorien der Autonomie und der Offenheit sind keineswegs so naiv optimistisch, wie sie auf den ersten Blick vielleicht aussehen könnten. In eben jenen frühen Schriften, in denen Plessner geschichtsphilosophisch den Sinn der Moderne entwickelt, verweist er ständig auf ihre Pathologien. Letztere seien nicht als Zufallsprodukte eines unendlichen Fortschritts zu verstehen, sondern stünden mit den sich durchsetzenden modernen Ideen in engem Zusammenhang. Die Konstellation von erneuerter religiöser Ethik, sei es im lutheranischen, im calvinistischen oder im jesuitischen Sinn, und der Arbeitsfreudigkeit hat sich als Heraklitismus der Praxis in allen Bereichen des Wissens, der Wissenschaft und der Gesellschaft konstituiert und zusammen mit der Idee der Autonomie aller einzelnen Gestalten, vor allem der Natur, markant den Sinn des modernes Daseins geprägt.

Sie führt aber auch einen ethisch-wissenschaftlichen Dualismus ein. Bereits 1918 schreibt Plessner: „Im Grundriß stellt die neuere Kosmologie sich als Zwiespalt von Geist und Natur dar. Weil durch die Reformation und seit dem Ende der Gotik die Spannungen nach oben aufgehört haben, schlagen sie ins Gegebene zurück und wiederholen die überweltliche Feindschaft des Göttlichen und des Satanischen in dem nachweisbaren Gegensatz des Inneren und des Äußeren.“[16] Die Moderne als Welt, in der Autonomie und Heraklitismus der Praxis herrschen, ist dann der Ort der Spaltung, der Entfremdung des absolut gesetzten Selbst von der Natur und von den Mitmenschen. Sie trägt also zugleich die Züge der Verdinglichung und der Subjektivierung, der Verwissenschaftlichung und der Verweltanschaulichung; dazu kommt auch eine mehr oder weniger latente Bevorzugung des Bewusstseins als Ort der Gewissheit und der Gesinnung, die mit einer Entwertung der Sinne einhergeht. Plessner weist oft darauf hin, dass die moderne philosophische Tradition seit Descartes dieser dualistischen Pathologie verhaftet bleibt. Auch die Kantsche Kritik steht im Banne dieser dualistischen Tradition, die Geist und Sinnlichkeit streng trennt, sodass sie keinen Sinn für „empirische, aber nicht naturwissenschaftliche Erkenntnis“, für „die Bedeutungskundgabe im künstlerischen und

[16] H. Plessner, GS VII, 31.

gewöhnlichen Leben", für „das einfache Wechselverhältnis in Ausdruck und Verständnis von Mensch zu Mensch, Mensch und Welt" hat.[17]

Hier scheint es mir wichtig darauf hinzuweisen, dass Plessners Analyse der Pathologien der Moderne nicht auf das erkenntnistheoretische Feld begrenzt ist. Die meisten der frühen politischen und publizistischen Schriften aus der Weimarer Zeit stehen in enger Verbindung mit seiner geschichtsphilosophischen Sicht der Moderne und auch mit seinen gleichzeitigen Kant-Studien, weil sie vor allem den praktischen Konsequenzen der dualistischen Pathologien nachgehen, darunter der Kluft zwischen Natur und Kultur. Zu den politischen Dualismen par excellence gehört der sozialen Radikalismus. Mit diesem Begriff will Plessner die links- und rechtsextremistischen Gruppen treffen, die die demokratische Ordnung der Weimar Republik infrage stellen. Für den Radikalismus als Ausdruck einer allgemeinen Haltung dem Leben gegenüber sei der Geist die wahre Identität des Menschen. Der Radikale behaupte den Vorrang des Idealen vor dem Realen, vor der Natur als Bereich dessen, was die reine Idee beschränkt. Dagegen plädiert Plessner nicht für eine Philosophie der Natur des Menschen, im naturalistischen oder deterministischen Sinn, sondern für die geschichtsphilosophische Demaskierung einer Pathologie, die, von einer Metaphysik der Menschennatur ausgehend, zur politischen Variation des lutheranischen Dualismus führt.

Abgesehen vom sozialen Radikalismus, ist nach Plessner der politische Dualismus von guter Gesinnung und Pflicht zur Macht charakteristisch für die deutsche Moderne. Im Aufsatz „Politische Kultur", der zusammen mit „Die Untergangsvision und Europa" den Keim für das Buch „Die verspätete Nation" bildet, sieht er in der Tendenz zur strikten Trennung von Theorie und Praxis das kennzeichnende Merkmal der allgemeinen politischen Haltung in Deutschland.[18] Politik aus reiner Gesinnung und unkritische Identifizierung mit der jeweiligen herrschenden Machtform seien für Deutschland komplementäre Phänomene, die mit dem politischen Lutheranismus zusammenhängen.

Deutlich erkennt man Motive wieder, die in den späteren Schriften Plessners auftauchen. Es wäre aber voreilig und simplifizierend zu meinen, dass sich diese Motive in den systematischen Schriften zur Grundlegung der philosophischen Anthropologie auflösen. Trotz aller Unterschiede im Detail haben die frühen Arbeiten einen einheitlichen Charakter, der an sich viel vielseitiger und reicher als das ist, was man normalerweise unter dem späten Etikett „philosophische Anthropologie" rubriziert. Plessners Idee einer philosophischen Anthropologie ist eben vor dem Hintergrund seiner Sicht der Moderne zu lesen.

Das philosophische Paradigma, das Plessner in diesen Jahren entwickelt, lässt sich als eine Überwindung der modernen Bewusstseinsphilosophie seit Descartes beschreiben. Er knüpft an einige Motive Kants an, um über ihn hinaus zur historischen Welt zu kommen. Bereits in der Dissertation *Vom Anfang als Prinzip der Bildung transzendentaler Wahrheit* aus dem Jahre 1918 greift Plessner auf den kantischen Synthesisbegriff als Modell zurück, mithilfe dessen die Notwendigkeit des Subjekts zusammen mit der Zufälligkeit des Objekts relational gedacht und zugleich die falsche Alternative zwischen Natur und Geist aus einem ursprünglichen Gesichtspunkt revidieren werden kann. Aufgrund

[17] Ders., GS II, 340.

[18] H. Plessner, „Politische Kultur", a. a. O., 7.

der Idee einer synthetischen Einheit des Mannigfaltigen als „Einheit der Entzweiung …, als ursprüngliches Trennen und Verbinden, als Entspringen und reines Setzen“[19] erkennt Plessner die theoretischen Fehler nicht nur des naiven Positivismus, sondern auch des Bewusstseinsimmanentismus und des Idealismus. Er arbeitet die Schwierigkeiten des Solipsismus heraus, indem er zeigt, dass die immanentistische Zurückführung aller Vorstellungen mit einem analytischen Verfahren auf die statische und unzweifelhafte Identität des Bewusstseins mit sich selbst in einen Widerspruch gerät: Sie hält es nämlich für unmöglich, dass das Bewusstsein sein Zweifeln bezweifeln kann, und nimmt auf diese Weise einen Standpunkt ein, der sich selbst außerhalb des Bewusstseins befindet. Das Insistieren auf die transzendentale Synthesis als Ort des logischen Ursprungs des Denkens ermöglicht zugleich, eine entscheidende Kritik am absoluten Idealismus zu formulieren. Im Unterschied zu ihm fasst Plessner die Einheit des Selbstbewusstseins als Ideal und nicht als konstitutiven Faktor. Das idealistische Prinzip, wonach die Identität des Ichs Anfang und Resultat des Wissens, Versöhnung von Prinzip und Materie, von synthetischer und analytischer Methode ist, hat für Plessner nur vom Gesichtspunkt eines intellectus archetypus ausgehend Sinn und erweist sich dann als völlig unangemessen für das Verständnis der Bedingungen, aufgrund derer die Erkenntnis als logischer und zugleich synthetischer Prozess stattfindet.[20]

Die Idee einer ursprünglichen Synthesis zwischen Subjekt und Objekt gehört zu den Aspekten seines Werks, an denen er stets festgehalten hat, auch wenn er bereits in „Die Deutung des mimischen Ausdrucks“ (1925) die Kategorien von Subjekt und Objekt durch die Leib-Umwelt-Relation ersetzt hat. Die Prinzipien der kritischen Methode – wie Plessner sie vor allem in den Zwillingsschriften „Untersuchungen zu einer Kritik der philosophischen Urteilskraft“ (1920) und „Kants System unter dem Gesichtspunkt einer Erkenntnistheorie der Philosophie“ (1923) mehrmals betont – sind zu wählen, weil sie den modernen Charakter eines offenen Systems aufweisen. Im Unterschied zu den dogmatischen Systemen beansprucht das kantische Denken nicht, den Sinn der Philosophie ein für allemal zu bestimmen, geschweige denn als letzte Philosophie auftreten zu wollen, sondern es antizipiert den Philosophiebegriff als ein regulatives Ideal, dem man sich nur philosophierend nähert, bietet also in seiner Architektonik das Muster eines wissenschaftlichen Systems, das eben als solches nie vollkommen ist. Die drei Kritiken sind dann nach Plessner das System der Bedingungen, um das Ideal der Philosophie zu konturieren, nicht aber seine Ausführung. Die These des Vorrangs des strebenden Philosophierens über seine positiven Bestimmungen bildet den Boden, auf dem einige Formulierungen der dreißiger Jahre aufbauen, wie zum Beispiel das lebensphilosophische Prinzip der Unergründlichkeit oder der Grundsatz der Unentscheidbarkeit des Wesens der Philosophie. Sie lässt sich als eine Apologie der Offenheit verstehen, die jeden Gesprächspartner prinzipiell als gleichberechtigten Akteur anerkennt. Modernität der Philosophie bedeutet also für Plessner die Anerkennung der menschlichen Würde;

---

[19] Ders., GS I, 176.
[20] A. a. O., 212.

denn „die Idee der Würde ist ein Symbol des Philosophieideals“[21] und als solches „entspricht [sie] einem offenen, nicht einem geschlossenen System“.[22]

Aus dieser Perspektive kann man sagen, dass Plessner den Geist des Kritizismus bei gleichzeitiger Reform seiner begrifflichen Säulen rezipiert. Die strenge kantische Trennung von Sensibilität und Intellekt, von gesetzmäßiger Naturwelt und moralischer Kulturwelt bleibt laut Plessner im Rahmen des modernen Dualismus, bei dem das Verstehen des Ausdrucks verschwindet. Dagegen stellt Plessner bereits in seinem Werk *Die Einheit der Sinne* (1923) die Legitimität und die Eigenart des Verstehens der menschlichen Welt zur Debatte, die auf das kantische Schema nicht reduzierbar sind. So gibt es eine Schicht des Sinnverstehens, die der Schicht des logischen Argumentierens vorausgeht.[23] Im naiven alltäglichen Verhältnis gegenüber Lebendigem verstehen wir Sinnhaftes durch Sinnliches, wie – um nur ein Beispiel zu nennen – im Fall der Wortbedeutungen durch Laute. Weit davon entfernt, nur Chaotisches und Fragmentarisches zu sein, zeigt der Bereich der Sinne eine eigene Logik, im weiteren Sinn als „ursprüngliche Identität von Anschaulichkeit und Verständlichkeit“ begriffen,[24] die von der traditionellen sprachgebundenen Logik absieht.

Dadurch, dass Plessner versucht, der ursprünglichen Interpretation des Lebens als solchem gerecht zu werden, rückt sein Ansatz eher in die Nähe derjenigen Konstellation von Autoren, die – jenseits verschiedener Nuancierungen und Akzentsetzungen – in Anknüpfung an Dilthey ein hermeneutisches Philosophieren weiterführen. Von einer Methode für die Interpretation von Dokumenten und Monumenten erweitert sich die Hermeneutik bei Plessner nicht nur zu einer subtilen Analyse der Expressivität,[25] sondern vor allem zu einer allgemeinen Theorie, die die hermeneutische Struktur des menschlichen Erkennens geltend machen will, sofern es leibgebunden ist und in den Sinnen die Quelle und die Möglichkeitsbedingungen einer sinnhaften Lebenserfahrung findet.

Um dieser Sphäre der symbolischen Versinnlichung Rechnung zu tragen, bedarf es einer Revision der dualistischen Erkenntnistheorie. Es kommt darauf an, das Verstehen der Sinne nicht als nebligen Wissensmodus neben der eigentlichen wissenschaftlichen Erkenntnis auftreten zu lassen, sondern es als allgemeines Medium des Erkennens aufzuzeigen. Die geforderte[26] Hermeneutik der Sinne orientiert sich thematisch an Dilthey, bleibt aber in ihrem Geist kantisch: Sie hält am Vorrang der ursprünglichen synthetischen Relation zwischen Mensch und Welt gegen jede isolierende Betrachtung fest und würdigt den zukunftsorientierten Geist der Moderne dadurch, dass sie die prinzipielle Unabschließbarkeit des hermeneutischen Erkennens von vornherein einführt. Eine sol-

---

[21] H. Plessner, GS II, 273.

[22] A. a. O, 277.

[23] „Ich lebe mit Menschen und Tieren zusammen“ – schreibt Plessner –, „ich weiß und behandle sie als Wesen, die Gefühle, Gedanken, Willensregungen wie ich haben. Ich verstehe sie, auch ohne daß wir uns durch Sprache der Zeichen und Laute untereinander verständigen. Psychisches gibt sich kund, teilt sich mit und wird verstanden in Ausdrucksbewegungen von der elementarsten bis zur raffiniertesten Art.“ H. Plessner GS III, 152.

[24] Plessner, GS_VII, 83.

[25] Man denke nur an die späteren Interpretationen des Lachens und Weinens, des mimischen Ausdrucks, des Lächelns, des Schauspielers und der Nachahmung.

[26] 1970 schreibt Plessner, dass es sie noch nicht gebe.

che erkenntnistheoretische Revision des modernen Dualismus kämpft also im Sinne des Pathos der Moderne gegen deren Pathologien. Sie will den Sinn für Wirklichkeit wieder erwecken, indem sie lehrt, die Wirklichkeit des Sinnes zu sehen.

Im vollen Einklang mit dieser Rehabilitierung der Wirklichkeit als offener Wirklichkeit steht auch der politische Ansatz Plessners.[27] Plessners Politik-Begriff ist bereits in „Vom abendländischen Kulturbegriff" entwickelt: „Politik ist nicht angewandte Ethik, weil alle Anwendung bei der unendlichen Verschiedenheit von Politik und Leben nur zustande kommen kann, wenn ein Drittes beide zueinander bringt."[28] Die Autonomie der Politik wird hier dann letztlich mit der These begründet, dass die Sphäre der Lebenssituationen und die Sphäre der Vernunft zweierlei sind, sodass jede Bewältigung von konkreten Problemen mithilfe von Vernunftidealen immer die konkrete, für die Situation des Augenblicks passende Entscheidung voraussetzen muss.[29] Orientiert sich der junge Plessner am System der Kritik als Paradigma modernen Philosophierens, so kann man sagen, dass sich seine Theorie der Politik mit der reinen Gesinnungsethik kantischer Herkunft auseinandersetzt, gerade um die Idee der Offenheit und das Pathos der Moderne zu retten.

Es geht also um eine Politik-Auffassung, die nicht ideale Vernunftprinzipien in der Wirklichkeit anwenden will, sondern Ernst macht mit der Unergründlichkeit des Lebens. Die Wirklichkeit wird demgemäß als immer schon gestaltet und gedeutet und zugleich weiter deutbar und gestaltbar genommen. Es ist als ein System offener Möglichkeiten ausgelegt, in dem Eingriff, Augenblick und Zugreifen unvermeidlich eine entscheidende Rolle spielen. Unausgesprochen wird hier für die Klugheit als Grundkategorie eines politischen Handelns plädiert, das von der Wirklichkeit ausgehend versucht, in ihr durch Mittel der Politik Räume für das Ideal zu gewinnen. Der Begriff der Staatskunst rückt auf diese Weise in die Mitte der politischen Theorie Plessners, Staatskunst als Fähigkeit, die Ideale der Humanität mit der historischen Wirklichkeit in einer originaler Form zu vermitteln.[30] Zu fragen, wie diese Humanitätsideale in concreto aussehen sollen, ist von vornherein illegitim: Humanität ist ein asymptotisches Ziel und kann Konturen nur ex negativo gewinnen. Gegeben sind immer nur Konstanten konkreten politischen Handelns, wie Volksverbundenheit, Unhintergehbarkeit der Macht usw., und die Bedingungen des Augenblicks. Die Kunst des Politikers muss es sein, Taktiken und Strategien kreativ zu erfinden, die in der faktischen Situation Elemente der Demokratisierung und der Utopie als ständige Erprobung neuer Möglichkeiten durchsetzen können. Die Kate-

[27] Die These, Plessner stehe in seinen frühen politischen Schriften noch unter dem Bann der neukantianischen strengen Trennung von Theorie und Praxis, der letztlich selbst Max Weber verhaftet bleibt, übersieht die entscheidende Tatsache, dass Plessner trotz aller methodologischen und inhaltlichen Verpflichtung gegenüber Weber auch diesen letztlich als den Vertreter des typisch deutschen, d. h. lutheranisch geprägten politischen Dualismus ansieht. Vgl. Plessner, „Grenzen der Gemeinschaft. Eine Kritik des sozialen Radikalismus" (1924), GS V, 104.

[28] H. Plessner, „Vom abendländischen Kulturbegriff", a. a. O., 45.

[29] Es sei betont, dass der Vorrang des Lebens vor der Vernunft keineswegs einen irrationalistischen, konservativ gefärbten Dezisionismus à la Schmitt rechtfertigt, sondern auf eine Rehabilitierung der Wirklichkeit vor der abstrakten Vernunft und auf eine Autonomisierung des Politikers als wirklich handelndem Menschen hinaus will.

[30] H. Plessner, „Politische Kultur", a. a. O., 7.

gorie der Situation, des Augenblicks, die Rehabilitation der Rhetorik als Kunst der politischen Gesprächsführung und das Spiel der Diplomatie zeigen, dass Plessners Modell der Klugheit nie zur Rechfertigung eines konservativen politischen Systems gebraucht werden kann, sondern als Grundlage der demokratischen Republik eingeführt wird, sofern diese gerade als System der offenen Möglichkeiten sich selbst verteidigen muss.

5. Abschließend versuchen wir retrospektiv, diesen vielschichtigen Ansatz Plessners in den Blick zu bekommen. Mitte der zwanziger Jahre hat Plessner ein eigenes Paradigma des Philosophierens entwickelt, das bei allen Verpflichtungen gegenüber Weber, Dilthey, Kant, Scheler und Husserl originelle Züge aufweist. Sie werden daraus ersichtlich, dass Plessner von einer Philosophie der Geschichte ausgeht und innerhalb derselben einige Schwierigkeiten hervorhebt, deren Lösung selbst eine geschichtsphilosophische Aufgabe ist. Plessners Bemühungen kreisen in den verschiedenen Bereichen der Erkenntnistheorie, der praktischen Philosophie, der Sozialphilosophie um sinnanaloge Prämissen: Sie gehen davon aus, dass die Kluft zwischen Physis und Psyche, Theorie und Praxis, Anthropologie und Politik eine Pathologie der Moderne ist, die im Zusammenhang mit dem Säkularisierungsprozess hervortritt. Die theoretischen und praktischen Konsequenzen der Autonomisierung von Natur und Geist gegen Gott sind offensichtlich: Sie heißen Verweltanschaulichung und zugleich Verwissenschaftlichung, ethisch-politischer Radikalismus und politisch indifferente und deshalb reaktionäre Naturalisierung der Geschichte.

Was m. E. den Ansatz Plessners jenseits jeder möglichen akademischen Rehabilitierung heute so interessant und aktuell macht, ist eben die Tatsache, dass er vor der Fundamentalisierung dieser Pathologien der Moderne ständig gewarnt hat. Sie sind keine metaphysische Wirklichkeit, sondern ein historisches Problem, für das Therapien nötig sind, die an der Geschichte, ja am Geist der Moderne selbst festhalten. Die Kategorien der Autonomie und der Offenheit bilden nämlich den roten Faden, der alle seine theoretische Vorschläge verbindet.

Sein erkenntnistheoretischer Ansatz rehabilitiert die alltägliche Erfahrung in ihrer sinnhaften Offenheit und plädiert für das Verständnis der Natur und der Geschichte. So entsteht die Idee einer lebensphilosophischen Revision des Kantianismus als Versuch, die Kluft zwischen Natur und Geist nicht zugunsten eines der Pole zu überwinden, sondern durch den Hinweis auf den Vorrang der Geschichte als tragendes Substrat des Verstehenden und des Verstandenen. Geschichtliches bzw. geisteswissenschaftliches Wissen steht unter dem Zeichen der Autonomie, weil es den Eurozentrismus relativiert und gerade im Sinn der Moderne die Würde jeder einzelnen Epoche und jeder einzelnen Gestalt anerkennt; zugleich steht es unter dem Zeichen der Offenheit, weil sein wissenschaftliches Ideal auf das Verständnis als ein prinzipiell offenes, durch die Unmöglichkeit eines Experiments unabgeschlossenes Verfahren abzielt. Es kann (und darf) nicht in den abstrakten Begriff münden, sondern muss an der Sinnhaftigkeit der Phänomene ansetzen und sie im Zusammenhang des Lebens deuten. Bei aller möglichen Hervorhebung von Strukturen und dem methodologischen Streben nach anthropologischer Totalität bleibt die Interpretation doch immer ein historisches Wissen, das seine Gegenstände nicht erschöpfen kann. Eben darum hat sie auch eine kritische Funktion, weil sie sich durch Hinweis auf die Geschichtlichkeit qua Endlichkeit des Verstandenen und des Verstehens vor der Auskristallierung von historisch Gewordenem hütet und auf diese Weise zum Instrument der Freiheit wird.

Auf analoge Weise geht es in der politischen Theorie darum, die Kluft zwischen einer Politik aus reiner Gesinnung und einer mehr oder weniger konservativen Machtpolitik bzw. Verpflichtung zur Macht zu überwinden. Wie aktuell dieser Versuch – zumindest seinem Ziel nach – ist, lässt sich an die Gegenwärtigkeit dieser Alternativen ablesen: ein diskursives Vernunftideal als letztbegründete Voraussetzung der politischen und gesellschaftlichen Handlung, das in der Anwendung auf die Wirklichkeit sein unvermeidliches *punctum dolens* hat, versus einen Konservativismus der schon inkarnierten Vernünftigkeit der Sitten und der Institutionen, der in seinen demokratischsten Varianten latent auf die Idealisierung der heutigen Form der Demokratie eingestellt ist. Aus der Perspektive Plessners finden beide Positionen ihre Grenzen darin, dass sie über einen rein negativen Wirklichkeitsbegriff verfügen. Die Idee, dass die Materie der idealen Form gehorchen muss, versus der konservativen Monumentalisierung des Existierenden, das nachträglich als sakrosankt legitimiert wird. Beide verlieren den modernen Sinn der Wirklichkeit als autonomer und offener Wirklichkeit aus den Augen, in der um des Ideals willen eingegriffen werden muss. Für Plessner ist die demokratische Idee des sich selbst regierenden Volkes nur ein Rahmen, innerhalb dessen die Annäherung an die Ideale der Autonomie, der Gleichheit usw. unterschiedlich und immer neu zu erproben ist. Die Wirklichkeit des modernen Staates ist dann nur als ein elastisches Substrat aufzufassen, in dem nicht das durch Reflexion erworbene Vernunftideal angewandt, sondern in dem der Sinn fürs Utopische im Rahmen der offenen Möglichkeiten des Wirklichen gefördert werden muss.

Unter dem Gesichtspunkt der Ausgangsfrage lässt sich die folgende These vertreten: Nicht eine Metaphysik der Menschennatur, die sagt, was der Mensch von Natur aus ist (und implizit sein sollte), auch nicht ein unbegründetes humanistisches Postulat ist die Basis der politischen Haltung Plessners, sondern eine Philosophie der Geschichte in praktischer Absicht, die im Geist der Moderne mit den Prinzipien der Autonomie und der Offenheit den Sinn fürs Utopische und das Kritische ohne Auskristallisierung in einer idealen Form erwecken will. Nicht von der Natur als normativer Basis des Handelns geht Plessner also aus, sondern von der wissenssoziologischen, geschichtsphilosophischen Erkenntnis – eine These ante litteram der heutigen historistischen Wissenschaftsgeschichte –, dass die moderne Auffassung der Natur als Inbegriff der exakt messbaren Erscheinungen dem Ergebnis einer geschichtlichen Konstellation entspricht, die auf der metaphysischen Spaltung von Natur und Geist basiert und latent darauf eingestellt ist, die Sinnhaftigkeit des Sinnlichen zugunsten der absoluten Identität des angeblich naturfremden Ich zu verdrängen. Es geht dann darum, die Natur als humanisierte Natur wieder zu entdecken, als offene und unergründliche Wirklichkeit, die immer schon gedeutet und immer schon anders deutbar ist, als Verschränkung von Sinnlichem und Sinnhaftem, deren Verständnis im Wesentlichen Sache einer Hermeneutik ist, die sich vom geschichtsphilosophischen Pathos der Moderne getragen weiß. Zumindest seiner Idee nach ist das Projekt eines Verständnisses der Natur, worin die ausgeführte philosophische Anthropologie konvergiert, nicht aus dem Bedürfnis entsprungen, neue, naturorientierte absolute Prinzipien nach dem Zerfall der alten Metaphysik einzuführen, sondern Instrument der Kritik, der Autonomie als geschichtsphilosophisches Produkt der Moderne und zugleich regulative Idee.

IV Politische Kultur als Spiel der Zivilisation

Eine Auslegung von Plessners frühem politisch-sozialphilosophischen Ansatz

1. „Man kann von der Moralität und dem Nutzen der Spiele nicht oft genug reden" – liest man in einem bei Georg Bauer in Wien erschienenen Spielbuch aus dem Jahre 1756 –, „theils, weil es noch immer finstere Weltweisen giebt, die dem Menschen alles Vergnügen misgönnen und folglich auch die Spiele verwerfen wollen; theils weil wir auch immer noch Leute haben, welche sich zwar von dem Spielgeiste treiben lassen, aber den moralischen Nutzen der Spiele nicht bemerken, und sich demnach selbsten, so wie ihre Spiele verwerflich machen." Plessners politisch-sozialphilosophischer Ansatz ist von dem Geist getragen, aus dem diese Worte geschrieben wurden. An einigen Stellen seines Essays *Die Grenzen der Gemeinschaft* entwickelt er sogar ähnliche Motive.[1] Das „Ethos der Grazie" ist ein charakteristisches Motiv seines Denkens, das dieser Tradition des „Freygeister=Journal[s]= und Spiel=Säculum[s]" – wie es im Spielbuch heißt – verpflichtet ist. Plessner richtet sich gegen den finsteren Ernst der Gemeinschaftsgesinnung und gegen das Spiel der Macht, das die moralisch-zivilisatorischen Elemente des Spiels aufhebt. Sein Ansatz verzichtet nicht auf kritische-normative Aspekte: Er sucht sie aber nicht in einer abstrakten Vernunftmoral, sondern im zivilisierenden Spiel der Gesellschaft.

Damit ist auch das Anliegen der vorliegenden Schrift angedeutet. In der neueren Literatur über Plessner hat man die Tragweite seiner Anthropologie rehabilitiert,[2] aber der

---

[1] Helmuth Plessner, *Grenzen der Gemeinschaft. Eine Kritik des sozialen Radikalismus* (1924), in *Gesammelte Schriften*, hg. von G. Dux, O. Marquard und E. Ströker, Frankfurt a. M. 1980–85 (im Folgenden zitiert im Text als: GS mit Bandnummer und Seitenzahl). Für ein Werkverzeichnis vgl. S. Giammusso, „Helmuth Plessner Bibliographie", in: *Dilthey-Jahrbuch für Philosophie und Geschichte der Geisteswissenschaften*, 7 (1990–91), 323–341.

[2] In der Literatur vgl. vor allem B. Accarino, „Tra libertà e decisione: alle origini dell'antropologia filosofica", in: B. Accarino (Hg.), *Ratio imaginis*, Pisa 1991, 7–63; A. Benk, *Skeptische Anthropologie und Ethik*, Frankfurt a. M. 1987; J. Fischer, „Die exzentrische Nation, der entsicherte Mensch und das Ende der deutschen Weltstunde", in: *Deutsche Vierteljahresschrift für Literatur und Geistesgeschichte*, 64 (1990), 395–426; H. K. Keul, „Im Labyrinth des Selbst. Helmuth Plessner und die anthropologische Aufklärung", in: C. Bellut/U. Müller Scholl (Hg.), *Mensch und*

sozialphilosophisch-politische Ansatz ist noch immer umstritten. Näher auf die „Plessner-Kontroverse“ einzugehen würde den Rahmen dieser Ausführungen sprengen.[3] Es genügt, daran zu erinnern, dass u. a. die ideologiekritische These vertreten wurde, Plessners sozialphilosophisch-politischer Ansatz drücke die kleinbürgerlichen Werte der Weimarer Zeit aus;[4] und weiter: seine Anthropologie konvergiere mit einem „angeblich aufgeklärten Pseudodeterminismus, der jetzt nicht mehr Gott heißt, sondern menschliche Natur“, und zeige eine Affinität zu einer autoritären Auffassung der Ordnung à la Carl Schmitt.[5] Nicht zu leugnen ist, dass Plessners Ansatz seine sichtbare Grenzen hat; es ist aber zu bezweifeln, dass sie im Rahmen einer veralteten Ideologiekritik zu behandeln sind. Ich möchte daher eine Deutungshypothese dieses frühen sozialphilosophisch-politischen Ansatzes bis 1924 vorschlagen: Ich versuche ihn als eine Theorie der Zivilisation aus dem Geist des Spieles zu entwickeln, die kritische Züge erkennen läßt. Diese Perspektive verdeutlicht das Aktuelle und Bedeutsame in seinem Ansatz – trotz seiner Grenzen und nicht wenigen Mehrdeutigkeiten – in der Idee einer politischen Kultur als zivilisierendes Spiel der Gesellschaft. Dies werde ich in drei Schritten ausführen. Ich gehe zuerst auf Plessners Sicht der Moderne in Bezug auf die Politik ein und arbeite seinen Begriff der politischen Kultur heraus. Ich wende mich danach den *Grenzen* zu, die ich vor allem unter dem Aspekt des Spiel- und Zivilisationsbegriffs lese. Schließlich lenke ich die Aufmerksamkeit auf die Grenzen der *Grenzen* und auf mögliche Anknüpfungspunkte, die heute noch von Interesse sind.

2. Eine entscheidende Rolle in Plessners Verständnis der Moderne spielt die Idee einer Kluft zwischen Physis und Psyche, Theorie und Praxis, Anthropologie und Politik, die als pathologisches Produkt im Zusammenhang mit den Modernisierungsprozessen entsteht.[6] Kunst, Wissenschaft, Wirtschaft, Religion als moderne Daseinsformen autonomisieren jede Einzelerscheinung: Dies führt dazu, dass Natur und Geist nicht mehr ihren Sinn in Bezug auf Gott bekommen, sondern zu autonomen Bereichen werden, die in voller Autonomie gegen Gott gestellt sind. Die theoretischen und praktischen Konsequenzen dieser Autonomisierung beider Pole heißen Verweltanschaulichung und

Moderne, Würzburg 1989, 71–92; E. W. Orth: „Das Verständnis des Leibes bei Helmuth Plessner als Problem der Hermeneutik“, in: *Studia Philosophica* 46 (1987), 29–43; H.-G. Limbach, *Die symbolische Vermittlung der exzentrischen Position*, Diss. Saarbrücken 1992; S. Pietrowicz, *Helmuth Plessner*, Freiburg 1992; F. Rodi (Hg.), *Dilthey-Jahrbuch für Philosophie und Geschichte der Geisteswissenschaften*, 7 (1990–91) (Schwerpunkt Plessner – König); M. Schneider, *Das Urteil und die Sinne*, Köln 1989.

3 Für einen Literaturüberblick über die ‚Plessner-Kontroverse‘ verweise ich auf J. Fischer, „Plessner und die politische Philosophie der zwanziger Jahre“, in: *Politisches Denken. Jahrbuch 1992*, hg. von V. Gerhardt, H. Ottmann und M. Thompson, Stuttgart/Weimar 1992, 53f.

4 Vgl. R. Kramme, *Helmuth Plessner und Carl Schmitt: eine historische Fallstudie zum Verhältnis von Anthropologie und Politik in der deutschen Philosophie der zwanziger Jahre*, Berlin 1989.

5 Vgl. ders., „Antropologia politica. L'immagine antropologica della società in Helmuth Plessner“, in: B. Accarino (Hg.), a. a. O., 109.

6 Für weitere Ausführungen über Plessners Theorie der Moderne vgl. die vorherige Studie in diesem Band: „Plessners Verständnis der Moderne. Geschichtsphilosophie und Anthropologie beim frühen Plessner“.

Verwissenschaftlichung und im politischen Bereich sind es der ethisch-politische Radikalismus und die reaktionäre Naturalisierung der Geschichte.

So gesehen sind dann der soziale Radikalismus der zwanziger Jahre und die Geschichtsästhetik eines Spengler komplementäre Aspekte. Plessner entwickelt eine soziologische Analyse des Rufs nach einer gewaltlosen Form der Gemeinschaft bei der radikalen Jugend, den er in Anknüpfung an Max Webers Rationalisierungsthese als den Versuch deutet, dem Unbehagen an einer technisierten, mechanisierten, entgeistigten Wirklichkeit durch einen Mythos entgegenzusteuern, der die Wirklichkeit wieder vergeistigt. Hier ist nicht der Ort, auf die Details dieser Analyse einzugehen; wichtiger scheint mir, darauf hinzuweisen, dass Plessner in der radikalen Haltung die Spuren eines Dualismus erkennt, der mit dem Geist des Urchristentums und – spezifisch für Deutschland – mit seiner Wiederbelebung durch den Lutheranismus zusammenhängt. „Das Grundschema der neueren, zumal der lutherisch betonten Anthropologie" – schreibt Plessner – „ist also die Zerklüftung im Menschen zwischen Innerlichkeit und Körper, Geist oder Gemüt und Gewalt, kampflosem Gemeinschaftskontakt und physisch bedingtem Egoismus." (GS V, 24) Der Gemeinschaftsgedanke der Jugend ist in dieser Hinsicht ein Zeichen der steigenden Anonymität modernen Lebens, aber als radikale Verneinung der Macht und Plädoyer für eine direkte Begegnung der Menschen in der Intimität des Geistes und der Seele ist er vor allem eine dualistische ethische Haltung, die auf die frühchristliche Auseinandersetzung zwischen göttlichem Wort und menschlichem Fleisch, von geistseelischem Gemeinschaftsideal und leiblicher Sünde zurückzuführen ist.

Aus einem analogen Unbehagen an der Wirklichkeit speist sich laut Plessner auch der deutsche Konservativismus. Spenglers Geschichtsästhetik legt Plessner z. B. als Zeichen eines romantischen Unbehagens an der Zivilisation der Technik aus. Das Reaktionäre in dieser deutsch-romantischen Tradition besteht darin, dass sie die individualistisch-rationalistischen Werte der modernen politischen Revolutionen in Amerika und Frankreich in einen naturorientierten politischen Indifferentismus umgestaltet: „das Pathos der Vernunftmacht kraft Naturrechts" – so lautet eine schöne Formulierung Plessners – „wird zum Pathos der Naturmacht kraft Vernunftrechts."[7] Spenglers Konzept, Geschichte als Natur zu denken, ist Plessner zufolge nicht nur illegitim, sondern Indiz eines typisch deutschen Konservativismus, der durch Rekurs auf eine biologische Generalisierung auf dem historischen Terrain seine politische Verspätung zu überwinden glaubt.

Aus dem Unbehagen an der Wirklichkeit, aus der metaphysischen Spaltung zwischen Natur und Geist entsteht also der politische Dualismus von guter Gesinnung und Pflicht zur Macht. Im Aufsatz „Politische Kultur" sieht Plessner in der Tendenz zur strengen Auseinanderdividierung von Theorie und Praxis das kennzeichnende Merkmal der allgemeinen politischen Haltung in Deutschland: „Das Leben des Staates" – schreibt er –, sei „dem akademischen Gegensatz von Staatsnorm und Staatswirklichkeit zuliebe auseinandergerissen, krankte in Deutschland an der extremen Zwiespältigkeit zwischen dem Respekt vor der vorhandenen Macht und dem durch keine anderen als theoretischen

[7] H. Plessner, „Die Untergangvision und Europa", in: *Der neue Merkur* 4 (1920/21), 266.

Rücksichten bestimmten Schweifenlassen der Gedanken."[8] Die Politik aus reiner Gesinnung und die unkritische Identifizierung mit der jeweils herrschenden Machtform sind für Deutschland Phänomene, die mit dem politischen Lutheranismus zusammenhängen; sie sind Indizien eines Mangels an politischer Kultur und darum auch einer politischen Verspätung Deutschlands gegenüber den anderen Nationen des Westens.

Dagegen kennt die moderne Form der Politik im Westen diese Form der Spaltung nicht. Westliche Politik, in ihren „staatsrechtlichen Ursprüngen [...] amerikanisch-französisch",[9] geht von einer offenen Wirklichkeit des Staates aus, in der die Annäherung an die Ideale durch das politische Handeln stets erneut zu erproben ist. Der neue internationale Pol, der den alten übernationalen Pol der Kirche ersetzt, ist ethisch-politisch vom demokratischen Geist des Protestantismus durchgedrungen und entsteht geografisch an den atlantischen Küsten. Anstelle des kontinentalen Prinzips der Autorität macht es das Pathos der stets neu in die Tat umzusetzenden Ideale der Freiheit und Gleichberechtigung geltend. „Diese Wirklichkeit" (*scil.*: des Staates) – schreibt Plessner in „Politische Kultur" – „ist nie und nirgends abgeschlossen, sie ist fließend, elastisch, nicht starr, sie ist ein offenes System von Möglichkeiten der Umbildung und Neuschöpfung. Nirgends, es sei denn in absoluten Autokratien, ist der Staat eine Substanz. Nach moderner Auffassung ist er wesentlich Leistung, Sache seiner Bürger und in die Verantwortlichkeit des Volkes gelegt."[10] Die westliche Auffassung des Staates und der Politik setzt in dieser Hinsicht die Autonomie und die Würde der Bürger als gleichberechtigte Individuen voraus, die sie zugleich als ein in der Zukunft zu verwirklichendes Ideal antizipiert. Als Inbegriff der stets neu umzubildenden Leistungen für die Bürger bietet der moderne demokratische Staate den Boden, um Politik als asymptotische Annäherung an moderne Menschlichkeitsideale zu betreiben.

Die frühen politischen Schriften Plessners kreisen um das Problem, einen Begriff der Politik zu entwickeln, mit dessen Hilfe die deutschen Intellektuellen an diese Wirklichkeit der politischen Moderne Anschluss finden können.[11] Es kommt darauf an, den modernen Dualismus von Gesinnung und Pflicht zur Macht, von abstrakter Theorie und konservativer Praxis zu überwinden. Bereits im Aufsatz „Vom abendländischen Kulturbegriff" entwickelt Plessner seinen Begriff der Politik: „Politik" – schreibt er – „ist nicht angewandte Ethik, weil alle Anwendung bei der unendlichen Verschiedenheit von Be-

[8] H. Plessner, „Politische Kultur", in: *Frankfurter Zeitung*, Frankfurt a. M., 3 April 1921; wieder abgedruckt in: *Deutsche Universitätszeitung*, 8 (1953), Nr. 2, 7.

[9] H. Plessner, „Die Untergangsvision und Europa", a. a. O., 265f.

[10] H. Plessner, „Politische Kultur", a. a. O.

[11] Die These Krammes (a. a. O., bes. 23–35), Plessner stehe in seinen frühen politischen Schriften noch im Banne der neukantianischen strengen Trennung von Theorie und Praxis, in der letztlich selbst Max Weber verhaftet bleibe, übersieht, dass Plessner trotz aller methodologischen und inhaltlichen Verpflichtung gegenüber Weber auch diesen letztlich als einen Vertreter des typisch deutschen, d. h. durch den Lutheranismus geprägten politischen Dualismus ansieht, an dessen Überwindung er arbeitet. Vgl. Plessner, *Grenzen der Gemeinschaft. Eine Kritik des sozialen Radikalismus* (1924), GS V, 104.

griff und Leben nur zustande kommen kann, wenn ein Drittes beide zueinander bringt".[12] Die Autonomie der Politik wird hier mit der These begründet, dass die Sphäre der Lebenssituationen und die Sphäre der Vernunft zweierlei seien: Jede Bewältigung von konkreten Problemen müsse also immer eine für die Situation des Augenblicks passende Entscheidung voraussetzen. Zu betonen ist, dass dieser Vorrang des Lebens vor der Vernunft keineswegs mit einem konservativ gefärbten Dezisionismus à la Schmitt gleichzusetzen ist.[13] Dies wird zum Beispiel deutlich in dem Aufsatz „Staatskunst und Menschlichkeit" (1920), den Plessner in der sozialdemokratischen Zeitung *Volkswacht* als kritische Bilanz der Novemberrevolution in Deutschland veröffentlicht.[14] Aus unserem Blickwinkel besteht das Interesse für diese Schrift nicht so sehr in den Einzelheiten seiner subtilen Analyse der Schwierigkeiten mit der Novemberrevolution: Vielmehr möchte ich die Aufmerksamkeit auf die zwei politischen Kategorien Staatskunst und Menschlichkeit lenken, die bereits im Titel hervorgehoben sind. Denn Plessner benutzt sie für die Interpretation des historischen Ereignisses und vor allem als Grundpole des politischen Handelns in modernem Sinne.

Die Kategorie der Menschlichkeit drückt hier das Ideal „einer rein moralisch orientierten Ethik für Staaten und Völker" aus; die Staatskunst dagegen den Sinn für die konkrete Anforderungen des Staates, für Diplomatie als Selbstverteidigung und Bürokratie. Plessners These lautet, dass die Überwindung der Politik als ihre Preisgabe im Namen des Ideals nur eine Verschiebung des Ideals selbst bewirkt. Es kann daher nicht darum gehen, ideale Vernunftprinzipien in der Wirklichkeit anzuwenden, also von der reinen Form zu der zu gestaltenden Materie herunterzugehen. Dies würde eine Verstrickung in die Aporien des politischen Dualismus bedeuten. Vielmehr soll man sich auf die Erkenntnis beziehen, dass die Wirklichkeit immer schon gestaltet und gedeutet ist; obwohl man sie als ein System von offenen Möglichkeiten auffassen kann, in dem Eingriff, Augenblick, Zugriff eine entscheidende Rolle spielen. Was hier unausgesprochen geltend gemacht wird, ist eine Verteidigung der Klugheit als Grundkategorie des politischen Handelns: Politisch klug ist es, von der Wirklichkeit auszugehen und zu versuchen, durch die Mittel der Politik in der Wirklichkeit Räume für das Ideal zu gewinnen. „Die Aufgabe der Politik" – so Plessner abschließend – „kann nur sein, die Reife des erreichten Zustandes zu erkennen und darnach zu handeln, das Überlebte wirklich zu beseitigen. Allgemein gefaßt: nicht Staatskunst *oder* Menschlichkeit, noch weniger die nationalistische Parole: Staatskunst ohne Menschlichkeit, sondern Staatskunst *aus* Menschlichkeit, um der Menschlichkeit willen." Plessner geht es also darum, die Politik als Verschränkung von Klugheit und Offenheit aufzufassen: Politik im Sinne der Moderne ist ihm zufolge Taktik und Strategie der Menschlichkeit.

---

[12] H. Plessner, „Vom abendländischen Kulturbegriff. Anläßlich der Umbildung der Universität Konstantinopel", in: *Beiträge zur Kenntnis des Orients. Jahrbuch der Deutschen Vorderasien-Gesellschaft*, 13 (1916), 45.

[13] Es ist Joachim Fischer zuzustimmen, wenn er die Plessnersche Kategorie der „Entscheidung" erziehungspolitisch interpretiert. Vgl. J. Fischer, „Plessner und die politische Philosophie der zwanziger Jahre", a. a. O., 70.

[14] Plessner, „Staatskunst und Menschlichkeit", in: *Volkswacht* (Breslau), 9. November 1920, 3.

Daher beharrt Plessner ständig auf der Idee, dass Politik und politische Führung vor allem eine Sache der Bildung sind. In den Zwillingsschriften „Universität und Staatsinteresse" und „Politische Erziehung in Deutschland" schlägt er eine wissenschaftliche Anstalt zur Bildung von politischen Eliten vor. Es komme darauf an, eine „Anatomie" der politischen Kunst zu umreißen, die im Dienst der Staatsführung stehen soll. Das Projekt einer politischen Erziehung, so wie Plessner es entwirft, würde man heute als „interdisziplinär" bezeichnen: Historie, Soziologie und Psychologie müssen „getrennt marschieren, vereint schlagen", um ihre theoretischen Erkenntnisse für die Staatskunst fruchtbar zu machen. Der Sinn für historisch Individuelles, für universale Gesellschaftsstrukturen und Menschenkenntnis sollen in Verbindung mit den Gesetzen der Taktik und der Rhetorik gebracht werden. Das Programm einer solchen politischen Erziehung orientiert sich an dem menschlichen Typus des Rechtsanwalts. Denn dieser ist flexibel, elastisch, anpassungsfähig, hat Sinn für den Augenblick, ist ein echter „Künstler der Situation".[15]

Der Begriff der Kunst rückt auf diese Weise in die Mitte der politischen Theorie. Plessner betont emphatisch die Analogie mit der Kunst, die Notwendigkeit einer genialen, d. h. unvorhersehbaren Inspiration in der Politik, weil er die Gefahr einer „Systematisierung der Zukunft" sieht.[16] Der Politiker muss Künstler sein. Denn Staatskunst ist die Fähigkeit, sich in den Angelegenheiten der Politik wie in der Kunst zu bewegen: durch einen schöpferischer Akt die Ideale der Humanität mit der historischen Wirklichkeit in einer originellen Form zu vermitteln.[17] Man muss sich aber davor hüten, daraus den Schluss zu ziehen, Plessner wolle auf eine Ästhetisierung der Politik hinaus, wie es damals typisch für manche Literatenkreise war. Die Analogie zwischen Kunst und Politik meint eine Rehabilitierung der Politik als Kulturaufgabe. Sie zielt auf die These ab, dass Politik im Sinne der Moderne weder bloße Technokratie noch angewandte Ethik sei, sondern Klugheit im Dienst der Humanität. Die Frage aber, wie das Humanitätsideal in concreto aussehen soll, ist von vornherein illegitim: Humanität ist ein asymptotisches Ziel und kann Konturen nur ex negativo annehmen. Gegeben sind immer nur Konstanten des konkreten politischen Handeln, wie die „Volkshaftigkeit", die Unhintergehbarkeit der Macht usw., sowie die Bedingungen des Augenblicks. Die Kunst des Politikers muss es dann sein, Taktiken und Strategien kreativ zu entwerfen, die in der faktischen Situation der Zeit Elemente der Demokratisierung als ständige Erprobung neuer Möglichkeiten durchsetzen können.

Plessners Begriff der politischen Kultur bekommt in dieser Perspektive seine Konturen. Er bedeutet einerseits ein praktisches Wissen, das es zu erwerben gilt. Hier sind der Erwerb wissenschaftlicher Erkenntnissen und Kunstmittel sowie die Beherrschung des Gesprächs, der Taktik und Strategie des Handelns gemeint. Andererseits ist die politische Kultur der Kampf mithilfe dieser Machtmittel für die Demokratisierung, die als kunstvoller Vermittlungsprozess zwischen den Anforderungen der Situation und der Unbestimmtheit des Ideals zu denken ist. Unter diesem Aspekt löst sich die Trennung von

---

[15] H. Plessner, „Politische Erziehung in Deutschland", in: *Die Zukunft*, Berlin, 5. Nov. 1921, Nr. 6, 156.

[16] H. Plessner, a. a. O., 152.

[17] H. Plessner, „Politische Kultur", a. a. O., 7.

Zivilisation und Kultur auf. Politik ist nicht ein rein technischer Akt, der einem Kosmos der ewigen Werte entgegengesetzt wäre: Der Kampf um die Macht mithilfe künstlicher Mittel, der im Dienst eines offenen Ideals steht, ist politische Kultur. Inwieweit dieses kulturpolitische Machtspiel auch zivilisatorisch wirkt, kann als das Thema der *Grenzen* gedeutet werden.

3. „Wir müssen bisweilen" – liest man noch in dem erwähnten Spielbuch aus der Aufklärungszeit – „wider unsern Willen Gesellschaften besuchen, in welchen mit unnützen Reden, Lästern des Nächsten und andern Gottlosigkeiten und Narrenpossen die Zeit auf die unverantwortlichste Weise verschwendet wird: wenn wir unserer Pflicht nachleben, und unsern Gesellschaftern ihr Vergehen und ihre Versündigung vorstellen wollen, so werden wir öfters lächerlich [...]. Drehen wir die Unterredung auf was Nützliches, so werden wir auf neue verdrüslich und lächerlich, [...] so ist kein anderes Mittel übrig unsern Pflichten ein Genügen zu leisten, als daß wir die Gesellschaft zum Spiele ermuntern".

In dem Spielbuch wird das Phänomen des Lächerlichen in Verbindung gebracht mit einem unangebrachtes gesellschaftlichen Verhalten. „Gesellschaft" steht hier für ein geselliges Zusammensein, in dem es – dem Typus nach – nicht auf Nutzen ankommt. Gesellschaft meint dann ein Ausruhen von den öffentlichen Geschäften und ist deshalb notwendig Zeitverschwendung. Das Risiko der Lächerlichkeit hängt damit zusammen, dass ein ausdrücklich moralisierender Sinn in Widerspruch zu dem Sinn einer Situation steht, die sich am ausruhenden Zusammensein orientiert. Das Moralisch-Zivilisatorische im Spiel besteht, wie dem Text zu entnehmen ist, darin, dass es auf indirekte Weise das leistet, was keine explizite Moralisierung leisten könnte: Das Spiel bewirkt eine Ordnung, in der die negativen Impulse einer Gesellschaft in einem symbolischen Universum aufgehoben werden. Das zwingt zur Beachtung der Regeln. Das Spiel ist dann ein Mittel zum Ausruhen und dient zugleich der Erziehung zu einem Verhalten, das alle Spielenden vor dem Risiko des Verletzens und des Verletztwerdens bewahrt. Wer die anderen zum Spiel anleitet, entgeht nicht nur selbst dem Risiko der Lächerlichkeit, sondern fördert in der Gesellschaft zivilisierte Verhaltensformen. Ein Zeichen von Klugheit und Menschlichkeit.

Hier sind schon die Hauptmotive der plessnerschen Zivilisationstheorie angedeutet. Die *Grenzen der Gemeinschaft* sind in erster Linie eine Kritik an der Gemeinschaftsgesinnung der rechts- und linksextremistischen Gruppen. Sie beruhen aber auf einer Phänomenologie des Seelischen, in deren Mitte eine analoge enge Verbindung von Gesellschaft, Lächerlichkeit und Zivilisation durch Machtspiele steht. Auf diesen grundlegenden Problemkonnex möchte ich hier direkt eingehen.

Plessner bestimmt das Phänomen des Lächerlichen im Rahmen seiner Theorie des seelischen Lebens. Ist das Naturding eindeutig, so folgt die Seele dagegen einem zweideutigen Impuls: „sie erschöpft sich nie im Gewordenen, sondern passiert dieses Stadium der Bestimmtheit und Erschöpftheit nur, um wieder ins Werden, in die lebendige Aktualität überzugehen [...] Sie ist Werden und Sein, weil sie zugleich die Genesis von beiden ist." (V, 62) Diese Formulierung versucht einer bekannten Erfahrung aus dem Alltag Rechnung zu tragen: Durch die Sinne lässt sich der Ausdruck eines fremden psychischen Zustands fassen, aber der lange wahrgenommene Ausdruck verschwindet unter unseren Augen: Seelisches Leben – das ist die These Plessners – sucht den Ausdruck, aber sein „Urgrundcharakter" erträgt es nicht, festgelegt zu werden. Der Ausdruck des Anderen – so kann man die Denkfigur zuspitzen – ist öffentlich in dem Sinn, dass er zugänglich und unzugänglich ist: Wir verstehen den Sinn der psychischen Zustände und fassen sie jeweils als Freude, Traurigkeit usw., aber die Psyche des Anderen ist offene Mächtigkeit, die mehr als ihre fassliche Formen ist und erträgt nicht die festlegende Macht unserer Augen.

Die Lächerlichkeit wird in dieser Perspektive als permanentes Risiko verstanden, das mit der Zweideutigkeit des Seelischen zusammenhängt. Die Struktur des Psychischen drängt zur Fixierung und verliert somit an Möglichkeiten und Tiefe. Aus dem Kontrast zwischen dem gebrochenen Ausdruck und dem Anspruch, als Ganzes und als unergründliche Quelle zu gelten, entsteht das Risiko der Lächerlichkeit. Denn lächerlich ist „ein Sinn, der in Unsinn verwandelt, noch die Ambition aufrechterhält, Sinn zu sein." (70) Das Seelische verliert im unmittelbaren Ausdruck an Balance, es wirkt als ein sinnloses Ganzes, das aus sinnvollen Teilen besteht, ja, es wirkt disharmonisch und deshalb lächerlich. Die Möglichkeit des Lächerlichen hängt in anderen Worten damit zusammen, dass die Seele als offene Macht mehr zu sein beansprucht als die Ausdrucksform, in der ihre Macht jeweils fasslich wird.

Nun kann man die ganze plessnersche Theorie der Gesellschaft als Versuch deuten, zu zeigen, wie die Grundformen der Öffentlichkeit genealogisch aus dieser Verletzlichkeit des Psychischen hervorgehen. Plessner versteht die Gesellschaft als die Zwischenschicht zwischen den Gemeinschaftsmodi der Familie und der Objektivität des Geistes, als „offenes System des Verkehrs zwischen unverbundenen Menschen". (V, 95) Der Gesellschaftsbegriff wird also nicht – wie bei Tönnies – auf eine bestimmte Form, auf eine historische Epoche, die der bürgerlichen Gesellschaft, beschränkt; er ist mit einem anthropologischen Begriff der Technik eng verknüpft: „Gesellschaft ohne Technik und Zivilisation" – schreibt Plessner – „ist nicht möglich, Technik im weitesten Sinne genommen. Jeder Verkehr zwischen Menschen, welcher des Werkzeugs, des künstlichen Mittels bedarf, hebt sich aus der Gemeinschaftssphäre heraus und wirkt gesellschaftlich." (V, 40) Die moderne Gesellschaft als technische Zivilisation ist nur die Zuspitzung einer allgemeinen Möglichkeit des Umgangs mit dem anderen: Sie ist immer gegeben, weil die Verbindung durch ein drittes künstliches Element gestiftet wird. Jede Form des Umgangs schafft Verbindung und Distanz und wirkt deshalb gesellschaftlich. In dieser Sichtweise bedeuten Gemeinschaft und Gesellschaft zwei intersubjektive Daseinsmodi, die in der Wirklichkeit nie so genau trennbar sind. Nur abstrakt lassen sich die geschichtlich variablen Gemeinschaftsformen in dem psychischen Drang nach Geltung und Nähe, in dem ursprünglichen Bedürfnis nach einer „Vertrautheitssphäre" und einem „Resonanzverlangen" des denkenden, wollenden, fühlenden Menschen (V, 114) verwurzeln. Genau so lässt sich das Ethos der Gesellschaft in der künstlichen Form angeben, die verbindet, indem sie zu große Nähe vermeidet und den Individuen Spielräume gewährt. Beide ethischen Momente gehören in der Tat immer zusammen.

Das wichtigste Ergebnis dieser Verankerung von Gemeinschaft und Gesellschaft in einer paradoxen antipsychologischen Psychologie (Seitter) besteht darin, dass sie eine innere Entsprechung zwischen der Sphäre der Leiblichkeit und dem psychischen Leben sichtbar macht. Die entgegengesetzten Impulse zur Sozialität und zum Egoismus werden in der körperlichen Daseinsweise des Menschen in der Form des Hilfetriebs einerseits und dem Bedürfnis nach Nahrung und Sexualität andererseits erkannt; im Bereich des Seelischen wiederum in der seelenspezifischen Zweideutigkeit des Bedürfnisses nach Nähe und Abstand.

Diese innere Entsprechung lässt sich auch als Zusammenhang zwischen Spiel und Zivilisation verstehen. Der Spielbegriff ist in den *Grenzen* eher ein operativer als ein thematischer Begriff. Aber er erfüllt eine relevante Funktion, denn die Dynamik aller Schichten menschlichen Lebens wird trotz aller schichtspezifischer Färbungen durch den Spielbegriff gedacht. Plessner sieht die Eigenart des Organischen darin begründet, dass der Bereich des Trieblebens größer ist als der Bereich der Zweckgebundenheit. Das Leben ist von einem Überfluss an Kraft gekennzeichnet, die keinen bestimmten Zweck verfolgt und danach fragt, entladen zu werden. (V, 93) Obwohl keine Definition des Spielbegriffs angeboten wird, ist aus diesem Kontext die Funktion des Spiels deutlich. Das Spiel ist eben die Lebensform, in der sich organische, aber nicht zweckgebundene Kräfte ausdrücken. Es betrifft die Leiblichkeit und das Psychische zugleich. Denn das Spiel zwingt zur Beachtung von Verhaltensregeln, die eine zu große Nähe nicht zulassen. Im Spiel zeigt sich die Seele, aber gekleidet in eine Form.

Nun lässt sich die Gesellschaft als Inbegriff der sozialen Rollen, als das Spiel denken, das zugleich Offenbarung und Zurückhaltung ermöglicht. Das Spiel der Gesellschaft wirkt dann zivilisierend. Es stiftet durch künstliche Formen den Einklang zwischen Innen und Außen, zwischen Seele und Ausdruck und zugleich – völlig im Sinne des Spielbuches – als Beherrschung von Verhaltensregeln erzwingt es die Verhaltenheit: Nur derjenige, der die Form beherrscht, schont sich selbst und den anderen und kann dem Risiko der Lächerlichkeit entgehen. Das Machtspiel der Gesellschaft – denn mit anderen in Beziehung treten heißt, auf sie Macht auszuüben und ihre Macht auf sich selbst zu erfahren – ist die Voraussetzung einer politischen Kultur. Weil diese das ausdrücklich thematisiert, was in der *face-to-face*-Relation immer schon angelegt ist. Sie ist zugleich deren Konsequenz: Eine nicht nur auf die Sphäre der Staatsführung restringierte, sondern universalisierte „Individualpolitik" fördert eine Kultur der Form und zivilisiert dadurch, dass sie natürliche, aber nicht zweckgebundene, ja Spielbedürfnisse durch künstlichen Mitteln befriedigt.

Im gesellschaftlichen Verkehr nimmt laut Plessner die Seele auf zwei verschiedene Weisen einen Nimbus an, der zugleich Sichtbarkeit und Abstand schafft. Die erste zivilisatorische Form ist das Zeremoniell: Es hat einen statischen Charakter, denn das Zeremoniell ist der Inbegriff von Regeln für das Verhalten, in die sich jeder fügen muss. Hier geht der Nimbus zum Teil auf Kosten der individuellen Persönlichkeit, die zwar geschützt ist, aber über keinen Spielraum verfügt. Das Prestige, die zweite Möglichkeit der Auswirkung des Nimbuseffekts, hat dagegen im Vergleich zu dem abstrakt-formalen Zug des Zeremoniells einen dynamischen Charakter. Hier hat die Rolle immer noch eine Schutzfunktion, doch wird die starre Maske von der Unerschöpflichkeit einer individuellen Innerlichkeit ersetzt, die zielstrebig ihre Pläne verfolgt und sie ins Werk umsetzt. Der gesellschaftliche Kampf um die Macht lässt sich als ein Kampf um das Prestige denken und dieser wiederum als Streben nach Objektivation, das nur dann zur Ruhe kommt, wenn es sich in seinem Werk objektiviert sieht. In dieser Hinsicht stiftet das Prestige Kultur, denn Kultur bedeutet zum Teil „Kampf um die Geltung im Medium geltender

Werte, geistiger Machtmittel über die Geister.“ (V, 89) Der Begriff der Kultur wird hier im Grunde nicht vom Zivilisationsbegriff unterschieden. Das gesellschaftliche Spiel der Macht stiftet Kultur und zugleich Zivilisation.

Plessner unterscheidet idealtypisch in der Öffentlichkeit zwei Momente. Die Diplomatie ist einerseits die Kunst der Geschäftsführung zwischen fremden Funktionären nach der Logik des größtmöglichen Vorteils unter Voraussetzung der Respektierung des Anderen. Der Diplomatie steht als andere Verkehrsform die Geselligkeit zur Seite. Hier geht es nicht um eine zweckrationale Geschäftsführung, sondern um den ganzen Inbegriff der Handlungen, die keine bestimmte Zwecke verfolgen. In diesem Fall kommen sich die Individuen nicht als Masken tragende Funktionäre nah, sondern als Privatpersonen. Um so mehr besteht hier das Risiko der Lächerlichkeit, des Verletzens und des Verletztwerdens. Es kommt dann darauf an, „die Kunst des Nichtzunahetretens, des Nichtzuoffenseins“ zu entwickeln. (V, 106) Dazu gehört, dass jegliche direkte Ausdruckseruption vermieden werden muss: „Zivil“ ist in diesem Fall der Handelnde in dem Sinne, dass er sich beherrscht und indirekte Annäherungsformen bevorzugt. Dies wiederum nicht als Strategie, sondern aus dem Verständnis für die anderen. Bezweckt die erste öffentliche Lebensform ein Übereinkommen, so zielt die zweite auf die Balance ab. In der Wirklichkeit sind aber beide öffentliche Umgangsformen nicht streng getrennt: Die Grenzen zwischen diplomatischem und geselligem Verhalten sind fließend, genauso fließend wie die Grenzen zwischen Gesellschaft und Gemeinschaft. Die gemeinschaftliche Intimität setzt nämlich den verstehenden Takt voraus. Der Taktbegriff wird aus dieser Perspektive zum Mittelpunkt, zum echten hermeneutischen Apriori des gesellschaftlichen Handelns: Das im Taktbegriff enthaltene Bild des Tastens bedeutet die Suche nach einer Umgangsform, die theoretische und praktische Erschließung des Anderen mit der Bereitschaft, den Anderen zu verstehen und respektieren. So ist der Takt „die Kunst der inneren sozialen Differenzierung“ (V, 109), die Kunst, mit den anderen als Privatpersonen um der reziproken Schonung willen verstehend umzugehen.

4. „Nichts barbarischer als die Unterscheidung zwischen Kultur und Zivilisation“, heißt es in einem Aphorismus von Günter Anders. Plessner hat wie kein Zweiter dem Geist dieser Worte ante litteram Rechnung getragen. Man kann nicht von einer rein materiellen, minderwertigen technischen Zivilisation sprechen und sie von einer geistigen Kultur genau abgrenzen: Zivilisation als taktvolle Form des Handelns ist Produkt einer politischen Kultur und diese strebt die Überwindung der Kluft zwischen Theorie und Praxis an. Plessners sozialphilosophisch-politischer Ansatz geht davon aus, dass sich die Unterscheidung zwischen Kultur und Zivilisation als ein Zeichen der politischen Verspätung (im Hinblick auf die dreißiger Jahre kann man auch sagen: als Zeichen einer verspätungsbestimmten Barbarei) deuten lässt. Modernisierung der Politik bedeutet, diese Unterscheidung unter dem Aspekt einer politischen Kultur zu überwinden. Diese hat zwei eng miteinander verbundene Momente: auf der Ebene der Staatsführung im engeren Sinne und auf der Ebene der universalisierten Außenpolitik der Öffentlichkeit.

Sie ist erstens die Kunst des Politikers, in der jeweiligen Situation die entsprechenden Taktiken einzusetzen, die Klugheit und Menschlichkeit verbinden. Dies ist kein Plädoyer für einen rein strategischen Machiavellismus des Politikers: Plessner hat deutlich gesehen, dass ein moderner Staat weder mit einer bloßen Idee noch mit einer Praxis der

Machtverwaltung auskommen kann: Deshalb muss eine politische Kultur mehr als die Gesinnung der schönen Seele und mehr als die barocke Kunst der Hofintrigen sein. Sie muss als permanenter Anreiz der Bürger zur Mitarbeit an den Aufgaben des Staates verstanden werden. In dieser Hinsicht ist der Begriff einer politischen Kultur – zumindest der Idee nach – nicht nur mit der parlamentarischen Staatsform als solcher, sondern auch mit dem Kampf um Demokratisierung als offene Kulturaufgabe gleichzusetzen.

Ist die politische Kultur hier Taktik der Menschlichkeit, so lässt sie sich im weiten Feld der Öffentlichkeit als die Kunst des Taktes im Umgang mit den anderen verstehen. Denn Takt ist individualpolitische Handhabung von Spielregeln. Sie stiftet Kultur, weil eben das taktvolle Spiel der Macht zivilisierend wirkt: Es verbindet auf indirekte Weise, legt also fest, lässt aber zugleich den Anderen als Ganzen gelten. Zugespitzt: Politische Kultur ist Spiel der Zivilisation, Takt und Taktik der Menschlichkeit in einem.

Diese Denkfigur ist, wenn nicht explizit in dieser Form, so doch zumindest in seinem Kern bei Plessner angelegt. Man kann aber nicht übersehen, dass Plessner die Staatskunst als offene kulturpolitische Aufgabe sieht, selbst aber meist dazu neigt, den Politiker völlig zu autonomisieren. Daher verschwindet die Idee des *Redde rationem*. Plessner macht das Motto „Ein fernes Ziel hat mich beseelt, den nächsten Schritt hab' ich gewählt" (VII, 13) zum praktischen Prinzip der politischen Kultur. Fragt man ihn, von welchem Standpunkt aus die Öffentlichkeit diese Schritte der Rechtsanwälte-Taktiker der Menschlichkeit beurteilen kann, ob sie humanitär sind oder z. B. sich nur im Interesse der Macht-Elite bewegen, so hat er im Grunde keine gute Antwort. Als Linksliberaler alten Stils, mit einer Prise dezisionistischer Sympathie für den missverstandenen Bismarck, würde Plessner wahrscheinlich an die Verantwortung der politischen Elite appellieren. Diese ist durch strenges Studium der Geschichte, der Rhetorik, der Diplomatie selektiert und geht von einer „freiwilligen Bindung an eine Verantwortung Gott gegenüber" aus. (V, 125) Aber gerade in diesem Motiv, in dieser Fetischisierung der politischen Elite, sind die Grenzen seiner *Grenzen* besonders sichtbar.

Die *Grenzen* sind an vielen Stellen von einem nicht überzeugenden rhetorischen Pathos gekennzeichnet. Man denke z. B. an den Antagonismus von stark und schwach (V, 31), von Durchschnittsmenschen und Originalität (V, 69). Derlei Beispiele lassen sich viele anführen: Sie sind kein Zufall. Plessner hält an dem alten individualistischen Politik- und Geschichtsbild des frei handelnden Individuums fest. Seine Politik- und Geschichtsauffassung unterscheidet sich kaum von der der nachhegelschen Generation: Politik ist „spezifizierte Diplomatie" (V, 124) und das diplomatische Spiel „ist das Element der *Geschichte*". (V, 99) Zwei nicht reflektierte Vorentscheidungen werden hier getroffen: Politik ist universal, denn das Individuum muss in erster Linie sich selbst verteidigen; diese Selbstverteidigung ist ein diplomatischer Akt. Plessner geht also vom nicht selbstverständlichen Vorrang des Individuums und der Diplomatie aus; und deshalb kann es nicht verwundern, dass er eine ziemlich konventionelle Auffassung von Geschichte (im Sinn von *historia* und von *historia rerum gestarum*) vertritt: „Das Prädominieren der Schlachten und Staatsaktionen in der Geschichtsschreibung hat also einen inneren Grund, denn nur sie geschehen im Element der Geschichte, nur ihre Entscheidungen nehmen Rücksicht auf einen Entwicklungssinn der Ereignisse." (V, 125) In dieser These hallt das Echo des Methodenstreits von 1924 wider zwischen der romantischen

Geschichtsschreibung des älteren Historismus und der an der Suche nach Gesetzmäßigkeiten orientierten Kulturgeschichte.

Hier ist nicht der Ort, auf die Details dieser Auseinandersetzung einzugehen.[18] Plessner erkennt zwar die Rolle der positivistischen Geschichtsschreibung Breysigs, Lamprechts, Taines für die Erweiterung des Geschichtsfeldes an. Aber er beharrt auf der Idee, dass die politisch-militärische Geschichte vor der Kulturgeschichte den Vorrang hat, denn letztere scheitert am Problem der Individualität. (III, 139) Die erkenntnistheoretischen Aspekte dieses Problems hängen mit der Theorie des Verstehens zusammen. Nicht sie als solche stehen hier in Frage. Vielmehr ist es die ihnen zugrunde liegende ontologisch-politische Option, nur das außenpolitisch handelnde Individuum stifte Geschichte. Wer sagt freilich, dass das Individuum in diesem Sinn von unauflösbarer Letztheit – *Individuum est ineffabile* – die Garantie der Geschichte ist? Ist dieses Konzept nicht immer in einer bestimmten Tradition situiert?

Richtet man diese Fragen an Plessner, so lautet seine Antwort in *Macht und menschliche Natur*: „In dieser Perspektive denken [*scil.*: in der Perspektive des Verhältnisses von Leben und Form, *apeiro* eines unergründlichen Woher und *pera* dieser Welt] heißt in der Richtung des Lebens selber denken, das von Individuation zu Individuation fortschreitet." (V, 186) Das ist die implizite Geschichtsphilosophie, die in antispekulativer, in erster Linie antihegelscher Absicht der Historismus des 19. Jahrhunderts entwickelt und die trotzdem halbmetaphysische Züge aufweist.[19] Freilich muss man sagen, dass sich Plessner – hier unter dem Einfluss von Georg Misch – das traut, was der alte Dilthey sehr wahrscheinlich abgelehnt hatte: An einen Fortschritt in der Geschichte als Prozess von Individuation zu Individuation zu denken. An dieser Option hält Plessner fest: Und dies ist nicht unbedingt Ausdruck des Kleinbürgertums der Weimarer Zeit, sondern vielmehr ein spekulatives Postulat. Dass diese Auffassung der Politik und der Geschichte restringiert ist, ist offensichtlich. Darum geht es aber nicht. Vielmehr ist die Aufmerksamkeit darauf zu lenken, dass Plessners politischer Elitarismus in dieser ontologischen Option wurzelt.

In dieser Hinsicht verwundert es nicht, dass sein Essay mit dem Titel *Grenzen der Gemeinschaft. Eine Kritik des sozialen Radikalismus* schließlich nicht die Gesellschaft als solche gegen den Gemeinschaftsgedanken verteidigt. Er plädiert für die Delegation der höchsten Gewalt an die politische Führung im Interesse der Gemeinschaft. Die Delegation der Macht durch die Gemeinschaft bekommt ihren Sinn dadurch, dass der Politiker durch künstliche Mittel das Gleichgewicht zwischen Gesellschaft und Gemeinschaft ermöglichen muss. Die Gemeinschaft muss ihrerseits dem Staat einen Teil ihrer Freiheit opfern und sich dem Gesetz des Staates beugen. Auf diese Weise gewinnt sie eine Reglementierung des öffentlichen Lebens, das somit in gewissem Maße an Unabsehbarkeit verliert. Die ontologisch-politische Grundoption – die Selbstverteidigung der Individualitäten nach dem Prinzip „zuerst Überleben" – ist der Grund, warum Plessner

[18] Eine Problemskizze des Methodenstreits, die den philosophischen Aspekten dieser Auseinandersetzung Rechnung trägt, ist G. Cacciatore, „Crisi dello storicismo e ‚bisogno' di ‚Kulturgeschichte': il caso Lamprecht", in: *Archivio di storia della cultura* (Neapel), I (1988), 257–281, zu verdanken.

[19] Vgl. Herbert Schnädelbach, *Geschichtsphilosophie nach Hegel. Die Probleme des Historismus*, Freiburg 1974; ders., *Philosophie in Deutschland 1831–1933*, Frankfurt a. M. 1985.

das Handeln des Staatsmannes im Grunde 1) auf Außenpolitik und 2) auf die Reduktion des öffentlichen Risikos für die Gemeinschaft reduziert. Dadurch, dass die politischen Führung in erster Linie die Verantwortung für die Sicherheit der Gemeinschaft übernimmt, werden hier Fragen der Innenpolitik und der Gerechtigkeit unwichtig. Das ist kein Zufall. Plessner setzt in diesem Sinn vollkommen historistisch an und geht von der natürlicher Sphäre der Vertrautheit der Gemeinschaft aus. Das Individuum ist ursprünglich eine unergründliche Seele und Teil eines gemeinschaftlichen Ganzen, aber es bedarf der künstlichen Gewalt des Staates, damit die Rechte beider Sphären aufrechterhalten werden. Mit dieser ontologisch-politischen Grundoption wird subkutan ein entscheidendes Motiv der naturrechtlichen Tradition verabschiedet. Die Idee, dass die Bürgerrechte nicht nur auf die Unantastbarkeit der intimen Sphäre oder auf die Sicherheit des gemeinschaftlichen Ganzen reduziert werden können. Übrigens ist dies eine entscheidende Idee, die der Praxis des modernen Staates zugrunde liegt, die Plessner bewundert. Es gibt ein Recht auf ein gutes Leben, auf das der Bürger nicht nur in seiner individuellen Sphäre oder als Teil einer jeweils anders konturierten Gemeinschaft (Berufsverband, Korporation usw.), sondern in der Öffentlichkeit als Prüfstein für die Sphäre der Politik Anspruch erheben kann.

Bei Plessner zwingt das ursprüngliche Moment der Gesellschaft zum Spiel der Zivilisation, aber – zumindest in dieser Phase – sie wird mit etwas Negativem, eben mit einem im Interesse der Gemeinschaft zu überwindenden Risiko, identifiziert. Von diesem Gesichtspunkt aus wird es unmöglich, die Öffentlichkeit so zu denken, dass sie Rechtsinstanzen bildet und Grenzen der Politik setzt. Plessner – und das ist nicht zu vergessen – nährt hier nicht besonders klare „Hoffnungen auf Umbildung der Politik im gemeinschaftsethischen Sinne“ (V, 117). Die Rationalisierung des sozialen Lebens setzt ihm zufolge die „Unterstellung des Ganzen unter irrationale Lebensgewalt“ der politischen Elite voraus.

Störend wirkt hier nicht der Ruf nach politischen Eliten als solcher (das ist für die damalige Zeit eher die Regel als die Ausnahme), sondern die implizite Deduktion dieses Rufes aus der menschlichen Natur. Das ist der rote Faden seines politisch-sozialphilosophischen Ansatzes: „Es heißt“ – schreibt Plessner in „Staatskunst und Menschlichkeit“ –, „die Spielregeln unserer Natur einhalten.“ Und in den *Grenzen* kritisiert er diejenigen „Ethiker, welche behaupten, daß die Wesenserkenntnis der menschlichen Natur für sie nicht maßgebend sein dürfe.“ (V, 40) Freilich hat sich der Biologe Plessner immer davor gehütet, diese „menschliche Natur“ zu biologisieren. Er hat auch verschiedentlich – und sehr überzeugend – an die Gefahr erinnert, der sich eine Zoologisierung des Menschen aussetzt. Wenn Plessner von menschlicher Natur in diesem Zusammenhang spricht, denkt er an das Paradox der zwei entgegengesetzten Impulse von Nähe und Abstand, Ausdruck und Innerlichkeit, ja – wie der späte Plessner in unmittelbare Anknüpfung an Kant sagen wird – zur ungeselligen Geselligkeit im Menschen. Warum aber durch diese Verschränkung von Innen und Außen – übrigens die glückliche Intuition seiner Anthropologie – gerade das traditionelle Geschichts- und Politikbild der deutschen Liberalen, revidiert durch gesunde Spritzer von Dezisionismus nach dem Beispiel des gehassten/bewunderten Bismarck, bestätigt sein sollte, ist keineswegs einleuchtend. *Ad absurdum* zugespitzt, könnte man daraus folgern, dass der von der resoluten politischen Elite geführte Rechtsstaat die vollkommenste politische Organisationsform der

Menschheit sei, denn die irrationale Rationalisierung des Lebens durch die ganze Persönlichkeit des Politikers trägt am besten dem Antagonismus der menschlichen Natur Rechnung. Eine politische Geschichtsphilosophie der conditio humana. Und dies würde implizit darauf hinauslaufen, politische Systeme von Kulturen, die nicht den spezifisch christlich-europäisch-modernen Sinn für Innerlichkeit entwickelt haben und in Plessners Schema nicht so bequem hineinpassen, latent zu diskreditieren, wenn nicht für inhuman zu halten – was freilich Plessner nie hätte behaupten wollen. Das Problem ist hier, dass die Grenze zwischen Wissenschaft und Selbstidealisierung eigentlich zu fließend ist.

Noch deutlicher kommt diese latente Selbstidealisierung dort zum Zuge, wo Plessner eine Teleologie des Geistes skizziert. „Der Mensch" – liest man in den *Grenzen* – „muß, um sich zu vollenden und mit eigenen Mitteln aus der Verzweiflung seiner Innerlichkeit sich zu erlösen, von der Sphäre der Lebensgemeinschaft in die der Gesellschaft übergehen, um schließlich in der Sphäre der Sachgemeinschaft des Geistes und der Kultur die definitive Ruhe seines Selbstbehauptungsdranges zu finden." (V, 92) In dem nicht begründeten „muß" dieses Passus steckt eine Art nichtidealistische Phänomenologie des Geistes. Man ersieht aus dieser Textstelle, dass die Gesellschaft als Zwischenebene zwischen Familie und Objektivität des Geistes nicht statisch, sondern teleologisch-dynamisch als aufzuhebendes Moment zu verstehen ist: Es kommt darauf an – die Nähe zu Hegel ist erstaunlich –, von der Unmittelbarkeit der vertrauten Lebensverhältnisse Abstand zu nehmen, das zivilisatorische Spiel der Macht in der Gesellschaft mitzuspielen und endlich eine durch gesellschaftliche Entzweiung bereicherte Ruhe in der Teilnahme an den ewigen Werten der Kultur zu finden. Auf diese Weise gipfelt der politisch-sozialphilosophische Ansatz Plessners in einem doppelten Aristokratismus der Macht und des Geistes, der in der „Objektionstendenz des Psychischen" begründet liegt. Hierbei – *cela va sans dire* – ist der Geist das höchste Gut. Denn die höchste Gewalt ist an die politischen Kultur des Staatsmannes als ganzen handelnden Menschen delegiert, damit er die privaten Freiheiten und die Sicherheit der Gemeinschaft garantiert. Aber die politische Elite zahlt dieses hohe Amt mit der Pflicht zur Maskierung, die etwas Starres und Unbestimmtes bedeutet. Nur der Intellektuelle als schöpferischer Mensch bringt im Werk sein wahres Gesicht zur Erscheinung. Die nach Objektivation strebende Innerlichkeit identifiziert sich also auf zwei verschiedene Weisen: durch die Maskierung des gesellschaftlichen Zeremoniells (eine Form, die zwar Gesellschaft und Zivilisation stiftet, aber doch eine starre Form ist), und durch die an sich einzig adäquate Form des Werkes, in dem sich die gesichtslose Innerlichkeit als gesichtsgestaltete Persönlichkeit widergespiegelt sieht.

Freilich muss man anerkennen, dass viele der Einzelanalysen Plessners über die Zweideutigkeit des Psychischen stilistisch faszinierend und inhaltlich einleuchtend wirken: wie immer, wenn er auf seinen subtilen *esprit de finesse* und nicht auf seinen systematischen Begriffsnebel rekurriert. Der junge begabte Intellektuelle konnte aber nicht narzistischer sein als durch die Proklamation des Geistes als der vollkommensten Ausdrucksform der Innerlichkeit. Auch protestantischer könnte sich diese angeblich ontologische Vorstellung, dass sich die Individualität in der offenen Prozessualität des Geistes freudig auflöst, nicht anhören. Was Plessner als höchste Stufe seiner Phänomenologie der Innerlichkeit, dem Anspruch nach begründet in der menschliche Natur, geltend macht, ist eigentlich sein protestantisches Pathos der Wissenschaft als unendlicher Aufgabe, aufgrund derer das Ganze mittels der einzelnen Forscher zu sich selbst kommt. Plessners Theologie des Wissenschaftsfortschritts ist hier in säkularisierter Form noch tragend.

Ich fasse zusammen: Plessners früher sozialphilosophisch-politischer Ansatz entwirft die Idee einer politischen Kultur, die das Zivilisatorische im gesellschaftlichen Machtspiel erkennt und verteidigt, mündet aber in einen politischen und geistigen Elitarismus. Die politische Elite spiegelt sich im Machtzeremoniell und in der hohen Aufgabe des außenpolitischen Gemeinschaftsschutzes wider. Die intellektuelle Elite findet im Haus des Geistes ihr wahres Gesicht durch das Prestige. In letzter Instanz geht es hier um Identitätserwerb durch „Spekulation" der psychischen Objektivationen und nicht um Fragen des öffentlichen guten Lebens. Das ist auch ein Generationenproblem. Denn jene altliberale Tradition, der auch Plessner angehört, orientierte sich zwar an einem kritischen Menschheitsideal, stieß aber an ihre Grenzen, da sie die Fragen der sozialen Gerechtigkeit nicht beantworten konnte. Sie scheiterte an diesem Problem, zumal sie – dem bildungsbürgerlichen Individualitätskult und dem historistischen Gemeinschaftssinn verpflichtet – das Vertragsdenken verabschiedet hatte.[20] Übrigens ein europäisches Phänomen, das die Tür zu politischen Abenteuern eigentlich nicht versperrt hatte.

Freilich würde man Plessner Unrecht tun, wenn man das kritische Potenzial seines Ansatzes nicht erkennt. „Die Natur verstehen lernen und ihr folgen", heißt es bei Epiktet, ein Satz, an dem sich auch der implizite kritische Stoizismus Plessners orientiert. Bei ihm besteht das kritische Potenzial im Wesentlichen darin, die natürliche Künstlichkeit des Menschen zu verstehen und falsche, weil einseitige Ideologien abzuwehren. Bereits 1924 hat er vor den Gemeinschaftsillusionen und ihren Risiken gewarnt. Immer wieder, bis weit in die sechziger und siebziger Jahre hinein, hat er dies in der Kritik an der Zoologisierung des Menschen, am anthropologischen Selbstentfremdungstheorem und an der Existenzphilosophie konsequent angeführt. Nun, im Rückblick auf die politischen Erfahrungen des 20. Jahrhunderts, wird sichtbar, dass er sehr weit geblickt hatte. Der alte Emigrant mit einem lachenden und einem weinenden Auge lehrt uns, die ständige Gefahr der Schwärmerei, oder schlimmer noch: des Fundamentalismus des Gemeinschaftsgedankens, zu sehen. Darüber hinaus: Man muss sein Theorie-Praxis-Axiom ernst nehmen und erkennen, dass der Umgang mit einer Sache de facto davon abhängt, was für eine Vorstellung man von ihr hat. Wenn die Zwischenschicht der Fremdheitserfahrung ständig als ein negatives Moment angesehen wird, so braucht man sich nicht zu wundern, dass sich das Niveau des öffentlichen Lebens verschlechtert. Und umgekehrt: Ist ihr Niveau schlecht, so bedeutet dies, dass die herrschende Vorstellung auch verfehlt ist.

Das Spiel der Öffentlichkeit – so kann man Plessner letztendlich zugespitzt interpretieren – ist die Erfahrung der Macht, denn Macht ist das Apriori der intersubjektiven Daseinsform. Diese Macht ist nicht unbedingt Herrschaft oder Gewalt, denn Herrschaft ist Institutionalisierung einer bestimmten Machtform und Gewalt ist direkte Anwendung einer physischen Macht, die das Spielerische aufhebt. Das Spiel der Öffentlichkeit

[20] Für eine Deutung von Plessners politischem Denken im Rahmen der Krise des Vertragsdenkens im 20. Jahrhundert verweise ich auf B. Accarino, *Mercanti ed eroi. La crisi del contrattualismo tra Weber e Luhmann*, Neapel 1986, bes. 89–116.

fördert den Prozess der Zivilisation: Zivilisation ist das nie abgeschlossene Spiel einer politischen Kultur, in dem unterschiedliche Lebensformen „tanzend“ miteinander in Kontakt und Austausch treten (was selbstverständlich bedeutet: in ein Machtverhältnis treten), ohne den Anspruch zu erheben, die Andersartigkeit des Anderen aufzuheben. Zivilisierend ist dann das Spiel der Macht dort, wo die virtuose Handhabung von ständig wechselnden Spielregeln darauf hinausläuft, die Fremdheit des Anderen als solche anzuerkennen. Ein Zeichen des Taktes.

Mag man auch die Wirksamkeit von Plessners elitaristischen Lösungen bezweifeln, so muss man doch anerkennen, dass sein politischer Theorieansatz heute noch überzeugend und akut aktuell ist. Seine Theorie strebt als Ziel an, die Kluft zwischen einer Politik als angewandter Ethik und einer konservativen Machtpolitik zu überwinden. Dieser Ansatz impliziert die These, dass die Demokratie weder eine letztbegründete Ethik noch die Verteidigung der herrschenden Institutionen braucht: Sie braucht vor allem Erziehung und diese ist eine Sache der Kulturpolitik. Ein Staat, der die gleichberechtigten Bürger nicht zur gemeinsamen Annäherung an die Humanitätsideale motiviert, ist ein Staat ohne Würde und deshalb den Feinden der Demokratie ausgeliefert.

Ohne permanente Demokratisierung als asymptotische und deshalb utopische ethische Kulturaufgabe lässt sich Demokratie nicht denken. Ohne politische Kultur im Sinne von Takt und Taktik der Menschlichkeit gibt es kein Spiel der Zivilisation, sondern nur eine barbarische Praxis der Macht, die sich unter raffinierten barocken Masken kamoufliert.

V Offene Identität

Ein anthropologischer Zugang zur Frage nach der Geschichtserfahrung

„Der Mensch ist der Spiegel der Menschen", heißt es in einem alten Sufi-Spruch. Er enthält die Grundidee eines anthropologisch-hermeneutischen Zugangs zur Lebenswelt, die ich im Folgenden ausführen werde. Ich gehe von der Krise der Geschichtsphilosophie aus und wende mich dann der Tradition des hermeneutischen Denkens im Sinne Diltheys zu, um die Frage nach der Bedeutsamkeit der Geschichtserfahrung zu stellen. Ich vertrete die These, dass sie darin besteht, Identitäten sehen und verstehen zu lassen. Eine hermeneutische Anthropologie, die sich mit Identitäten beschäftigt, schafft die Basis, damit man zum Anderen seiner selbst auch im praktischen Sinne offen bleibt.

1. Ich beginne mit der Tradition der Geschichtsphilosophie, ihrem Aufstieg und Niedergang. Die *philosophie de l'histoire* ist ein Produkt des Aufklärungsgeistes. Sie entsteht durch den Abschied von der theologischen Geschichtsauffassung, indem sie die Idee eines Verstehens innerhalb der Grenzen menschlicher Vernunft verteidigt. Die Gleichsetzung eines Geschichtsanfangs mit Gott und dem hebräischen Volk gerät in Verruf und für die Geschichtsschreibung kommt es darauf an, sich vernünftig auf die Völker und die reifen Kulturen des Orients zu beziehen. Das ist z. B. bei Voltaire gut erkennbar: Für seine Begriffe soll sich die *philosophie de l'histoire* mit den Sitten der wichtigsten Völker kritisch befassen. Es ist hier auf den Zusammenhang von Geschichte und Vernunft hinzuweisen: Er ist der entscheidende Punkt selbst der deutschen *Geschichtsphilosophie*, zumindest bis Hegel und Marx. In dieser Richtung lautet die Grundfrage, ob es eine Ordnung in der anscheinenden Unordnung menschlicher Dinge gibt, die das Telos der historischen Entwicklung und deshalb auch der historischen Erfahrung bildet. Diese Form des Problems bleibt noch für Hegel maßgebend. Nur hat sie nicht den Status eines Postulats oder einer Hypothese, wie es zum Beispiel noch bei Kant oder Herder der Fall war. Die dialektische Logik fundiert die spekulative Erkenntnis, dass in der Geschichte die Vernunft herrscht. Die Geschichte ist Geschichte des zu sich selbst kommenden Geistes: Er ist von Anfang an frei und wird sich durch seine Entwicklung seiner absoluten Freiheit bewusst. Vernunft und Geschichte fallen zusammen: Geschichte zu erfahren heißt, sich des Vernunftsprinzips bewusst zu werden, das sie trägt. Selbst ein

Kritiker Hegels wie Karl Marx gibt die Idee nicht preis, dass die historische Entwicklung als Klassenkampf eine substantielle Richtung hat und dass Geschichte zu erfahren die Sache einer Praxis ist, die sich in dieser historischen Bewegung auflöst.

In der nachhegelschen Philosophie bekam die Gleichsetzung von Geschichte und Vernunft, der selbst Marx verpflichtet war, einen schlechten Ruf. Dass ein systematisches Prinzip das Telos der Geschichte anbiete, sei „metaphysischer Nebel", wie Dilthey es prägnant und paradigmatisch formulierte. Die Rückkehr zu Kant in der Philosophie zwischen dem 19. und 20. Jahrhundert kann als Bedürfnis ausgelegt werden, sich auf ein plausibleres Modell als das hegelsche zu berufen. In der Gegenwartsphilosophie hat sich die Polemik gegen die Geschichtsphilosophie erweitert. Sie wurde nicht nur als weltanschauliche Metaphysik diskreditiert, sondern auch mit dem Argument angegriffen, sie legitimiere politische Intoleranz: „Die Wahrheit der Geschichtsphilosophie" – schreibt Odo Marquard – „ist die Aggression." Die These Marquards radikalisiert eine diffuse Skepsis gegen die Tradition der Aufklärung: Mag die Geschichtsphilosophie auch ein kritisch-emanzipatorisches Projekt vertreten haben, sie sei gescheitert. Sie habe sich die Parolen der Vernunft und des Fortschritts auf die Fahnen geschrieben und sei zu einer kryptotheologischen Position gelangt, der im Namen des „langen Marsches" der Vernunft bzw. der Menschheit zur Emanzipation die Andersheit des Anderen negiert. In unserer „flüchtigen" Gesellschaft scheint die Idee einer Geschichtsphilosophie mehr denn je unzeitgemäß zu sein. In ihrer hegelschen Variante hat sie den Aspekt einer säkularisierten Theologie, die sich mit der Entzauberung der Moderne schlecht vereinbaren lässt; in der marxschen Form widerspricht sie einem pluralistischen Prinzip.

Die Auflösung des Zusammenhangs von Geschichte und Vernunft und der Verlust des praktischen Sinnes der Theorie haben zur Konjunktur von zwei Formen der Geschichtserfahrung geführt, die aber den Geschichtsbedarf nur begrenzt befriedigen können. Im einen Fall werden historische Gegenstände als Material gesehen, das wissenschaftlich studiert werden soll. In einem anderen Sinne werden sie als ästhetische Objekte betrachtet, die sich dem Geschmack anbieten. Hyperthrophie der historischen Wissenschaften und multimedialen Ästhetisierung der Geschichte sind komplementäre Phänomene. Die Musealisierung der Geschichte – keine Epoche der Weltgeschichte hat eine solche Proliferation von Museen kennengelernt, wie Lübbe treffend bemerkt – ist das Resultat beider Tendenzen: Im Museum wird der historische Gegenstand studiert und der ästhetischen Erfahrung als etwas Schönes angeboten. Selbst wenn die Geschichtsphilosophie heute in Verruf geraten ist, heißt das nicht, dass die beiden dominierenden Formen des historischen Wissens die Möglichkeiten der Geschichtserfahrung erschöpfen. Sie sind eher Zeichen einer Krise des historischen Bewusstseins, das nach der Auflösung der Geschichtsphilosophie keine angemessene Antwort auf die Frage gefunden hat, was es heißt, sich in der historischen Welt aufgrund der Erkenntnis zu orientieren. Es kommt dann darauf an, sich auf die Geschichtserfahrung so zu besinnen, dass der Positivismus der Geisteswissenschaften und der ästhetische Relativismus überwunden werden können.

2. Hier kommt die Denktradition zu Hilfe, die sich von Dilthey bis zur philosophischen Anthropologie erstreckt. Dilthey ist das Verdienst zuzurechnen, den Begriff des Lebens als etwas Unergründlichen eingeführt zu haben. Er wollte die Ansprüche der Metaphy-

sik angreifen, um zu einem Grund des Lebens vordringen zu können, und er wollte sie durch neue Kategorien für das Verständnis der historischen Welt ersetzt wissen. Dilthey entwirft hermeneutische Begriffe, die die produktive Spannung zwischen dem Leben und seinen Formen hervorheben. Aus diesem Grund behandelt die Hermeneutik ein beliebiges Phänomen als Teil eines artikulierten Ganzen, ohne zu beanspruchen, sein Wesen zu fixieren, eben weil ihr Wesen für prinzipiell unergründlich gehalten wird, d. h. offen für neue Auslegungen. Daran hat die philosophische Anthropologie angeknüpft. Plessner hat das historisch-politische Leben als immer schon gestaltet und immer wieder zu gestaltende Wirklichkeit ausgelegt. Bollnow hat sich daran angeschlossen. Er hat die Unergründlichkeit als Unmöglichkeit eines archimedischen Punkts im Leben gedeutet und daraus die Konsequenz gezogen, eine Anthropologie, die der Komplexität gerecht werden will, dürfe nicht den weiten Horizont der Erfahrungen auf bestimmte, einseitig gewählte Möglichkeiten verengen. Die Phänomene der Lebenswelt bleiben nichtdestoweniger ergründbar: Und dies will besagen, dass die Funktion, die sie im Zusammenhang des Lebens erfüllen, beschrieben und verstanden werden kann. Andererseits soll das Ganze auch so verstanden werden, dass die Funktion des jeweiligen Teils sinnvoll erscheint. Auf den funktionellen Bezug der Teile innerhalb des artikulierten Ganzen kommt es für das Verstehen an. So gesehen ist es in erster Linie eine kritische Leistung, die die unbewussten Formen des Lebensbezugs ans Licht bringt.

Die Hermeneutik der Lebenswelt, die sich daraus ergibt, bietet viele Vorteile im Hinblick auf die oben geschilderte Ausgangslage. Sie ermöglicht es, an eine Bedeutsamkeit der Geschichtserfahrung zu denken, die vom naiven Optimismus (oder schlimmer noch: Totalitarismus) der Geschichtsphilosophie oder auch dem Relativismus der Geschichtsästhetik absieht. Für diese Hermeneutik ist das geisteswissenschaftliches Verstehen eben nicht ein immer anderes Goutieren. Es geht darum, die Strukturen einer Lebensform in ihrer Bedeutsamkeit kritisch herauszuarbeiten und somit zu ihrer weiteren Entwicklung beizutragen. Wir erinnern daran, dass Dilthey die Bedeutsamkeit mit dem „Zentrum der Lebensstruktur" gleichsetzte und mit der „zentralen Stelle" das meinte, was als wesentlich und sinnvoll erlebt wird und sich vom Gleichgültigen und Sinnlosen abhebt.[1] Ich möchte dieses Motiv eines „Mittelpunkts" des psychischen Zusammenhangs unterstreichen. Ich lege es als Identität qua Selbigkeit (ipseitas) aus und möchte, darauf aufbauend, einige Überlegungen zu einem anthropologischen Zugang zur Geschichtserfahrung in praktischer Absicht entwickeln. Die Frage nach der menschlichen Identität bietet den roten Faden für eine hermeneutische Anthropologie, die sich weder mit Metaphysik noch mit dem Positivismus der Geisteswissenschaften abfindet. Sie ist praktisch, sofern sie die unbewussten Voraussetzungen der Identität auf den unterschiedlichen Ebenen der Persönlichkeit, der Gesellschaft und Kultur deutlich macht und den Akzent auf Entscheidung, Risiko und Verantwortung für das Entstehen des Neuen setzt.

Eine anthropologische Betrachtung dieser Art hat implizit das klassische Paradigma der philosophische Anthropologie verabschiedet. In ihrer traditionellen Form lautet die Frage der Anthropologie, was der Mensch sei bzw. welche Bedingungen menschlichen Seins es gibt, und findet eine Antwort in einer biologischen Perspektive und spezifisch

[1] W. Dilthey, *Leben und Erkennen*, GS XIX, 375.

aus dem Mensch-Tier-Vergleich. Ich glaube, dass eine andere Fragestellung die Annäherung an die Frage nach der menschlichen Identität leiten sollte: Wer sind wir? Die Frage lautet ganz simpel, ist aber mehrdeutig. Es klingen in ihr metaphysische Probleme nach, die nicht zu lösen sind; auch aus diesem Grund scheint sie überflüssig zu sein und nur zu einer trivialen Antwort zu führen, denn wir haben in gewissem Maße immer schon ein Verständnis von uns selbst. Zwar kann die Frage an sich in vielen Bedeutungen verstanden werden. Das „Wer" kann z. B. als ein „Was" genommen werden, und die Frage lautet dann: „Was sind wir?" Weil wir menschliche Wesen sind, sind wir zurück bei der Frage, was der Mensch ist. Es ist außerdem möglich, den Akzent auf das Sein zu verschieben, und das Ergebnis ist eine Mystik des Seins, wie ein berühmter Fall zeigt. Man kann die Frage noch in Richtung auf die Zukunft auslegen und der Sinn der Frage lautet dann: „Wer wollen wir sein?" Diese Frage dringt dann in den Bereich des praktischen Lebens ein, worauf wir später in diesem Aufsatz eingehen. Die Frage kann außerdem auch gegenständlich verstanden werden und ihr Sinn lautet dann: „Wie tritt der westliche Mensch, der Intellektuelle, der Fleißige ... in die Erfahrung?" Die Frage wird dann Sache der Wissenschaft und sie kann jeweils von zuständigen Disziplinen wie der Kulturgeschichte, der Soziologie oder der Psychologie beantwortet werden. Der philosophische Sinn der Frage, wer wir sind, enthält dagegen etwas mehr, eben jenes „ich kenne mich nicht aus", das nach Wittgenstein eine philosophische Frage mitenthält. Die Frage hat einen bestimmt-unbestimmten Sinn, indem sie auf etwas Bekanntes und Selbstverständliche verweist, aber auch etwas Unbekanntes andeutet. Ihre Faszination ist damit verbunden, dass sie auch eine wissenschaftliche Antwort zulässt, aber keineswegs mit ihr zusammenfällt. In diesem Sinn können wir von einer unergründlichen Frage reden. Das Mehr, das die Frage enthält, ist ein Appell an die Selbsterkenntnis und Selbstwerdung. Sie behandelt die Identität als etwas, das sich durch die Bildung einer Sphäre des Eigenen und Vertrauten konstituiert, die sich vom Fremden abhebt. Nur ist die Grenzzone fließend und veränderlich, offen für neue Identifizierungen. Derjenige, der fragt, wer wir sind, befindet sich nicht an einem der Frage selbst externen Ort. Er identifiziert sich selber, indem er die Frage stellt und antwortet. Das „Wer", das in uns die Frage stellt, ist dann auch identifikationsbedürftig. Das ist eben das Paradox der Identifizierung: Um die Identität zu klären, muss man sich identifizieren; um sich zu identifizieren, bedarf es immer schon einer Identität. Die Frage nach der Identität deutet dann einen kreisförmigen Prozess an, in dem die jeweils bestehenden Identität wächst, indem sie sich mit dem Fremden auseinandersetzt und für seine Aneignung offen bleibt. Um Rilkes „Archaischer Torso Apollos" zu paraphrasieren, geht es in der Frage, wer wir sind, um eine Mahnung, sich selbst zu identifizieren nach einem Prinzip von Eigenem und Fremden, Kontinuität und Diskontinuität.

„Denken ist Identifizieren", heißt es bei Adorno. Der Aphorismus passt gut zu diesem Zusammenhang. Es gibt keine Disziplin, die an der Doppeldeutigkeit des „Wir" festhält. Naturwissenschaftliche Fragen wollen eine Konstellation von Daten operationalisieren. Es geht um Druck, Gewicht, Quantität. Im Sinne der hermeneutischen Logik von Misch redete Plessner diesbezüglich von einer *cognitio circa rem*. Der Raum des philosophischen Denkens öffnet sich, wo auf die Ambiguität der „Wir-Erfahrung" hingewiesen wird, die eine Erfahrung der Identität und zugleich der Problematisierung der Identität ist. Der Sinn der Frage schließt eine positive Antwort nicht aus, ist aber nicht mit dieser identisch, denn sie ist in der Selbstwerdung eben durch das Antworten erreichbar. Nun sollte eine Anthropologie, die sich weder mit positiver Wissenschaft noch mit Transzendentalphilosophie zufrieden gibt, just an dieser Ambiguität festhalten. Wenn wir die Identität als offenen Prozess des Identifizierens, des menschlichen Selbstverständnisses in der Geschichte denken, erreichen wir eine Dimension, die keine positive Wissensform erschöpfen kann, weil sie sich stets erneut in der Erfahrung des Selbstverständnisses und der Selbstwerdung wieder bildet. Zur Frage steht nicht die *identitas* als statisches Fundament, das es im Sinne der Lebensphilosophie nicht gibt, sondern die *ipseitas* qua Selbigkeit und Erfahrung von sich selbst, die in der menschlichen Sphäre immer sozial vermittelt und in diesem Sinne eine Erfahrung des „Wir" ist. Es ist hier der Zusammenhang gemeint, zu dem eine transformierte Geschichtsphilosophie und eine hermeneutische Anthropologie gehören. Die theoretische Frage nach dem Wesen des Menschen löst sich in einer praktisch bedeutsamen hermeneutischen Betrachtung auf, die die Machtformen auslegt, die wir immer schon sind. Für eine Phänomenologie der historischen Welt ist das Identitätsverständnis ein Spiegelbild der menschlichen Machtformen.

Die Metapher des Spiegels wird hier relevant und an dieser Stelle bedarf es einer Deutung seiner anthropologischen Funktion. Die Besonderheit der Widerspiegelung besteht darin, dass sie die Ambiguität des Leibes als lebendiges Ganzes in einem Bild sichtbar macht. In der Spiegelerfahrung sehe ich mich als das Andere meiner selbst. Der Spiegel zeigt den Ausdruck und die Haltung einer Subjektivität, die andererseits nie völlig gegenständlich wird. Das gespiegelte Bild weist als ein Ganzes ein „Ich" auf, das sich in der Alltagserfahrung nie ganz mit einem „Mich" identifizieren kann. Auf dieser Weise wirkt das Bild als ein Medium, das die Selbsterfahrung, die Identifizierung ermöglicht. Damit diese Erfahrung geschieht, muss sich die Subjektivität als etwas Fremdes zeigen und dieses Fremde muss irgendwie als Eigenes erkannt werden. Die Verfremdung ist die Bedingung der Identifizierung, wobei es aber eines befremdenden Bildes bedarf.

Wenn wir auf die anthropologische Frage „Wer sind wir?" zurückgehen, finden wir hier eine Anknüpfungsmöglichkeit. Wir verstehen, wer wir sind, wir identifizieren uns, wenn es der poietischen Kraft des Verstehens gelingt, die autopoietischen Kräfte sehen zu lassen, von denen wir getragen sind, und diese Kontinuität, die uns in der Zeit identifiziert, als etwas Fremdes und zugleich Eigenes erkannt wird. Wir verstehen uns, indem wir das Andere unserer selbst verstehen, es uns vor Augen in einem Spiegelbild gegenüberstellen, mit dem wir uns konfrontieren sollen.

Dieses Verstehen ist eine Form der Geschichtserfahrung, die unter den Bedingungen der Moderne steht, weshalb sie sich jeder Art von Teleologie enthält. Es muss auch von der positiven historischen Erkenntnis unterschieden werden. Das historische Bewusstsein arbeitet nach einem Vorstellungsprinzip und erkennt die befremdende Macht des Verstehens nur begrenzt an. Erkenntnis ist hier etwas Gegenständliches. Bei der Geschichtserfahrung steht es anders. Wir erinnern zustimmend an einen schönen Aphorismus von Oscar Wilde: „Erfahrung! Diesen Namen geben die Menschen ihren Fehlern." Er passt ganz gut zu dem hier Gemeinten. Der Entzauberung, der Ernüchterung liegt eine Entzweiung voraus: Man sieht sich selbst „mit anderen Augen", wie Plessner gesagt hätte. Es wird hier die befremdende Funktion eines sehenden Verstehens in Anspruch genommen, das die Formen der eigenen Lebensform anschaulich werden lässt.

Das praktische Verstehen – das hat besonders Bollnow im Anschluss an Heideggers geltend gemacht – ist eine Fertigkeit, ein Umgehenkönnen mit den Elementen einer bestimmten Situation, eine Leistung des konvergenten Denkens. Im Unterschied dazu ist das Verstehen, das wir poietisch nennen, eine divergente Denkleistung, eine Leistung der Fantasie, die dem Wort sinnliche Nuancen gibt und es in einem Bild anschaulich macht. Die Macht des Verstehens ist eine evozierende. In der Evokation sind Anschauung und Verstehen auf der Basis eines visuellen Mediums verbunden, das Sinnhaftes veranschaulicht. Die Frage entsteht von selbst, wie die dichterische von der philosophischen (poietischen) Evokation zu unterscheiden ist. Das begriffliche Element spielt eine andere Rolle: Die Dichtung verfremdet das Selbstverständliche aufgrund eines Bildes, dagegen verfremdet das poietische Verstehen das Selbstverständliche, um es auf einer begrifflichen Ebene wiederzugewinnen, ohne in Abstraktionen zu verfallen.

Mit dem poietischen Verstehen als Evokation wird nicht die These unterstützt, dass man in der Geschichtserfahrung immer anders versteht. Ein anthropologischer Zugang zur Geschichtserfahrung lässt sich weder auf einen relativistischen Dialog mit der eigenen Tradition noch auf den Positivismus der Geisteswissenschaften zurückführen. Er kann zwar nur in Verbindung mit den Ergebnissen der Forschung entwickelt werden, aber er besteht auf der befremdenden Kraft der Evokation: Wenn es der Macht des Verstehens gelingt, als etwas Fremdes das anschaulich zu machen, was wir immer schon gewesen sind (wobei die Identifizierung des „Wir" offen für die unergründlichen Möglichkeiten der Widerspiegelung bleibt), wird auch eine Bedeutsamkeit empfunden, die für eine praktische Erfahrung öffnet. Es kommt darauf an, die Lebensstile, die Ordnungen, das politische Verhalten, die Zeichen und Symbole des öffentlichen Lebens, aufgrund deren die Identität gestaltet wird, verfremdend zu verstehen, um die Strukturen der Lebenswelt ans Licht zu bringen. Eine solche Geschichtserfahrung ist Erfahrung der Macht in dem doppelten Sinn des Genitivs: Es ist eine evokative Leistung eines sehenden Verstehens, die die Voraussetzungen der Identität, die realisierten Formen der menschlichen Mächtigkeit in der Geschichte erst sichtbar macht.

Es gilt, uns der Bildlichkeit, von der wir getragen sind, bewusst zu werden. Was ist denn ein Bild und wovon „redet" es? Ein Bild lässt einen Sinn anschaulich verstehen, der weder nur gegenständlich noch nur subjektiv ist. Es betrifft Sachverhalte, die eine Geschichte erzählen und Situationen beschreiben. Seine Ambiguität – wie Merleau-Ponty gesagt hätte – besteht darin, dass es sich auf diesen anonymen Zwischenraum von Situationen bezieht, die uns irgendwie gehören und mit denen wir uns im Abstand vom Fremden identifizieren können. „Wort und Bild" – schreibt Goethe – „sind Korrelate, die sich immerfort suchen". Seine Maxime gilt um so mehr in unserer Perspektive. Eine Phänomenologie der Geschichtserfahrung sollte die Bildlichkeiten, die uns bewegen, mit „Bildern, die uns ansprechen" (Plessner), wiedergeben, um das Bewusstsein wach zu halten für das, was wir sind oder auch sein könnten. Aus diesem Grund unterscheidet sich ein anthropologischer Zugang zur Geschichtserfahrung von den traditionellen Formen der Geschichtsschreibung. Das Verständnis der historischen Individualität, in der Biografie und der Autobiografie sowie der historischen Erzählung bleiben in ihrem wissenschaftlichen Wert genauso unberührt wie das Studium der auf eine längere Periode sich erstreckenden Phänomene, wie es in der Kulturgeschichte der Fall ist. Eine hermeneutische Anthropologie knüpft an deren Ergebnisse an, enthält sich aber der

Postulate über die Natur der Geschichte, die jeweils auf die handelnde Individualität bzw. auf soziale Prozesse zurückgeführt wird. In ihrer Inspiration ist sie philosophische Geschichte oder, wenn man will, phänomenologische Geschichtsphilosophie, d. h. eine Erfahrung des Sehens, eine Möglichkeit des Blickes. Sie beschreibt die autopoietischen, zentripetalen, kontinuitätsstiftenden Machtstrukturen, die Haltungen und Stimmungen, die Symbole und die Formen des Wissens, wodurch eine individuelle oder soziale Lebensform ihre Identität in Gegensatz zu dem Anderen ihrer selbst strukturiert. Ein poietisches Verstehens, das Unbewusstes in der autopoietischen Selbstbehauptung des Politischen auslegt, ist kritisch, zentrifugal, diskontituitätsstiftend. Es evoziert die Hintergründe, vor denen sich die errungene Identität gestaltet hat, und eröffnet somit neue Möglichkeiten der Widerspiegelung.

Die Erfahrung des „Wir" im poietischen Verstehen ist eine der Möglichkeiten der Erfahrung. Das Verständnis des Anderen unserer selbst in den Formen der Evokation und Kritik erschöpft nicht die Erfahrungsformen. Eine Phänomenologie der geschichtlichen Welt gibt gerne zu, dass es einen Vorrang der praktischen Vernunft gibt. Die Erfahrung des „Wir", die Erfahrung des Anderen ist ein praktisches Faktum, das vor jeder Theorie liegt. Dies ist in einem doppelten Sinn zu verstehen: In der Lebenswelt erfahren wir ständig, dass der Widerstand zwischen zentripetalen Kräfte ursprünglich ist; es ist andererseits den zentripetalen Kräften aufgegeben, den Zusammenhang von Vergangenheit, Gegenwart und Zukunft durch Entscheidungen in er historischen Kontinuität zu gestalten. Das poietische Verstehen lebt aus den verstandenen Bilder in der theoretischen Machterfahrung, aber das Andere unserer selbst zu verstehen heißt letztlich, sich anders zu verhalten, das autopoietische Lebenssystem und die Identität neu zu gestalten. Im gleichen Sinne meinte Plessner, dass sich das angemessene Sinnverständnis leiblich ausdrückt. Der zentrifugalen Funktion des poietischen Verstehens gelingt es eventuell, das Andere unserer selbst zu evozieren und das anschaulich zu machen, was unbewusst bzw. nicht mehr oder noch nicht da ist. Sie kann die zentripetale Funktion der Entscheidung, in all ihrem Wagnischarakter, nicht ersetzen. Und dies ist das breite Meer der menschlichen Freiheit: Auch wenn es von stürmischen Winden nicht erschüttert wird, bleibt es immer in Bewegung, weil es von tiefen Strömungen durchzogen ist.

Eine hermeneutische Anthropologie versteht also die Geschichtserfahrung als theoretische und praktische Erfahrung der Macht. Das Praktische besteht hier nicht in der Anwendung einer Regel. Sie bewegt sich im Spannungsfeld zwischen poietischem Verstehen und autopoietischer Entscheidung, wobei dieses Moment als das entscheidend identitätsstiftende zu betonen ist. Das erste ist zentrifugal und evoziert die unbewusste Bildlichkeiten, um die sich die Identität gestaltet, und stiftet somit Diskontinuität; es bedarf dabei der Ironie, des kritischen Sehens, um das „Wir" dekonstruieren zu können. Die zweite ist zentripetal, strebt nach einer Mitte, ist kreativ, kämpft in der „taktischen" Erfahrung des „Wir", um eine neue historische Kontinuität einzuführen.

Orientiert sich das poietische Verstehen an der Metapher des Spiegels, so bedient sich das autopoietische Verstehen der Metapher des Tastens. Wie zeigt sich das Phänomen des „Taktes"? Wir verstehen unter Takt eine selbstbehauptende Verhaltensform, die in Kontakt mit dem Anderen tritt und auf ihn Druck ausübt, ohne seine Freiheit verneinen zu wollen. Das ist ein Idealtypus und in der Wirklichkeit kann der Takt kaum von der Taktik unterschieden werden. Die „taktile" Ergründung eines unergründlichen Anderen gehört zum unendlichen Spiel der Macht, wie die moralistische Tradition bis zu Plessners *Grenzen der Gemeinschaft* behauptet hat. Mag es auch paradox klingen, so ist doch das Verstehen des Anderen unserer selbst eine Sache der Macht. Das Spiel der Gesellschaft ist in der Tat eine Erfahrung der Macht, die wir auf die Anderen und die die Anderen auf uns ausüben. Die Macht ist nicht eo ipso Herrschaft oder Gewalt: In ihrer ursprünglicheren Form als Mächtigkeit ist sie vielmehr die jeweils anders gestaltete Konfiguration von selbsbehauptenden zentripetalen Mächten, die zu einem dynamischen Gleichgewicht kommen müssen, wenn sich eine Gesellschaft bilden soll. Das Spiel der Macht hat dann eine zivilisierende Funktion, wenn eine kunstvolle Taktik zu Takt wird, der die Andersartigkeit des Anderen anerkennt. Es ist ein offenes Spiel, wodurch unterschiedliche zentripetal motivierte Lebensformen in Kontakt treten, Druck reziprok ausüben, sodass sie sich dem Anderen ihrer selbst öffnen. In dieser Perspektive ist der Vorrang des Praktischen nicht in einem abstrakten Vernunftprinzip begründet und er ist als Autonomie der Politik zu verstehen. Die Ideale der Menschlichkeit sind der Kunst des Politikers aufgegeben, der Takt und Taktik so kombinieren soll, dass seine Druck ausübende Selbstbehauptung den Anderen so bindet, dass er sich dem Anderen seiner selbst aufschließt.

Dieser anthropologische Zugang zur Geschichtserfahrung glaubt nicht, dass die Theorie die Praxis fundieren sollte und sieht eher in der Erfahrung den Boden, auf dem die Theorie aufbaut. Jede wahrhaftige Erfahrung – *to pathei mathos* – bringt Entzauberung mit sich, weil der Konflikt zwischen den zentripetalen Kräften zu Ergebnissen geführt hat, die die Erwartungen nicht befriedigen konnten. In jeder jeweils erreichten Identität liegt ein Für und Gegen etwas und somit auch eine Richtung auf die Zukunft, eine Temporalisierung des Lebens. Im Spielraum zwischen den Erwartungen und dem Widerstand des Wirklichen, die sie nicht erfüllt, geschieht stets erneut eine Entzauberung. Im poietischen Verstehen geht es dann darum, uns selbst, die Bildlichkeiten, die uns bisher getragen haben, mit anderen Augen zu sehen. Diese Erfahrung stiftet den erlebten Sinn der Freiheit: Wo eine Krise entsteht, weil die Formen der Selbstbehauptung scheitern oder problematisch werden, da erfährt man schmerzvoll, aber auch kreativ, auf dem Nichts stehend, dass etwas Neues ans Licht gebracht werden muss und eine neue Form des Weltbezugs durchzusetzen ist.

Die These des Humanismus und selbst der idealistischen Geschichtsphilosophie, wir seien historische Wesen, weil wir frei sind, wird dann umgekehrt. Die Geschichtserfahrung ist eine nie zu Ende gehende praktische Erfahrung: Wir erfahren die Freiheit in all ihren Aspekten des Risikos und der Verantwortung, indem wir die eigene Identität als etwas Fremdes und das in der historischen Distanz Fremde als etwas Eigenes sehen lernen. Wenn die Fantasie die Macht verstanden hat, dann ist es den zentripetalen Kräften, dem Takt und der Taktik aufgegeben, Fantasie und Mut zu finden, um sich zu neuen Möglichkeiten in der offenen Immanenz des hic et nunc zu öffnen.

Die Macht des Verstehens, der poietische Blick des Philosophen ist dann von eigener Art. Er lässt sich weder auf wissenschaftliche Kompetenz noch auf die Kompetenz reduzieren, seine Inkompetenz in einer verwissenschaftlichen Welt zu kompensieren, auch nicht auf die Kunst des ästhetisch orientierten immer anders Verstehens. Das Wissen steht im Dienst einer „spekulativen“ Leistung, in der sich die zentrifugale Kunst des Zweifels gebildet haben und auf dessen Grund die vielen Facetten des „Wir“ anschaulich gemacht werden. In der Übung des poietischen Verstehens wird die traditionell aufbauende Funktion der Philosophie beibehalten. Seine Macht erzieht dazu, agil und exzentrisch zu denken, die Bilder sehen zu lassen, die eine Lebensform identifizieren und Diskontinuität zu stiften. Andererseits soll das Wissen am praktischen Bezug zum Anderen unserer selbst orientiert sein, damit das Spiel der Gesellschaft offen für das Neue bleibt.

Musikalisch ausgedrückt: Die Macht des Verstehens ist die Kunst der *fuga*; das Verstehen des Anderen im Machtbezug ist die Kunst der *toccata*.

VI Die Tragweite von Diltheys Strukturbegriff für Anthropologie und Psychologie

Der halb-taoistische Titel meines Beitrags klingt vielleicht etwas ‚exzentrisch'. Und zum Teil ist er es auch, da die folgenden Ausführungen sich nicht auf den thematischen Schwerpunkt „Diltheys Strukturbegriff" konzentrieren, sondern von diesem Zentrum in Richtung auf die Anthropologie und Psychologie, also auf das Ex-zentrum hinaus wollen. Aus diesem Grund werde ich meinen Gedankengang in den drei folgenden Thesen formulieren:

1. Dilthey wollte vom Ozean aus auf erkenntnistheoretisches Festland gelangen, aber das Resultat seiner Strukturpsychologie ist paradox: Der Boden muss als etwas Flüssiges und Fließendes gedacht werden und die gesuchte Strukturmitte ist im Grunde eine Mitte ohne Mitte.
2. Mit den Mitteln der Phänomenologie hat die philosophische Anthropologie den diltheyschen Strukturbegriff an seine Grenzen gebracht und erprobt. Damit hat sie die Grenzen der Struktur aufgewiesen und die Struktur der Grenze ans Licht gebracht.
3. Dilthey hat eine psycho-anthropologische Hermeneutik entwickelt. Für uns stellt sich die Frage, ob und wie eine hermeneutische Psychologie – mit Dilthey und der Anthropologie und über beide hinaus – als Theorie des Geistes in praktischer Absicht zu begründen ist.

1. Diltheys Absicht war es, vom Ozean der Metaphysik aus auf den feste Boden einer begründeten Erkenntnistheorie zu gelangen.[1] Es kam ihm darauf an, eine ‚archimedische' Mitte aufzufinden, die gleichzeitig offen für Empirie sein sollte. Von diesem festen und zugleich offenen Grund aus hoffte er, die scheinbar alternativlose Unterscheidung von metaphysischer Abstraktion und Empirismus zu überwinden. Gefragt war an erster Stelle ein nicht-intellektualistischer Ansatz, der über das mentalistische Paradigma der neuzeitlichen Philosophie von Descartes bis Kant hinausführen und die Tatsachen des

[1] W. Dilthey, „Ideen über eine beschreibende und zergliedernde Psychologie", GS V, 146.

Bewusstseins in ein neues Licht setzen konnte. Dilthey suchte also eine Erfahrungsmitte jenseits der Bewusstseinsphilosophie, sozusagen eine Mitte ohne Mitte.

In seinen frühen methodologischen Schriften ist die Frage nach einem solchen archimedischen Punkt leitend. Für Dilthey gelten die im Lebensmoment erlebten Erfahrungstatsachen als Anfangs- und archimedische Punkte des Wissens. Die archimedische Mitte ist dann das Psychische als „eine Mannigfaltigkeit von Zuständen, welche nicht auseinander abgeleitet werden können".[2] Die Elemente dieses ursprünglichen Lebensbezuges sind in der Erfahrung immer verschmolzen. Erst die hermeneutische Analyse kann sie nachträglich in affektive, kognitive und aktive Momente zerlegen. Im Erleben wird man des ursprünglichen Lebensbezuges von Ich und Welt und der konkreten Bezüge zwischen den Strukturelementen inne, die eine analytisch zergliedernde Psychologie aus dem Blick verliert.[3] Deshalb hält Dilthey Begriffe wie Ursache und Wirkung für unzureichend; er spricht lieber von „Wechselwirkung" und sagt, dass es sich hierbei um einen „Unbegriff" handelt.[4]

In diesem strukturellen Zugang zur Psychologie spielt die Biologie eine markante Rolle.[5] Dilthey sieht im menschlichen Bauplan die gleiche senso-motorische Organisation wie bei den Tieren, das heißt: Man nimmt die Welt wahr und wirkt auf die Wahrnehmungsinhalte zurück, indem man ihren Lebenswert funktional bewertet. „Leben" – schreibt Dilthey an prägnanter Stelle – „ist eine Struktur. Struktur ist ein Lebenszusammenhang; Reiz und Reaktion, Bedürfnis und Befriedigung".[6] In den einfachsten Zusammenhängen fallen Wahrnehmung und Bewegung zusammen, in komplexeren werden die motorischen Impulse zu Bewegungen, die dazu neigen, „vom Bedürfnis nach Befriedigung"[7] zu drängen. Die Struktur besteht in genau dem Lebensbezug, der den bedürftigen Leib, die Bewertung der Stimuli und die Anpassungsreaktionen an die Umwelt verbindet. Die spezifische Differenzierung der psychischen Leistung bei Menschen ist mit dem „Selbstgefühl",[8] dem *sensus sui*, dem Bewusstsein des Erlebten gegeben.

Was ist nun die philosophische Konsequenz dieses biologischen Ansatzes? Die Erfahrungsmitte ist kein abstraktes „Ich", sondern ein dynamischer Prozess. Psychophysische Lebenseinheiten verhalten sich zur Umwelt, um ihre Bedürfnisse zu befriedigen und damit ein homöostatisches Gleichgewicht zu erhalten. Selbst kognitive Leistungen sind finalistisch zu verstehen. Sie sind konstitutiver Teil der Strukturmitte, doch liegen sie zugleich an der Peripherie des Systems. Sie bilden den Punkt, von dem aus man die Struktur im Blick hat, sodass die homöostatische Erfahrungsmitte stets neu vollzogen werden kann.

---

[2] Ebd., 135.

[3] Vgl. z. B. W. Dilthey, „Ausarbeitung der deskriptiven Psychologie", GS XVIII, 118, 129.

[4] A. a. O., 165.

[5] Vgl. dazu H.-U. Lessing, „La concezione di una psicologia della struttura in Dilthey e il significato sistematico di essa nella sua filosofia delle scienze dello spirito", in: M. Lombardo, *Una logica per la psicologia. Dilthey e la sua scuola*, Padova 2003, 37–54.

[6] W. Dilthey, „Leben und Erkennen. Ein Entwurf zur Erkenntnistheoretischen Logik und Kategorienlehre" (ca. 1892/93), GS XIX, 355.

[7] W. Dilthey, „Beiträge zur Lösung der Frage vom Ursprung unseres Glaubens an die Realität der Außenwelt und seinem Recht" (1890), GS V, 98.

[8] W. Dilthey, „Ausarbeitung der deskriptiven Psychologie", GS XVIII, 157.

Dilthey wollte vom Ozean des Erlebens auf das Festland gesicherter Erkenntnis gelangen, doch als paradoxes Resultat seiner Strukturpsychologie müssen wir den Boden als etwas Flüssiges und Fließendes denken. Die psychische Struktur wird hier zum Grund und zur immer neu herzustellenden Mitte der Erfahrung. Die Mitte der Struktur ist im Grunde ohne Mitte. Es handelt sich um ein unergründliches Meer, dessen Wellengänge beschrieben werden können von Akteuren, die selber zur See fahren. Doch Häfen im offenen Meer der Moral – wie Pascal sagte –, die gibt es nicht. Das Leben kann teilweise ergründet werden, weil die Struktur jeweils in ihrer Artikulation beschreibbar ist. Doch fließt die Struktur selbst und tendiert dazu, eine immer neue Erfahrungsmitte zu vollziehen. Darum ist „Wechselwirkung" für Dilthey im Grunde ein „Unbegriff". Auch verwundert es nicht, dass Dilthey eher Metaphern als abstrakte Begriffe verwendet, um seine Grundintuition zu thematisieren. Das halb-taoistisches Fazit lautet: Leben, das gesagt werden kann, ist nicht das Leben, wie es sich in der Struktur ausdrückt.

2. Kommen wir nun zur philosophischen Anthropologie. Ich möchte hier zwei Werke als Beiträge über die Rolle des Gefühls- und Ausdruckslebens im Rahmen der Strukturtheorie heranziehen, und zwar Bollnows *Das Wesen der Stimmungen* und Plessners *Lachen und Weinen.*[9] Sie leisten eine Vertiefung des Strukturbegriffs, die zugleich bedeutsame Konsequenzen für die Hermeneutik der Lebenswelt hat.

Für Bollnow besteht das Entscheidende an den Stimmungen darin, dass sie eine Lebensschicht bilden, die jenseits der Subjekt-Objekt-Differenz liegt. Sie stellen „die einfachste und ursprünglichste Form dar, in der das menschliche Leben seiner selbst – und zwar immer schon in einer bestimmt gefärbten Weise, mit einer bestimmt gearteten Wertung und Stellungnahme – inne wird."[10] Mit anderen Worten zeigt sich in den Stimmungen der Strukturzusammenhang des Lebens. Dieser psychische Zusammenhang oszilliert zwischen den Grenzen der gehobenen Stimmungen, wie z. B. Freude, Rausch, Seligkeit usw., und den gedrückten Stimmungen, die sich z. B. in den Phänomenen der Angst und der Verzweiflung ausdrücken. Diese Polarität ist als dynamisch und gestaltend zu verstehen, denn jede Stimmung steht in einem Verhältnis zum Ganzen der Struktur, sodass die Konfiguration des Ganzen mit der Variation des Teiles wechselt. Im Übergang von einer Grenze zur anderen werden nicht nur andere psychische Inhalte beherrschend, sondern die Form der psychischen Struktur selbst variiert. Folglich hängt die Strukturierung des Psychischen von den Erfahrungen an den Grenzen der Struktur ab.[11]

Die Erfahrung an der Grenze der gehobenen Stimmungen zeigt, dass die Zeit – anders als Heidegger es verstanden wissen möchte – hier verschwindet. Die Grenzerfahrung des Zeitverschwindens ruft die Erfahrung einer Harmonie und Leichtigkeit hervor.[12] Eine Gelassenheit, ein Sich-gehen-lassen wird möglich, aus dem man das Leben so verstehen

[9] O. F. Bollnow, Das Wesen der Stimmungen, Frankfurt a. M. 1941; H. Plessner, *Lachen und Weinen. Eine Untersuchung der Grenzen menschlichen Verhaltens* (1941), GS VII, 201–387.

[10] O. F. Bollnow, a. a. O., 33.

[11] Dazu vgl. S. Giammusso, „Il tempo della gioia. Le tonalità affettive nell'antropologia filosofica di O. F. Bollnow", in: S. Giammusso, *La comprensione dell'umano. L'idea di un'ermeneutica antropologica dopo Dilthey*, Soveria Mannelli (CZ) 2000, 169–202.

[12] O. F. Bollnow, *Das Wesen der Stimmungen*, a. a. O., 244.

kann, dass es von sich aus so geht, wie es geht. Selbst das moralische und ästhetische Bewusstsein restrukturiert sich. Dieses vertrauensvolle Sich-gehen-lassen lässt auch den Anderen sein. Damit wird eine neue Erfahrungsmitte eingezogen und vollzogen, eine polyzentrische Mitte oder Mitwelt, in der der Andere aus seiner eigenen Mitte verstanden werden kann.

Bollnow hat die polaren Grenzen der psychischen Struktur in ihren emotionalen und moralischen Aspekten untersucht, während Plessner besonders die leiblichen Komponenten der Grenzerfahrung in den Vordergrund gestellt hat. Seine Philosophie der Leiblichkeit ist eigentlich eine Philosophie der Grenze. Die Grundidee ist hier, dass die Leiblichkeit die Grenze zwischen Innen und Außen bildet und damit eine zweifache Funktion hat: den Organismus zur Welt hin aufzuschließen und ihn zugleich in sich einzuschließen. Die spezifische Struktur des menschlichen Verhaltens besteht darin, dass der Mensch seine leibliche Grenze realisiert und zugleich von diesem seinem Verhältnis zur Welt weiß.[13] Er *ist* Leib und *hat* diesen Leib als Instrument des immer neu zu haltenden Kontaktes zur Welt. Die menschliche Struktur steht unter dem Druck der Homöostasis.

In diesem Kontext liegt Plessners Verständnis von Lachen und Weinen begründet. Wie Dilthey wollte auch Plessner auf jede abstrakte Hypothese verzichten und die Phänomene als Teil der Lebensstruktur verstehen. Handlungen und mimische Ausdrücke können einheitlich als Verhaltensformen verstanden werden, d. h. als Antworten des Leibes im Verhältnis zur Umwelt, die den homöostatischen Kontakt im Strukturzusammenhang Leib-Umwelt wiederherstellen. Lachen und Weinen zeigen dagegen eine Krise des Verhaltens:[14] Die Person gerät an die Grenzen der Struktur und des möglichen Kontaktes zur Wirklichkeit. Wenn ein gewisser Abstand zur Situation bestehen bleibt, dann lacht man; ist aber die Person innerlich so betroffen, dass der Abstand schwindet, so weint sie. Lachen und Weinen werden zu natürlichen Grenzen des gesunden Psychismus. Denn wo selbst keine Verhaltensantwort mehr praktikabel ist, steht immer noch eine Krisenantwort zur Verfügung: ein distanzierendes Lachen, das der Sozialität gegenüber aufschließt, und ein Weinen, in dem die Person vom Schmerz übermannt wird. Aber gerade dadurch, dass sie weinend in der ganzen Struktur das Leiden erlebt, vermeidet sie die neurotische Rigidität und – schlimmer noch – den Kontaktverlust im psychotischen Delirium.

3. Doch nun zurück zu Dilthey. Von Georg Misch stammt die These, dass der späte Dilthey die psychologische und anthropologische Begründung der Geisteswissenschaften durch ein hermeneutisches Philosophieren ersetzt, das auf die Forderung nach einem archimedischen Punkt im Aufbau des Wissens verzichtet und die Unergründlichkeit des Lebens betont.[15] Hier kann ich auf Einzelheiten dieser Auslegung nicht eingehen, sondern nur vorläufig bemerken, dass diese These bestimmte Akzentsetzungen emphatisch

---

[13] H. Plessner, *Lachen und Weinen*, a. a. O., 249.

[14] A. a. O., 276.

[15] Vgl. G. Misch, „Vorbericht", zu Dilthey, GS V, a. a. O., XLV. Vgl. dazu F. Rodi, „Der Strukturzusammenhang des Lebens", in: ders., *Das strukturierte Ganze. Studien zum Werk von Wilhelm Dilthey*, Weilerswist 2003, 17–21.

hervorhebt. Nicht nur der späte Dilthey, sondern schon der eine ‚archimedische' Grundlage suchende frühe Dilthey hat klar vor Augen, dass die Struktur eine Mitte ohne Mitte darstellt. Sie ist in ihren Artikulationen zu beschreiben und als Ort, aus dem die Lebensformen hervorgehen, kann sie nicht auf abstrakte Begriffe zurückgeführt werden. In diesem Sinn ist sie unergründlich. Andererseits lässt der späte Dilthey die Idee eines Strukturzusammenhanges nicht fallen; er adaptiert sie aus einer Perspektive, die nun eher die historisch-geistigen Äußerungen treffen möchte. Selbst in seiner letzten Schaffensphase bleibt Dilthey dabei, dass die Beachtung des Strukturzusammenhangs den Übergang zur Geschichtsphilosophie ermöglicht. Versucht man, seine Theorie zugespitzt in den Blick zu bekommen, dann kann man sie einheitlich als psycho-anthropologische bzw. strukturelle Hermeneutik bezeichnen.

Mit einem erneuten Perspektivenwechsel möchte ich jetzt diesen Ansatz Diltheys in den Ansatz einer hermeneutischen Psychologie umwenden. Ich bin der Meinung, dass von Dilthey viele Denkimpulse zu einer humanistischen Psychologie ausgehen, die im Sinne seiner qualitativen Forschung weit über seinen Beitrag zu einer strukturellen Hermeneutik hinausreichen. Ich stelle also die Frage, ob und wie eine hermeneutische Psychologie – mit Dilthey und der Anthropologie und über beide hinaus – als Theorie des Geistes in praktischer Absicht zu begründen ist. Selbstverständlich kann ich an dieser Stelle nur auf die Motive hinweisen, die Diltheys Strukturpsychologie mit der humanistischen Psychologie der Gegenwart verbinden. Ich hoffe somit, zumindest den heuristischen Charakter des Strukturbegriffs zu zeigen und den Ansatz einer künftigen hermeneutischen Psychologie plausibel machen zu können.

Diltheys Psychologie ist im Rahmen eines Strukturansatzes zuallererst eine beschreibende Theorie des bewussten Lebens. Der Strukturzusammenhang bildet das sensomotorische Verhältnis des Organismus zur Welt. Das Denken ist im Strukturzusammenhang als ‚exzentrischer' Fluchtpunkt verortet, aus dem heraus Bewusstsein von sich und von der Welt möglich wird. Dieses Bewusstsein ist vor allem ein praktischer Faktor: Es macht das reife psychische Leben autonom, indem es einen gekonnten Weltbezug am Leitfaden der eigenen Bedürfnisse ermöglicht. Laut Dilthey sind die Grundbedürfnisse „Hunger, Liebe und Krieg; in ihnen wirken eben die stärksten Triebe der Nahrungstrieb, die Geschlechtsliebe und Sorge für die Nachkommenschaft und die Schutztriebe."[16] Der bewusste Umgang mit den Bedürfnissen bietet die Chance, von dem „erworbenen Zusammenhang des psychischen Lebens" zur Reife zu kommen, indem man die Qualität der Leib-Welt-Interaktion bewusst auswählt und steigert. Das Bewusstsein der Bedürfnisse und der stets erneute Versuch, die Bedürfnisse zu befriedigen, drängen das Leben nach vorn. Dabei kann die Wirklichkeit das Leben fördern oder hemmen. Das psychische Leben reagiert darauf teleologisch und strukturiert sich nach dem Prinzip, Schmerz zu vermeiden und Lust zu suchen. Unter idealen Bedingungen besteht die Normalität in der Freiheit des Wollens, das den Ansatzpunkt auswählt, von dem aus der Mensch die Außenwirklichkeit modifizieren oder sich ihr anpassen kann. Zwei Richtungen sind also möglich: Entweder wird die Wirklichkeit dem Bedürfnis entsprechend modifiziert oder man passt das Bedürfnis der Wirklichkeit an.

---

[16] W. Dilthey, „Ideen ...", GS V, 209.

In vielerlei Hinsicht berührt sich der Strukturansatz Diltheys mit der humanistischen Psychologie der Gegenwart. Man denke z. B. an Fritz Perls' Gestaltpsychologie und -therapie. Perls hat eine Theorie des Leib-Umwelt-Feldes entwickelt, die sich als Alternative zum naturalistischen Objektivismus verstand.[17] Gestalttherapie möchte geistiges Leben phänomenologisch auf der Ebene der Erlebnisse erschließen und – mit einem Ausdruck Diltheys – das erzählen, was man ohne Zusatz von Hypothesen und Kausalerklärungen findet. Zweck der Gestalttherapie ist es, ein Kontinuum des Bewusstseins zu entfalten, sodass man als leibliches Wesen seines Verhältnisses zur Umwelt inne wird und selber versteht, wo und wodurch die Struktur des Verhaltens gehemmt wird. Gesund ist die psychische Struktur dann, wenn sie imstande ist, oszillatorisch sich ihrer selbst und der Welt bewusst zu sein und ihre Bedürfnisse zu befriedigen.[18] „Leben" – schreibt Perls in nachträglicher Assonanz zu Dilthey – „ist das Bewusstsein der eigenen Bedürfnisse."[19]

Auch die nicht-direktive Psychologie bei Carl Rogers gründet auf dem Grundgedanken, dass jeder Organismus nach Selbstrealisierung als Ganzheit strebt und dass diese Entwicklung von einer ungünstigen Beziehung zwischen Person und Umwelt unterbrochen werden kann. Diese These ist komplementär zu Diltheys Strukturansatz. Die Merkmale der „Lebendigkeit, Geschichtlichkeit, Freiheit, Entwicklung",[20] die Dilthey als charakteristisch für den reifen Strukturzusammenhang hervorgehoben hat, sind im pathologischen Fall prekär und dürftig. Die Neurose kann als Störung im Strukturbezug Organismus-Umwelt ausgelegt werden: Sie hängt damit zusammen, dass die Struktur sich zu ungünstigen, hemmenden Bedingungen adaptiert hat, sodass das souveräne Beherrschen von Verhaltensantworten problematisch wird. Hier stehen Wirklichkeit und Organismus reziprok in einem Konflikt, dem erst die Arbeit des Bewusstseins ein Ende setzen kann. Schlimmer noch, die psychotische Krise stellt die Ohnmacht des Psychismus dar, mit der Wirklichkeit fertig zu werden. In diesem Fall widersteht die Wirklichkeit nicht nur dem Organismus; sie bricht ein in seine Struktur. Die Möglichkeit des Kontaktes zur Welt geht im Delirium verloren.

Ich möchte nun einige Aspekte des Strukturbegriffs in den Vordergrund stellen, die im Bereich der heutigen Persönlichkeitspsychologie besonders bedeutsam und aktuell sind. In der Perspektive des strukturellen Ansatzes kann man mit dem Begriff der Person sowohl synchron als auch diachron arbeiten. Ich fange mit dem synchronen Gesichtspunkt an. Der Phänomenologe und Gestalttheoretiker Kurt Lewin führt aus, dass Verhalten eine Funktion der Person *und* der Umwelt sei. Das kann man auch vom strukturellen Standpunkt aus für richtig halten. „Funktion" heißt hier, dass die finalistische Artikulation der Struktur verständlich wird, indem sie sich in typischen Zügen ausdrückt. Hier eröffnet sich der Weg zur Charaktertheorie, wozu die klinische Psychologie der Gegenwart viele Beiträge geleistet hat. Es ist kein Zufall, dass Dilthey selbst dieses Thema anspricht, weil es bei ihm eine relevante Rolle für das Verständnis der Individualität spielt. Der Charakterbegriff weist auf qualitativ verständliche Modalitäten des Weltbezuges hin. Ihnen liegt die gleiche psychische Energie zugrunde, die sich aber quantitativ

[17] F. Perls, R. Hefferline, P. Goodman, *Teoria e pratica della terapia della Gestalt*, Rom 1971, 256f.
[18] F. Perls, *L'approccio della Gestalt*, Rom 1977, 157.
[19] F. Perls, Qui e ora. Psicoterapia autobiografica, Rom 1991, 29.
[20] W. Dilthey, „Ideen ...", a. a. O., 196.

je nach Person unterscheidet. Dilthey erwähnt Beispiele (der Ehrgeizige, der Eitle usw.), die aus der alten und neueren aristotelischen Tradition stammen, doch ist es sein Verdienst, die Basis für einen dynamischen und relationalen Charakterbegriff bereitgestellt zu haben. Das Phänomen des Charakters ist in der Leib-Umwelt-Relation begründet; es zeigt, wie sich Kräfte einschließlich der logischen Energie im sensomotorischen Schema strukturieren. Der Strukturbegriff bietet zusätzlich die Chance, diachron zu arbeiten. In Diltheys Auffassung treiben Bedürfnisse und Gefühle die Struktur nach vorn, d. h. sie drängen darauf, dass sich Kognitions- und Handlungsprozesse wieder neu gestalten, um stets erneut die Anpassung des Organismus an die Umwelt zu ermöglichen. Damit artikuliert sich die Struktur, sie differenziert sich aus und wächst an Komplexität. Anders ausgedrückt, sie entwickelt sich und wird kreativ. Die bewusste, reife Anpassung ist kreativ. Dilthey sieht ein *Telos* in der psychischen Struktur: „der große Vorgang der Ausbildung einer herrschenden Ideenmasse, einer artikulierten geistigen Organisation, einer Festigung der Gestalt des seelischen Lebens bis ans Ende".[21] Dieses Prinzip der Kreativität des Lebens entspricht m. E. der gestalttheoretischen Auffassung der Psyche als Apparat, der von einer „bewußten und sich immer steigernden Erregung" angetrieben ist.[22]

Wenn dieser phänomenologisch-hermeneutische Strukturansatz in der Psychologie stimmt, so entsteht daraus die Frage, wie er zum strukturalen Ansatz in der Tiefenpsychologie in Beziehung steht, eine der revolutionärsten Entdeckungen der Moderne. In der Tat sind hier zur klassischen psychoanalytischen Tradition Grenzen gesetzt, denn diese führt z. B. den Charakter auf eine intrapsychische Dynamik und auf individualpsychologische Entwicklungsstufen zurück. Dagegen liegt der Akzent in einem strukturellen Ansatz auf der Beschreibung typischer Modalitäten, in denen sich die psychische Energie strukturiert, um mit dem anthropologischen Faktum von Leibsein und Körperhaben fertig zu werden. Für die Strukturpsychologie wird der Charakter als Beziehungsmodalität relevant und damit wird einsichtig, wie jeder sich des eigenen Leibes als Instrument bedient, um die Bedürfnisse zu befriedigen und auf den Druck der Außenwelt zu antworten.

Allgemeiner formuliert kann man sagen, dass die Begriffe im Freud'schen Ansatz dualistisch angelegt sind, wogegen psychische Prozesse für die Strukturpsychologie im Prinzip einheitlich verfahren. Dies schließt freilich nicht aus, dass der Begriff des Unbewussten in eine hermeneutische Strukturpsychologie integriert werden kann. Die Struktur ist ja eine Ganzheit, doch diese Ganzheit offenbart sich in seltenen Augenblicken der momentanen Erleuchtung. Als solche bildet sie den Hintergrund des Selbst und die Mitte ohne Mitte des psychischen Lebens. Hermeneutisch ist das Unbewusste als jener Teil des Strukturzusammenhanges aufzufassen, der im Bezug zwischen Organismus und Umwelt im Hintergrund wirkt. Das Unbewusste ist die Schattenseite der Struktur, auf die das Licht des Bewusstseins mit einem exzentrischen Perspektivenwechsel fallen kann. Es gibt keine prinzipielle Trennung zwischen Unbewusstem und Bewusstsein, sondern einen ständigen Strom, der bewusst gemacht werden kann und wieder ins Unbewusste eintaucht. Folglich transformiert sich auch der Interpretationsbegriff. In der

[21] A. a. O., 220.

[22] F. Perls, Hefferline, Goodman, a. a. O., 418.

klassischen Psychoanalyse dringt die Interpretation vom bewusstem Symptom zu dem ins Unbewusste verdrängten Konflikt vor; dagegen blickt die hermeneutische Interpretation auf das Einzelphänomen im Licht der Struktur und umgekehrt. Hier geht man davon aus, dass sich Teil und Ganzes reziprok bedingen, sodass der veritative Anspruch einer ätiologisch ‚richtigen' Interpretation im Sinne des Positivismus Freuds ausgeschlossen bleibt.

Die Tragweite des Strukturbegriffs Diltheys erstreckt sich weit über die Region des Unbewussten hinaus. Leben ist immer schon Leben innerhalb eines Kulturbereichs. In der Struktur sind Gruppen, Gemeinschaften, Institutionen, also komplexe soziale Einheiten und Interaktionen, von vornherein mitgedacht und eingeschlossen. Mit dem Strukturbegriff wird die soziale Dimension des Geistes getroffen, für deren Verständnis die psychoanalytische Dynamik zwischen Lustprinzip und kultureller Hemmung unzureichend erscheint. Ein an Dilthey orientierter Strukturbegriff kommt in die Nähe des Geistbegriffes. Man kann diesen mit einer heterodoxen Freud'schen Tradition (Foulkes) als Gruppenmatrix verstehen. Die psychische Struktur ist ein Konnex von Teilkomponenten, die die Einzelpunkte, die Gelenke der Struktur bilden. Die Beziehung zwischen Teilen und Ganzem ist intrapsychisch und sozial durch eine Matrix vermittelt. Von daher gesehen frustriert die Kultur nicht unbedingt die individuelle Suche nach unbegrenzter Lust, sie kann vielmehr als Medium der Kreativität und der verantwortlichen Anpassung an die Welt wirken.

Zusammenfassend kann man den heuristischen Charakter des Strukturbegriffs in seiner Plastizität und Elastizität erfassen. Er erstreckt sich horizontal zur individuellen und zur sozialen Dimension; er hat eine Tiefenkomponente, die das Unbewusste mit einbegreift, und darüber hinaus hat die ‚Mitte ohne Mitte' einen zeitlichen Aspekt. Die Struktur artikuliert und zeigt sich im Hier und Jetzt. Ihr Sinn ist auf der Basis der Weltintentionalität des Leibes verständlich, der auf den Druck der Umwelt typisch antwortet und sich auf der Suche nach Befriedigung seiner Bedürfnisse zentripetal bewegt. Andererseits wirkt in der Struktur aber auch eine zentrifugale Kraft, weil die Struktur sich differenziert, indem sie sich artikuliert und wächst. Im Zuge der Entwicklung verwandeln sich die befriedigten Primärbedürfnisse in neue Kontaktformen mit der Welt und die nicht befriedigten Bedürfnisse drängen darauf, von der Struktur integriert zu werden. Auch die im psychischen und moralischen Leiden erlebte Destrukturierung der Erfahrung kann als Entwicklungschance gesehen werden, in der die alte, zerbrochene Struktur restrukturiert werden kann. Dies setzt aber voraus, dass man sich zu einer neuen, nicht bloß intellektuellen Verstehensform durchringt. In seiner vollkommenen Form ist das Verstehen nicht eine verbale „insight", sondern vielmehr selber eine qualitative Transformation der ganzen Struktur. Dies erfordert eine vertrauensvolle Haltung des Bewusstseins, das nicht mehr an den alten, der Erfahrung unangemessenen Geistesformen haftet, sondern das Leben in seiner Unergründlichkeit fließen lässt.

VII Theorie der Lebensbezüge

Zur Systematik des Werkes von Otto Friedrich Bollnow

1. Auf den ersten Blick scheint das Werk Bollnows in der mannigfaltigen Fülle der Themen und im Stil des Denkens fragmentarisch zu sein. Ein antisystematischer Zug geht durch sein ganzes Werk. In einem Kolloquium mit Klaus Giel begründet Bollnow das so:

> „Ich setze jeweils vom einzelnen Phänomen an und frage, was ich aus ihm für das Verständnis des Menschen gewinnen kann. Beim neuen Phänomen setze ich wieder neu an und frage nicht, wie es mit dem am Vorigen Gewonnenen zusammenhängt. Die Beschreibung ist etwas Antisystematisches. Das Ethos der Beschreibung und das Ethos der Systematik sind Gegensätze."[1]

Ohne sich um die Architektonik seiner Philosophie viel zu kümmern, hat Bollnow die Kunst der phänomenologischen Beschreibung als einen meditativen Weg geübt, der den Blick für das bedeutsame Neue aufschließt. Vorgefertigtes Wissen war ihm deshalb suspekt und sein Versuch war es, jeweils frisch dem betreffenden Einzelphänomen zu begegnen, um es sichtbar und besser verständlich zu machen. Selbst im philosophischen Gespräch wich er davon nicht ab: „Die eigentliche Arbeit des Philosophen, die er auch im Gespräch praktizierte" – so die Erinnerung von Hans Krämer –, „war für ihn die geduldige und aufmerksame Erschließung, Beschreibung und Unterscheidung der Phänomene, während er Systematisierung, Deduktionen und Prinzipienfragen als sekundär und epigonal betrachtete."[2]

---

[1] O. F. Bollnow/Klaus Giel, „Otto Friedrich Bollnow im Gespräch mit Klaus Giel", in: H. B. Kaufmann (Hg.), *Kontinuität und Traditionsbrüche in der Pädagogik*, Münster 1987, 41.

[2] Vgl. Hans Krämer, „Otto Friedrich Bollnow im Gespräch", in: Friedrich Kümmel (Hg.), *O. F. Bollnow: Hermeneutische Philosophie und Pädagogik*, Freiburg/München 1997, 321.

Es ist wohl anzunehmen, dass nicht zuletzt aus diesem Grund eine systematisch ausgearbeitete Fassung seines hermeneutischen Denkens fehlt.[3] Bollnow selbst hat sich manchmal selbstkritisch dazu geäußert: Er habe nicht gewagt, das, was ihm vorschwebte, ganz explizit zu machen und das Ziel einer hermeneutischen Philosophie immer nur verschoben, weshalb „alle publizierten Arbeiten nur ein Ausweichen ins Vorläufige waren".[4] Diese bittere Selbstkritik ist aber irreführend. Klaus Giel hatte Bollnow erwidert, es sei nicht schwer zu beweisen, dass er in seinen Werken durchaus systematisch verfahre, und das ist, wie ich zu zeigen versuche, in der Tat auch der Fall.

2.a. Bollnows Polemik gegen einen systematischen Aufbau der Philosophie ist eigentlich als „Ablehnung gegen globale, alles gewaltsam zusammenfassende Systeme" zu verstehen.[5] Aber die systematische Relevanz vieler seiner Einsichten über die Theorie der Geisteswissenschaften sowie auf dem Gebiet der philosophischen Anthropologie und anthropologischen Pädagogik ist kaum zu bestreiten.[6] Man denke z. B. an den Gedanken, dass das Erkennen eine Funktion des Lebens ist. Dieser Idee folgend, hat Bollnow bei der Analyse der kognitiven Leistungen so angesetzt, dass er sie nicht isoliert und abstrakt, sondern als sinnvolle Elemente in einem Ganzen von Lebensbezügen eingegliedert sieht. Das ist eine theoretische Einsicht, die auch als Maßstab der empirischen Forschung Sinn macht. In der Pädagogik hat Bollnow an den gleichen hermeneutischen Prinzipien festgehalten. Er ging vom bedeutsamen Einzelphänomen aus, etwa dem Phänomen der Krise, und stellte dann die Frage nach dessen anthropologischer Funktion, sodass sein „Text" innerhalb eines nie völlig abzuschließenden anthropologischen „Kontextes" zu verstehen ist und umgekehrt der Kontext sich durch diesen Text wiederum sinnvoll erfüllt. Auf diese Weise hat Bollnow neue Gebiete der pädagogischen Provinz erschlossen, die Pädagogen und Psychologen in ihrer Praxis zwar immer gekannt hatten, ohne dass aber die Theorie einen angemessenen Begriff dafür entwickelte. Folglich hat er weite Konturen einer qualitativen Pädagogik umrissen, die sich auch für Grenzsituationen und die in ihnen erforderliche Lebenshilfe zuständig wissen wollte.

---

[3] Vgl. dazu O. F. Bollnow, *Studien zur Hermeneutik*, 2 Bde.: Bd. I: *Zur Philosophie der Geisteswissenschaften*, Freiburg/München 1982; Bd. II: *Zur hermeneutischen Logik von Georg Misch und Hans Lipps*, Freiburg/München 1983.

[4] O. F. Bollnow, Brief an Frithjof Rodi, 15.2.1988, zitiert nach F. Rodi, „Hermeneutische Philosophie im Spätwerk von O. F. Bollnow", in: F. Kümmel (Hg.), *O. F. Bollnow*, a. a. O., 62.

[5] So Werner Loch in: O. F. Bollnow/K. Giel, „Otto Friedrich Bollnow im Gespräch mit Klaus Giel", a. a. O.

[6] Das Thema der ‚philosophischen Anthropologie' wird in der Bollnow-Literatur ausführlich von Gottfried Schüz diskutiert, *Lebensganzheit und Wesensoffenheit des Menschen. Otto Friedrich Bollnow hermeneutische Anthropologie*, Würzburg 2001. Auch Donq-Liang You, *Tunkönnen und Menschlichkeit. Der ethische Grundsinn menschlichen Seins bei Otto Friedrich Bollnow*, Frankfurt a. M. 1993, betont die Schlüsselrolle der Anthropologie bei Bollnow und sieht deren Verbindung zur Ethik. Für die Pädagogik Bollnows als offenes, ausbaufähiges „System" verweise ich insbesondere auf Ursula Boelhauve, *Verstehende Pädagogik. Die pädagogische Theorie Otto Friedrich Bollnows aus hermeneutischer, anthropologischer und ethischer Sicht im Kontext seiner Philosophie*, Darmstadt 1997, und Ralf Koerrenz, *Otto Friedrich Bollnow. Ein pädagogisches Porträt*, Weinheim/Basel 2004.

Es wäre nicht schwer, noch viele systematische Aspekte seiner philosophischen Beiträge hinzuzufügen: von dem nicht prinzipiell verfahrenden, integrativen Vernunftbegriff im Zusammenhang einer appellativen Ethik bis hin zu einer hermeneutischen Verstehenstheorie, die sich von dem hermeneutischen Mainstream im Sinne Heideggers und Gadamers unterscheidet. Dies zu erläutern würde die Grenzen eines kurzen Aufsatzes sprengen. Mir geht es hier lediglich darum zu verdeutlichen, dass Bollnows Beitrag zur hermeneutischen Philosophie einen hinsichtlich der Form vielleicht fragmentarisch anmutenden Corpus bildet, der aber, was die Sache selbst angeht, subkutan eine durchaus bestimmte Einheit darstellt. Letztere sehe ich zugespitzt in der Idee einer Hermeneutik des Lebens, die sich auf zwei Lebensbereiche, den Menschen und die Natur, gleichermaßen erstreckt. Eine solche Zielsetzung ist bereits im Dilthey-Buch aus dem Jahre 1933 dokumentiert und findet im Lauf der Jahre immer neue Akzentsetzungen bis hin zu den späten Aufsätzen der achtziger Jahre.[7]

Was damit gemeint ist, ist selbstverständlich nicht nur eine Frage der terminologischen Formulierung. Mir scheint, dass die Schwerpunkte seiner Denktätigkeit – die philosophische Anthropologie, die anthropologische Pädagogik, die Philosophie der Geisteswissenschaften und die späte Idee einer Hermeneutik der Natur – als zusammenhängende Aspekte einer Hermeneutik des Lebens auslegbar sind. Die Grundidee ist hier, dass es ein universales Wesen des Menschen nicht gibt und man ebensowenig einen festen Punkt als Fundament der Erkenntnis angeben kann.[8] Die phänomenologische Forschung kann zwar Strukturen des Wirklichkeitskontakts beschreiben, doch muss jede Verabsolutierung einzelner Aspekte vermieden werden. Die Form gehört hier selber zur inhaltlichen Substanz. Bollnows Anliegen ist es, die Begriffe so einzuführen, dass sie prinzipiell offen sind für neue Erscheinungen. Ein so verstandenes hermeneutisches Denken greift einzelwissenschaftliche Befunde auf, um die darin liegenden Lebensbezüge besser sichtbar und verständlich zu machen. Die offene, kreisförmige Bewegung des Denkens geht von dem immer schon verstandenen Sinn weiter zu einem Besser-Verstehen, das das Verstandene produktiv rezipiert und insofern neue Sinnmöglichkeiten einführt.

In enger Verbindung zum offenen Zirkel der Erkenntnis ist die praktische Funktion einer Hermeneutik des Lebens zu sehen. Bollnow nimmt das ständige Oszillieren zwischen empirischen Daten und philosophischer Interpretation ernst und steht allen Versuchen kritisch gegenüber, die die Fülle des Menschenmöglichen aus dem restringierten Blickwinkel einer bestimmten Methode oder spezifischen Weltanschauung sehen. Daraus ergeben sich Konsequenzen. Methodologisch ist eine restringierte Erfahrung und Weltanschauung als heuristisches Kriterium zu verweigern, wenn es gilt, an den Gegenstand der Forschung jeweils mit den dem Gegenstand selber angemessensten Methoden heranzukommen und ihn aus der ‚richtigen' Distanz zu erschließen. Aber auch ethisch sind totalisierende Universalitätsansprüche von weltanschauungsbedingten Wertsystemen abzulehnen. Nur eine Hermeneutik des Lebens bleibt offen für das historisch Neue, ohne dass sie auf Typologien als Forschungsmittel oder auf Kritik zu verzichten braucht.

---

7 Einen genaueren Einblick gibt die von Friedrich Kümmel eingerichtete Webseite www.otto-friedrich-bollnow.de

8 Vgl. O. F. Bollnow, „Über die Unmöglichkeit eines archimedischen Punkts in der Erkenntnis", in: *Archiv für die gesamte Psychologie*, 116. Jg. 1964 (Festschrift für Albert Wellek), 219–229.

Bollnow selber hat das Erbe der Aufklärung nie aufgegeben; nur die Form einer Letztbegründung des ethischen Prinzips schien ihm abstrakt und lebensfern. Sein Versuch war es, ein Sollen eher aus der phänomenologischen Seinsbeschreibung herauszuarbeiten.[9] Eine Hermeneutik des Lebens gibt den Anspruch nicht preis, praktisch zu orientieren, und sie erfüllt diese Aufgabe, indem sie sich auf den Gedanken stützt, dass eine „objektive" und d. h. dem Gegenstand angemessene Beschreibung zugleich ein richtiges Verhältnis zur Sache mit sich bringt. Durch diesen stark von der Phänomenologie geprägten Zug ist Bollnows hermeneutischer Ansatz von hoher ethischer Bedeutung. Aber es ist eine transformierte Ethik, die deskriptiv-interkulturell verfährt und keinen Vorrang eurozentrischer Rationalität behauptet.

Bollnows Hermeneutik des Lebens ist allgemein durch polare Begriffsgegensätze charakterisiert, etwa die lebensphilosophische Entgegensetzung von ‚Leben' und ‚Logik' bzw. ‚Begriff'. Er sieht das Recht derartiger Alternativen, aber auch ihre Einseitigkeit und ist insofern ein Philosoph des „Aber-auch", ein Integrationist. Damit ist bei ihm aber keine Vermittlung gemeint und auch kein Wille zum System ist damit verbunden. Eine Hermeneutik des Lebens lässt sich keineswegs mit einer Dialektik in der idealistischen Tradition eines Hegel gleichsetzen. Letztere scheint ihm den Ausgleich zwischen Leben und allgemeiner Form auf der Ebene des Begriffs zu suchen, sie ist intellektualistisch und latent eurozentrisch bestimmt. Seit seinem ersten Buch über Jacobi hat Bollnow die eurozentrischen Prämissen des klassischen, einseitig an Allgemeingültigkeit interessierten Vernunftbegriffs infrage gestellt und seinen Vorrang verabschiedet, was aber gerade nicht heißt, den Begriff der Vernunft überhaupt preiszugeben. Dass sein reifer hermeneutischer Ansatz die Offenheit zur Erfahrung des Fremden betont, kann also nicht verwundern. Bollnow ist der Meinung, dass die leidigen Aspekte der Alternative zwischen ‚Leben' und ‚Begriff' durch die Aufdeckung eines neutraleren Bodens aufzulösen seien. Es muss auf eine tiefer liegende Schicht der Subjektivität aufmerksam gemacht werden, die sich weder auf irrationale Leidenschaften noch auf den abstrakten Intellekt reduzieren lässt. In diesem Sinne macht Bollnow Möglichkeiten offenbar, die auf einer „aktiven Passivität" und einer „passiven Aktivität" – wie es bereits im Jacobi-Buch heißt – basieren und von vornherein auf mediale Grundlagen und integrative Haltungen zielen.[10] Textgeschichtlich betrachtet, kann man mit guten Gründen sagen, dass Bollnow diesen frühen Ausblick nach ursprünglicheren, nicht intellektualistisch ge-

---

9 Vgl. „Über einen Satz Diltheys", in: *Der Mensch als geschichtliches Wesen*, Festschrift für Michael Landmann, Stuttgart 1974, 118–138. Der Satz lautet, dass aus der Erkenntnis dessen, was ist, Regeln für das, was sein soll, abgeleitet werden können.

10 O. F. Bollnow, *Die Lebensphilosophie F. H. Jacobis*, Stuttgart 1933 (zweite Auflage: 1966), 84. In der weiteren Entwicklung seines Denkens hat Bollnow die von Novalis vorgeprägte äußere Form dieser Formulierung fallen lassen, doch nicht ihren Inhalt. Seine Theorie der Tugenden und des Übens nehmen diesen Gedanken wieder auf und vertiefen ihn in Richtung einer Theorie der Gelassenheit. Der Moralist Bollnow macht z. B. deutlich, dass die richtige Relation zu den Anderen und zu sich selbst auf einer Modalität gründet, die weder nur passiv noch nur aktiv, sondern vielmehr beides ineins ist. Für eine solche Haltung hat G. Böhme in seiner *Anthropologie in pragmatischer Hinsicht. Darmstädter Vorlesungen*, Frankfurt a. M. 1985, den Begriff des „Medialen" vorgeschlagen, mit expliziter Anknüpfung an die Verbform des Altgriechischen. Bollnow redet von „Gelassenheit" und Böhme von „Sich-lassen". Beide wollen damit ausdrücken, dass die „me-

dachten Lebensformen konsequent fortgesetzt hat. Seine Hermeneutik des Lebens hebt das leibliche Wohnen im Raum, das vertrauensvolle Verhältnis zur Zeit und die Selbstwerdung in der kritisch-affirmativen Antwort auf die Welt hervor. Hinzu kommen die Motive Geduld und Dankbarkeit, die Milde, das Mitleid, die Hoffnung, das Üben, die bei Bollnow das Feld einer meditativen, interkulturell offenen Ethik umreißen. Eine tiefe Erfahrung von sich selbst, der Gesellschaft und der Natur wird so allererst ermöglicht.[11]

2.b. Zum Problem eines Verstehens der Natur beim späten Bollnow bedarf es einiger Klärungen. Wie behauptet worden ist, hat Bollnow in seiner Spätphase den beschaulichen Charakter phänomenologischer Beschreibung akzentuiert und den Fokus von dem in menschlichen Äußerungen sich ausdrückenden Sinn zur unergründlichen Sinnhaftigkeit einer noch nicht verwissenschaftlichen, evokativ verstandenen Natur verschoben. Dieses Thema scheint den traditionellen kulturalistischen Ansatz des modernen Historismus von Vico bis Dilthey zu überspringen und es fragt sich, ob Bollnow hier vielleicht nicht Abstand vom engeren Bezugsrahmen seiner anthropologischen Hermeneutik genommen hat. In der Tat hat sich Bollnow unter dem Einfluss der stark vom Zen-Buddhismus geprägten Naturästhetik dem Thema eines Sinnverstehens gestellt, das sich nicht mehr nach der Logik von ‚Text' und ‚Kontext' behandeln lässt. Um ein Beispiel zu nennen: Das Lächeln eines Kindes kann anthropologisch, aber auch naturphilosophisch verstanden werden. In dieser doppelten Perspektive deutet sich eine Sinnhaftigkeit an, die – wie der unergründliche Dao – nicht logisch eindeutig festlegbar ist und eher tentativ eines Evozierens bedarf, das etwas „trifft", sodass es anspricht und etwas in uns in eine responsive Bewegung versetzt. In diesem Sinn ist ein Verstehen der Natur im Grunde eine Erfahrung im Zustand der Ichlosigkeit,[12] die alltägliches Sinnverständnis nicht überflüssig macht oder hintergeht, sondern gereinigt zum Alltag zurückkommt.

Ich sehe also keine echte Zäsur zwischen dem anthropologischen Zugang zur Philosophie und Pädagogik und dem späteren naturphilosophisch orientierten Denken Bollnows.[13] Dabei muss hier daran erinnert werden, dass die Reinigung der Subjekti-

---

diale" Form eine viel ursprünglichere Lebensform ist als die, die Aktivität von Passivität streng voneinander unterscheidet.

[11] In der neueren Bollnow-Literatur sind Themen wie Hoffnung, Krise und Vertrauen, Interkulturalität viel diskutiert worden. Zu diese wichtigen Begriffe verweise ich auf K. Lutze, *Wagnis Vertrauen. Das Verhältnis zum Fremden in der anthropologischen Pädagogik Otto Friedrich Bollnows*, Eitorf 1996; A. Schollenberger, *Grundzüge einer Philosophie der Hoffnung. Die Bedeutung der Krise im philosophischen und pädagogischen Denken von Otto Friedrich Bollnow*, London 2003; W. Gantke, *Bollnow interkulturell gelesen*, Nordhausen 2006, und ders., *Religion, Wissenschaft und Leben. Zur Bedeutung der Hermeneutik O. F. Bollnows für die heutige Religionswissenschaft*, Cuxhaven/Dartford 1998.

[12] „Ichlosigkeit" meint nicht den Verlust der Subjektstellung und die Preisgabe der eigenen Person, sondern gerade umgekehrt den Durchbruch zu den Wurzelgründen des Ich-selbst und das Schöpferischwerden aus ihnen heraus. Verlangt ist dazu die Auflösung der egozentrischen Formbestimmtheit des Ich.

[13] Vgl. K. Giel, „Umrisse einer hermeneutischen Philosophie. Zwischen Phänomenologie und Lebensphilosophie", in: F. Kümmel (Hg.), *O. F. Bollnow*, a. a. O., 11–58. Zu Bollnows letzter philosophischer Phase verweise ich auf F. Rodi, „Hermeneutische Philosophie im Spätwerk von O. F. Bollnow", a. a. O, 59–79; T. Morita, „Otto Friedrich Bollnow in Japan. Zu einigen Gedanken über die Natur in Bollnows Spätwerk", a. a. O., 323–338, und F. Kümmel, „Natur als Grenze

vität auch in Bollnows Theorie des geisteswissenschaftlichen Verstehens eine wichtige Rolle spielt und für Bollnows Spätphilosophie noch einmal wichtig wird. Nur der von egozentrischer Selbstbezogenheit gereinigten Subjektivität gelingt es, über den engeren Umkreis des Menschlich-Allzumenschlichen hinaus einen über-subjektiven Sinn wahrzunehmen und verständlich zu machen; erst die Reinigung des eigenen Seins lässt Sinn in allen seinen Dimensionen besser verstehen. Bollnow hält also auf dem Boden der hermeneutischen Wissenschaften an der engen Verbindung von Erkenntniswahrheit und Seinswahrheit fest. Es ist kein Zufall, dass der Begriff der Ehrfurcht in den letzten, um den Gedanken einer „Hermeneutischen Philosophie" kreisenden Schriften wieder dieselbe Schlüsselstellung einnimmt wie ein halbes Jahrhundert zuvor.[14]

Die Spätphilosophie Bollnows scheint somit eher eine Vertiefung dessen zu sein, was im Buch *Der Geist des Übens. Eine Rückbesinnung auf elementare didaktische Erfahrungen* (1978) in den Vordergrund getreten ist. Durch das beharrliche Üben einer Kunst wird es möglich, den Geist zu befreien, sodass er sich aus der selbstbezogenen Befangenheit lösen und ein Verstehen des Lebens entwickeln kann, so wie es ist: von sich selbst her und in seiner „Natur", unabhängig von allen egozentrischen Vorstellungen und den damit verbundenen Vor- und Nachteilen. Das Verstehen der Natur ist deshalb keine Träumerei, sondern eine Erfahrung des Sich-Erweckens. Die textunabhängige Sprache der Natur zu hören meint nicht, dass die Natur im wörtlichen Sinne „spricht". Eine Hermeneutik des Lebens muss sich einer evokativen Sprache bedienen, wie sie sich z. B. in einem Zen-Koan verkörpert. Sie dient dazu, Raum für eine Ethik der Gelassenheit, der Ehrfurcht und des Mitleidens zu schaffen. Es geht darum, sich von einschränkenden Vorurteilen und beengenden Vorverständnissen frei zu machen, sodass ein Umschalten vom Alltag zur „reinen" Erfahrung (wie Nishida gesagt hätte) geschieht. In ihr öffnet sich die *natura naturans*, die wir immer schon sind, und nur so gelingt es dann auch, die Anderen und die *natura naturata* aus ihren eigenen Mitten heraus zu sehen und zu verstehen.

Beim textgeschichtlichen Vergleich kann man wohl der Meinung sein, dass Bollnow den Kern dieser Gedanken zuerst in den vierziger Jahren im Zusammenhang mit seiner Kritik der Existenzphilosophie formuliert hat. Im Lauf der Jahre hat er die gleiche Idee in positiver Weise auf den Begriff eines Seinsvertrauens gebracht, wie es sich zeitgeschichtlich und programmatisch in einer „Neuen Geborgenheit" Ausdruck verschafft hat.

---

des Verstehens. Die Natur spricht, doch nur wenn wir lernen, sie mit ‚mit den Augen zu hören'", a. a. O., 165–188. Vgl. auch F. Kümmel, *Mensch, Natur und Sprache. Zum Spätwerk Otto Friedrich Bollnows*, Seoul 1995. Die genannten Beiträge des Symposiums zum 90. Geburtstag 1993 sind auch online publiziert unter: http://www.otto-friedrich-bollnow.de/wuerdigungen.html. Außerhalb der Bollnow-Schule ist Jean Claude Gens ein interessanter Aufsatz zu verdanken: „L'idée d'une expérience herméneutique de la nature", in: André Stanguennec, *Expérience et herméneutique. Colloque de Nantes – Juin 2005*, Paris 2006, 145–162.

[14] So hat auch Kümmel diesen Begriff in der Philosophie Bollnows besonders hervorgehoben: „Die gebotene Scheu und Zurückhaltung vor der Bestimmung des Ganzen verbindet sich bei ihm mit dem Gefühl der Ehrfurcht, in der er die höchste Integrität des Menschen nicht nur dem Menschen, sondern auch der Natur gegenüber verkörpert sieht. Die Ehrfurcht ist für ihn nicht nur das erste, sondern auch das letzte Wort. Hier liegt, wenn man so will, der Nerv und das Zentrum seines ganzen Denkens." Vgl. F. Kümmel, *Mensch, Natur und Sprache*, a. a. O., 62.

In der Spätphilosophie tauchen dieselben Motive wieder auf in einem Kontext, in dem der Akzent mit Georg Misch und Josef König eher auf dem Begriff der Evokation liegt.[15] Die befreiende Erfahrung besteht hier in einem Fremdmachen des praktischen Alltagsverstehens, das die Dinge der Verfügung entzieht und sie in ihrem Sosein allererst sehen lässt. Hier sind Erkenntniswahrheit und Seinswahrheit von vornherein eng miteinander verbunden und untrennbar geworden. Doch hat dies seinen Preis. Man braucht Übung, Wahrhaftigkeit, Mut und kreative Fantasie, um die Dinge so zu sehen, wie sie von sich selbst her sind und aus ihrer Ursprungsdimension heraus neue Sinngebungen möglich machen. Die neu verstandene Sinnhaftigkeit, errungen im lebendigen Bezug zur Natur, die wir schon immer sind, ist das Ergebnis einer persönlichen Transformation und kann nicht im Allgemeinen gefordert werden, so wenig der Geschmack einer Erdbeere sich jedermann in gleicher Weise mitteilt. Bollnow insistiert darauf, dass Gelassenheit und ein vertrauensvolles Sichverfügbarmachen zur Integration der persönlichen Kräfte und, im Medium des praktischen Lebens, zu einer Öffnung des Geistes führen. Das ist keineswegs einfach, weil die egozentrische Selbstbezogenheit im Alltag auch die verfügbaren Energien in ständigem Konflikt hält. Es besteht aber prinzipiell die Möglichkeit, durch ein tieferes Verstehen der Abhängigkeit von der egozentrischen Formbestimmtheit des Ichs frei zu werden und in einen anderen, nicht egozentrischen Bezug zur Wirklichkeit, zu den Mitmenschen und zur Natur einzutreten.

3. Wenn diese These stimmt, kann es nicht unbegründet erscheinen, die Hermeneutik Bollnows als eine Theorie der Lebensbezüge in den Blick zu bekommen und in praktischer Absicht zu akzentuieren. Ihre Tragweite erstreckt sich weit über die Methodologie der Geisteswissenschaften hinaus, denn sie erhebt den Anspruch, eine Grundlegung der Philosophie im Ganzen zu geben und zugleich eine praktische Rolle zu spielen. Eine Hermeneutik des Lebens möchte die Wirklichkeit der Lebenswelt als vielfältiges Netz ihrer Bezüge verdeutlichen und ‚richtige', d. h. integrative Modalitäten vor Augen stellen. Dass eine Hermeneutik des Lebens durchaus kompatibel mit einem die Beziehungsgeflechte herausarbeitenden Modell ist, war schon in Diltheys Begrifflichkeit angelegt. Es genügt hier, auf eine bedeutende Textstelle hinzuweisen, in der es heißt: „Lebensbezüge gehen von mir nach allen Seiten, ich verhalte mich zu Menschen und Dingen, nehme ihnen gegenüber Stellung, erfülle ihre Forderungen an mich und erwarte etwas von ihnen."[16] Bollnows Verdienst ist es, die Möglichkeiten dieses Gedankens ohne Rekurs auf eine psychologische Grundlegung weitergeführt zu haben.

Für Bollnow gelten als allgemeine Rahmenbedingungen des Wirklichkeitskontakts in durchaus klassischer Weise Raum, Zeit und Sprache. In einigen Formulierungen

[15] „Über den Begriff der ästhetischen Wirkung bei Josef König", in: *Dilthey-Jahrbuch für Philosophie und Geschichte der Geisteswissenschaften* 7 (1990/91), 13–43. Der Aufsatz bezieht sich auf Josef Königs Abhandlung „Die Natur der ästhetischen Wirkung", erschienen in: *Wesen und Wirklichkeit des Menschen. Festschrift für Helmuth Plessner*, Göttingen 1957, 283–352; wieder aufgenommen in Josef König, *Vorträge und Aufsätze*, hg. von Günther Patzig, Freiburg i. B. 1978, 256–337. Die Arbeiten zu Georg Mischs großer Logikvorlesung wurden anlässlich der Edition im Band II der *Studien zur Hermeneutik* zusammengefasst.

[16] W. Dilthey, GS VIII, S. 78.

schreibt er der Raumerfahrung einen gewissen Vorrang zu, ja genauer: Er denkt auch die Zeit- und Spracherfahrung analog zur räumlichen Kategorie des „Wohnens“. Dabei sind die Kategorien von Raum, Zeit und Sprache nicht hierarchisch abgestuft. Der Wirklichkeitsbezug ist immer schon in einen je bestimmten, sich räumlich, zeitlich und sprachlich auslegenden Zusammenhang eingegliedert. Wir fangen unbefangen mit dem ersten Aspekt an, den wir als Prinzip der Leiblichkeit des Weltbezuges verstehen können.

3.a. Für Bollnow „besteht das Leben ursprünglich in diesem Verhältnis zum Raum, und kann davon nicht einmal in Gedanken abgelöst werden.“[17] Bollnow fasst den erlebten Raum als eine durch Tätigkeit und Widerstand gekennzeichnete Dimension. Leiblicher Kontakt zur Welt erweist sich dementsprechend „als fördernd und als hemmend, ja tiefer: als etwas was als Glied zum Menschen gehört, und wiederum als etwas, was ihm von außen her als feindlich oder zum mindesten als fremd gegenübertritt.“[18] Die Sphären der Vertrautheit und der Fremdheit, des Bekannten und Unbekannten entstehen in der Lebenswelt aus dieser räumlichen Grunderfahrung. Hinzu kommt das Situiertsein in einem Ort, an dem man sich ganz konkret befindet. Der lebenshermeneutische Ansatz Bollnows gibt dieser sowohl gesellschaftlichen als auch individuellen Erfahrung eine relevante Bedeutung im Aufbau der Kultur. Es kommt darauf an, dem Menschen in der Rolle des Kindes, des Hilfesuchenden, des Bürgers schlechthin gerecht zu werden und seine Domäne der Geborgenheit und des Vertrauens zu sichern, sodass der Sinn für ein Zuhausesein im eigenen Leib, Haus, Land aufgeschlossen wird.

Das ist aber auch hier nur die halbe Wahrheit, denn „die menschliche Kultur (im weitesten Sinn) wächst in der neuen Aufnahme und Aneignung des Fremden.“[19] Genauso wichtig ist für Bollnow die Erfahrung des Fremden, des Anderen, des äußeren ungeborgenen Raumes, bis man lernt, sich auch in der grünen Natur und im ganzen Kosmos wohl und zu Hause zu fühlen. Bollnows Begriff der Räumlichkeit ist also prozessual zu verstehen. Die Erfahrung des Raumes ist ursprünglich in der Lebenswelt angelegt, aber sie wächst und wird artikulierter und offener in der integrativen Auseinandersetzung mit dem Raum des Fremden. „Aber dieses Wohnen“ – schreibt Bollnow – „ist dem Menschen nicht schon von Natur aus als eine selbstverständliche Fähigkeit mitgegeben, es wird nicht schon durch den äußeren Besitz eines Hauses oder eines sonstigen Wohnraum gewährleistet, sondern es muß vom Menschen erst in ausdrücklicher Anstrengung gewonnen werden.“[20] Aufgabe der Erziehung ist es dementsprechend, den pädagogischen Bezug so zu fassen, dass er den nicht auf Sozialisation beschränkten, weiter reichenden Integrationsprozess fördern kann. Dazu gehören Brüche, Krisen und schmerzhafte Erfahrungen. Die Lebenshermeneutik Bollnows plädiert dafür, diese Spannung zwischen Innen und Außen nicht aufzugeben. Es kommt darauf an, sich zwischen dem Geborgenheitsbedürfnis und der Aneignung des Fremden richtig zu verorten. Wenn sich diese Bewegung an einem Punkt unterbricht, ist die ganze Integration gefährdet und es entsteht die Gefahr, dass man in seinem Eigenraum eingeschlossen bleibt und keinen Ort mehr

---

[17] O. F. Bollnow, *Mensch und Raum*, a. a. O., 23.
[18] A. a. O., 20.
[19] A. a. O., 92.
[20] O. F. Bollnow, *Anthropologische Pädagogik*, a. a. O., 83.

findet, wo man wirklich zu Hause sein kann. Die Phänomene des Selbsteinschlusses und der Entfremdung hält Bollnow für Fehlformen im Verhältnis zum Raum, in denen die Bewegung des Lebens selbst stockt.

3.b. Ich komme zum zweiten Aspekt, dem Prinzip der Geschichtlichkeit. Es besagt, dass sich jedes Sein in der Zeit nicht nur aufhält, sondern auch wandelt. Dieses Nicht-Beharren, dieser geschichtliche Charakter alles Seins bedeutet „eine Wandelbarkeit und Entwickelbarkeit, die sich nicht als eine solche der bloßen Gehalte, sondern tiefer zugleich als ein Wandel der Formen und Ordnungen selbst begreifen läßt.“[21] Bollnow folgt hier der Idee Diltheys, dass „der Typus Mensch in dem Prozeß der Geschichte zerschmilzt“.[22] Er ist aber systematischer als Dilthey, der unerachtet dessen in der Begründung der Geisteswissenschaften an der Idee der Allgemeingültigkeit festgehalten hat. Bollnow ist der Meinung, dass Dilthey mit dieser Forderung hinter seinem lebensphilosophischen Ansatz zurückbleibt.[23] Er kritisiert Dilthey, wenn dieser allgemeine Formen der psychischen Strukturgesetzlichkeit diesseits der Wandelbarkeit empirischer und historischer Inhalte sucht[24] und die Allgemeingültigkeit für „den selbstverständlichen Ausdruck strenger Wissenschaftlichkeit“[25] hält. Bollnow lehnt die Idee einer zeitlosen psychischen Struktur ab und nimmt „die geschichtliche Bedingtheit alles Menschenlebens und aller seiner kulturellen Objektivationen“[26] ernst. Das ist auch der Grund, warum er den Formalismus in der Ontologie des Daseins bekämpft. Seine Kritik an Heidegger ist eben die, dass die Daseinsanalytik die Fülle der historischen Möglichkeiten auf eine zeitlose ontologische Struktur einenge und eben damit verfehle. Nach dem Prinzip der Geschichtlichkeit ist das menschliche Wesen unergründlich – homo absconditus.[27] Die Geschichte wird hier als offener Prozess verstanden, von dem man weder Anfang noch Ende angeben kann. Geschichtliches Leben läuft „stückweise stetig“ ab und dies impliziert das „charakteristische Ineinandergreifen von einem Entfalten im Sinne eines bloßen Auseinanderlegens von etwas keimhaft Vorhandenem und einem schöpferischen Hinzukommen von etwas Neuem und grundsätzlich nicht Voraussehbaren. So bezeichnet dieser Begriff genau den entscheidenden Zug der menschlichen (und geschichtlichen) Lebensentwicklung.“[28] Man kann somit eine Analogie zwischen Bollnows Prinzip der Leiblichkeit und dem der Geschichtlichkeit des Weltbezuges sehen. In den Vollzug des leiblichen Weltbezuges ist die Artikulation

---

[21] Ders., „Zum Begriff der Geschichtlichkeit“, a. a. O., 331.

[22] W. Dilthey, GS VIII, 6.

[23] Georg Misch hatte erstmals die These vorgetragen, dass Diltheys Praxis der Geistesgeschichte nicht in Einklang mit seiner theoretischen Besinnung auf die Grundlegung der Geisteswissenschaften stehe. Vgl. G. Misch, *Lebensphilosophie und Phänomenologie*, a. a. O., 297. Es sei nur am Rande bemerkt, dass Bollnow hier nicht nur mit Misch, sondern auch mit Gadamers Dilthey-Kritik übereinstimmt.

[24] Vgl. W. Dilthey, „Über die Möglichkeit einer allgemeingültigen pädagogischen Wissenschaft“, GS VI, 56–82, und dazu Bollnow, „Über einen Satz Diltheys“, in: *Studien zur Hermeneutik* I, a. a. O., 155–177.

[25] O. F. Bollnow, „Zur Frage nach der Objektivität der Geisteswissenschaften“, a. a. O., 19.

[26] O. F. Bollnow, „Über einen Satz Diltheys“, a. a. O., 177.

[27] Vgl. auch die entsprechenden Arbeiten von Helmuth Plessner.

[28] O. F. Bollnow, „Geheimnis des Seins“, in: *Antares*, 2 (1954), 3–14, hier: 12.

des Raumes in Sphären der Vertrautheit und der Fremdheit eingetragen und analog dazu wird der historische Zusammenhang als Kontinuitätsbezug verstanden, in den neue Tatsachen als etwas Fremdes einbrechen und eventuell Krisen auslösen, die eine neue Orientierung herausfordern.

Die offene Immanenz des historischen Lebens hängt mit der von Bollnow herausgearbeiteten Schichtung der Zeiterfahrung zusammen. Die Zeit gibt, wie der Raum, einen objektiven Zusammenhang vor, in den man eingegliedert ist, und gleichzeitig gibt sie die Möglichkeit, einen gelasseneren Bezug zu den Dingen zu finden, der Neues zutage treten lässt. Bollnow hat nicht nur den Begriff der Geborgenheit, sondern auch den der Gelassenheit gegen die existentialphilosophische Ethik geltend gemacht. In seiner Auslegung scheint die Existenzphilosophie eine entschlossene Haltung vorzuschlagen, mit der man die Zeit in verdichteten Momenten der Entscheidung glaubt hinter sich lassen zu können. Aber auch dies ist nur die halbe Wahrheit. In seinem Buch über das Wesen der Stimmungen hat er die Evidenz der „peak experiences" – wie es heute in der humanistischen Psychologie etwa eines Maslow heißt – in den gehobenen Stimmungen benutzt, um zu beweisen, dass sich die Zeit in den Augenblicken des Glücks in der Tat anders gestaltet: „Die Zeit ist abgefallen, und der Augenblick hat Ewigkeit gewonnen."[29] Bollnow schreibt den gehobenen Stimmungen einen hohen heuristischen Wert zu, denn sie widersprechen der existenzphilosophischen Überschätzung der Angststruktur. Und doch ist bei ihm keine Romantisierung der Ekstasen zu finden. Sein Zugang zur Zeiterfahrung ist nicht ästhetischer, sondern ethischer Art. Er verliert das Problem eines praktischen Bezuges zum Alltagsleben nirgendwo aus dem Blick. Seine Absicht ist es, „das richtige Verhältnis zur Zeit" in allen ihren Dimensionen zu bestimmen,[30] und dies kann nicht von einzelnen isolierten Augenblicken her unter Absehung vom Alltag begriffen werden. Bollnow sieht das Problem, einen größeren Zusammenhang offenkundig zu machen, in dem die Erfahrung der Zeit in den gehobenen Stimmungen nicht als Flucht aus dem Alltag erscheint, sondern im Kontext des praktischen Lebens selbst eine Lösung finden kann. In Analogie zur Erfahrung des Raumes spricht er von einem „Wohnen in der Zeit": „Wie der Mensch im Raum wohnt" – liest man an einer Stelle –,

> „indem er sich in der großen und unheimlichen Welt an einem bestimmten Ort niederläßt und sich in ihm heimisch macht, und doch dazu nur imstande ist, weil er über alles Wissen von den Zerstörungen hinweg von einem letzten Vertrauen zur Welt getragen ist, so wohnt er auch in der Zeit, indem er sich in Gelassenheit im gegenwärtigen Augenblick niederläßt, die vielfältigen Funktionen im ‚Gebäude' der Zeit angemessen erfüllt, das Mögliche mit Verantwortung und Sorgfalt plant und sich der offenen Zukunft mit der unerschütterlichen Hoffnung entgegenwendet."[31]

An dieser Textstelle sind viele Motive verdichtet, die ein angemessenes Verhältnis zur Zeit sichtbar machen. Der Philosoph sieht in der Zeit die Dimension, in der etwas ge-

---

[29] Ders., *Das Verhältnis zur Zeit*, a. a. O., 33.

[30] Vgl. ders., „Das richtige Verhältnis zur Zeit in philosophischer Sicht", in: *Universitas* , 24 (1969), H. 3, 243–254.

[31] Ders., *Das Verhältnis zur Zeit*, a. a. O., 112.

staltet werden kann. Diese aufbauende Haltung setzt ein Sich-Lassen im gegenwärtigen Augenblick voraus. In Assonanz zur vertrauensvollen Erfahrung des Raumes kann die Idee der Gelassenheit als ein Vertrauen im hic et nunc verstanden werden. Es ist nicht schwer, darin einen Vorschlag zu sehen, der viele Ähnlichkeiten mit der humanistischen Psychologie, etwa der Gestalttheorie und -therapie von Fritz Perls, und dem japanischen Zen-Buddhismus hat, den Bollnow im Zusammenhang mit seinen zahlreichen Japanaufenthalten ganz explizit rezipiert. Für Bollnow spezifisch ist der Gedanke, dass das Vertrauen im Hier-und-Jetzt keineswegs naiv gegeben ist; es ist vielmehr eine nur durch harte Arbeit zu erreichende *forma mentis*: ineins eine Haltung und eine Stimmung, die sich auf kunstvolle Weise miteinander verbinden und gegenseitig beeinflussen. Ein solcher aktiv-passiver Modus kommt nur zustande durch ein ständiges Üben des Geistes. Man muss das Vertrauen nähren und wachsen lassen und kann nur so auch den Widerstand des Misstrauens und der egozentrischen Isolierung durchbrechen. Erst dann wird es möglich zu entdecken, dass ein Bezug zum Leben als Ganzem trotz aller Wunden und Leiden trägt. Diese Entdeckung ist im Grunde eine Erweckung, die, anders als die Entschlossenheit der existentiellen Entscheidung und anders als die ekstatische Flucht aus der Zeit, den Raum einer gelasseneren Gegenwart aufschließt. Man wohnt vertrauensvoll im Jetzt und von diesem Punkt aus lässt sich ein dankbares, hoffnungsvolles Verhältnis zu den verschiedenen Gefügen im Bauwerk der Zeit bilden.

Dabei spielt das Verhältnis zur Vergangenheit für Bollnow eine besondere Rolle: Er fordert einen „Einklang des Menschen mit seiner Vergangenheit".[32] In diesem Begriff lässt sich das Echo verschiedener Motive heraushören, die aus der historistisch-humanistischen Tradition, aus der Lebensphilosophie Nietzsches bis hin zur Psychoanalyse Freuds herkommen. In diesen Quellen findet Bollnow den Gedanken, dass es – als unerlässliche Bedingung für ein richtiges Verhältnis zur Zeit – der harten Auseinandersetzung mit der Vergangenheit bedarf, wenn diese einen positiven Sinn und eine tragende Funktion bekommen soll. Auf eine vertrauensvolle Dankbarkeit dem Vergangenen gegenüber, aber ohne Verzicht auf die notwendige Kritik, kommt es an. Dieser sich durchringenden, kritischen Bejahung der Vergangenheit ist es zu verdanken, dass neue Möglichkeiten für die Gegenwart und Zukunft eröffnet werden. Bollnow ist der Meinung, dass erst eine Haltung der vertrauensvollen Hoffnung und der Gelassenheit – anstelle der rigiden Entschlossenheit – Chancen eröffnet. Auf diese Weise wird die im meditativen Modus der Gelassenheit erlebte Zeit zur offenen Form.

3.c. Ich komme zum Prinzip der Sprachlichkeit der Erfahrung und des Weltbezugs. Auch in der Sprachphilosophie zeigt sich die argumentative Strategie Bollnows in Analogie zur Raum- und Zeitanalyse. Bollnow versteht Raum, Zeit und Sprache als konstitutive frames of reference, die den Kontakt zur Wirklichkeit vermitteln. Sie fordern das Individuum, das sich in bestimmten Raum-, Zeit- und Sprachbezügen bewegt und einhaust, und transzendieren es zugleich. Es ist nicht nur möglich, sondern in gewissem Maße auch notwendig zu lernen, in allen diesen Bezugsmodalitäten angemessen zu wohnen.

Bollnow knüpft an die Sprachphilosophie Humboldts an und vertritt die These, dass Welterkenntnis, aber auch emotives und praktisches Leben von der Sprache vorgeformt

[32] A. a. O., 53.

sind. Es gibt weder eine Wirklichkeit an sich, die die Sprache lediglich abbilden würde, noch eine ideale Sprache, die als Modell des Wirklichen überhaupt gelten kann. Das Netz der Lebensbezüge ist immer schon sprachlich-geistig bestimmt und das heißt, die Sprache bildet den Horizont des in der Lebenswelt verständlichen Sinns. Man versteht von daher auch die Funktion, die Bollnow dem poetischen Wort zuschreibt.[33] Das dichterische Wort bzw. das Symbol kann den verstandenen Sinn besser verstehen lassen, weil es einen Abstand von der Situation ermöglicht, in der man verstrickt ist. Wie im Fall von Raum und Zeit geht Bollnow davon aus, dass auch ein Wohnen in der Sprache erlernt werden kann. Er vindiziert den produktiv-plastischen Charakter des sprachlichen Ausdrucks, welcher Wirkliches mitgestaltet: „Der Ausspruch, der in einer bestimmten Situation getan wird, bildet nicht einfach einen schon vorher bestehenden Tatbestand ab, sondern verwandelt ihn, und zwar in einer grundsätzlich nicht wieder rückgängig zu machenden Weise, indem er das bis dahin Unbestimmte und Mehrdeutige auf eine bestimmte, fest umrissene Gestalt bringt.“[34] Daraus ergibt sich eine besondere Verantwortung für den Sprechenden: Schon die Auswahl bestimmter Ausdrücke und Redeweisen kann den Erfolg oder das Scheitern eines sprachlichen Austauschs bedingen. Es genügt nicht, die sprachliche Kompetenz zu haben, sondern es bedarf darüber hinaus einer verantwortlichen Beziehung zum sprachlichen Weltbezug im Ganzen. Das Prinzip der Sprachlichkeit der Lebensbezüge führt so auf natürliche Weise ins Ethische hinein. Die theoretische Bestimmung der allgemeinen Kontaktformen zur Welt mündet ein in die Frage nach dem richtigen kommunikativen Verhältnis zu den Anderen.

Das Gespräch und andere intersubjektive Formen der Kommunikation sind für Bollnow entscheidend.[35] Es gibt in der Sprache zwar monologische Formen, wie z. B. Ordnungen, Predigten usw., und sie erfüllen auch eine ganz bestimmte Funktion, doch kommt es in alledem vorrangig auf die dialogischen Formen an. Bollnow meint, dass den monologischen Formen der Widerstand der Wirklichkeit fehlt. Indem die egozentrische Verhaftetheit im Dialog überwunden wird, tritt man allererst in eine sachliche, argumentative Situation ein. Bollnow sieht eine Korrelation zwischen den autokratischen Strukturen des politischen Lebens und dem häufigen Gebrauch von Monologen. In diesem Fall wird der Gesprächspartner zum bloßen Supporter einer monologischen Sprache. Demgegenüber hält Bollnow daran fest, dass die Wahrheit und die Vollendung menschlichen Seins nur in dialogischer Sprache zu erringen sind,[36]

---

[33] O. F. Bollnow, „Die Dichtung als Organ der Welterfassung“, Vortrag, gehalten auf der Tagung der Japanischen Germanistischen Gesellschaft in Okayama am 11.10.1972. Erschienen in: *Forschungsberichte zur Germanistik*, hg. vom Japanischen Verein für Germanistik im Bezirk Osaka-Kobe XIV (1973), 1–20. Vgl. auch seinen Beitrag zum dritten Symposium über „Sprache und Dichtung“, erschienen in: *Symphilosophein. Bericht über den Dritten Deutschen Kongreß für Philosophie*, Bremen 1950, hg. von H. Plessner, München 1952, 137–148.

[34] Ders., *Anthropologische Pädagogik*, a. a. O., 104.

[35] Vgl. „Das Gespräch“, erschienen als Teilstück einer kleineren selbstständigen Veröffentlichung für japanische Leser unter dem Titel: *Die Ehrfurcht vor dem Leben*, erläutert von K. Suzuki, Tokyo 1979, 45–51.

[36] Vgl. den Aufsatz über „Das Gespräch als Ort der Wahrheit“, in: *Universitas*, 35. Jg. 1980, Heft 2, 113–122.

genauer in der Dialogform, die Bollnow mit Martin Buber echtes Gespräch nennt.[37] Diesem kommunikativen Bezug zu den Anderen lässt sich keine formale Struktur vorschreiben, wie Habermas sie dem Diskursbegriff gegeben hat; umso mehr muss ein echtes Gespräch von jeder strategischen Argumentation unterschieden werden. Im echten Gespräch geht es vielmehr um eine offene Verfügbarkeit für den Partner, die den Anderen auf der Basis einer prinzipiellen Gleichberechtigung anerkennt. Dies ist gleichzeitig die Gewähr für Sachlichkeit. Das echte Gespräch ist „ohne äußeren Zweck und von keinem speziellen Interesse geleitet nur auf die Sache gerichtet".[38]

Die anscheinend simple Formel des Sich-Richtens auf die Sache ohne äußeren Zweck setzt eigentlich Vieles voraus. Um sich auf einen zweckfreien Dialog einlassen zu können, ist notwendig vorausgesetzt, sich von bewussten oder unbewussten egozentrischen Motivationen, aber auch von begrifflichen Vorgriffen auf die Sache freigemacht zu haben. Das Kriterium dafür ist die doppelte Fähigkeit zu reden *und* zu hören. Frei zu reden und das öffentlich zu sagen, was man denkt – die antike *parresia* –, ist aber keineswegs selbstverständlich. Gefühle wie Verlegenheit, Scham, Furcht müssen in den Hintergrund treten. „Das offene Sprechen" – sagt Bollnow in Anlehnung an Kierkegaard –

> „erfordert also immer einen besonderen Mut ... Um frei reden zu können, muß man auf das natürliche Sicherungsstreben verzichten, das aus der kreatürlichen Angst – oder der Schüchternheit oder der Scham oder irgend einer andern ‚Hemmung' – entspringt. Es erfordert den vollen wagenden Einsatz des Sprechenden. Er muß seine Deckung verlassen und, wie es in der Redewendung heißt, ‚aus sich herausgehen'. Aber ohne den Verzicht auf die Sicherung ist eben kein echtes Gespräch möglich und ohne ihn kann darum auch keine Wahrheit gewonnen werden."[39]

Man muss schon in einer offenen Stimmung sein, um sich wirklich für ein echtes Gespräch disponibel zu machen. Psychologisch gesehen hat Bollnow mit seinem Begriff der Sprechfähigkeit eine Haltung umrissen, die die inneren Grenzen (Hemmungen, Vermeidungen, Frustrierungen) überwindet, welche die volle Teilnahme am kommunikativen Austausch hindern. Die Fähigkeit zu sprechen ist also ein komplexes Phänomen und verlangt Reife. Es gilt, die Verantwortung für das Risiko zu übernehmen, aus dem mehrdeutigen Schweigen herauszugehen und sich im offenen Wort öffentlich zu gestalten.

Das alles ist aber nicht genug für ein echtes Gespräch; ein hemmungsloses freies Sprechen ist durchaus kompatibel mit egozentrischer Selbstbehauptung. Bollnow betont deshalb die Fähigkeit zu hören. Auch sie erfordert

> „die Überwindung der natürlichen Selbstbefangenheit. Es gilt, die naive Sicherheit in der eigenen Meinung aufzugeben und ganz offen an die Erörterung mit der Anerkennung der Möglichkeit, daß vielleicht nicht ich, sondern der mir widersprechende andere recht hat, heranzugehen. Es ist die Relativierung

---

[37] Vgl. M. Buber, *Das dialogische Prinzip*, Heidelberg 1984, 293 ff.

[38] O. F. Bollnow, *Das Doppelgesicht der Wahrheit*, a. a. O., 42.

[39] Ders., 43.

> der ‚natürlichen' Selbstsicherheit des Menschen oder anders ausgedrückt: der Verzicht auf die autoritäre Position."[40]

Mit diesem Verzicht hat Bollnow eine Schicht des Verstehens angedeutet, in der kognitive, emotive und praktische Aspekte eng verbunden sind. Sie hängen mit einem Verfügbarsein für den Anderen als gleichberechtigtem Gesprächspartner und mit dem Verzicht auf den strategischen Gebrauch der sprachlichen Mittel zusammen. Man kann Bollnow hier mit guten Gründen so verstehen, dass er damit einen quasi-meditativen Prozess andeutet: Man kann nur dann wirklich hören, wenn sich das Ego entleert und man in eine „mediale" Haltung der Gelassenheit tritt. Solange einer vom eigenen Sicherheitsbedürfnis bzw. von egozentrischen Manipulationsstrategien eingenommen ist, kann ein echtes Gespräch nicht stattfinden. Die Form des Dialoges tritt nur dann auf, wenn die Teilnehmer über ihre Mankos bzw. über die bloß scheinbare Macht des Egos hinausgehen.

4. Selbst auf dem Gebiet des kommunikativen Bezuges hat Bollnow den Anspruch erhoben, das Kriterium phänomenologisch aus der Sache selbst zu gewinnen. Sein Argument gegen Habermas' Diskursbegriff ist letztlich darin begründet, dass die hier unterlegte Konsenstheorie der Wahrheit zu wenig historisch und differenziert gedacht ist und das Phänomen des Dialoges nicht trifft. Eine Einigung im Dialog muss nicht gleichbedeutend mit der Herstellung eines Konsenses sein. Bollnow hält daran fest, dass sich das Gespräch nicht auf Konsensbildung beschränken lässt. Im Gegensatz zu dem auf Konsens abzielenden Diskurs „strebt es nach der Wahrheit",[41] die nicht auf der einen oder anderen Seite, aber auch nicht in einem übergreifenden Dritten zu finden ist. In Bollnows Begriff des echten Gesprächs ist eine gemeinsame Suche, ein ethischer Anspruch gemeint, der nicht mit einem argumentativen Kampf gleichgesetzt werden kann. In der gemeinsamen Suche richtet sich die Aufmerksamkeit ganz auf die Sache und eben darin ist eine Öffnung zum Anderen, eine Disponibilität mitenthalten, sich sozusagen von außen, vom Blickwinkel des Anderen zu sehen und die eigenen Vorurteile kritisch zu betrachten. Aus der phänomenologischen Beschreibung des echten Gesprächs selbst entwickelt Bollnow also die Gleichberechtigung der Teilnehmer und nimmt sie als ethisch und für die Sache verbindlich an. Er geht nicht von einem abstrakten moralischen Anspruch aus, sondern von der im echten Gespräch vorhandenen Struktur einer gemeinsamen Wahrheitssuche, in der alle Teilnehmer an der Sache Interesse haben.

Wir erinnern an die existentiell gefärbte Behauptung Bollnows, dass „der Mensch nur in der Verwirklichung der Wahrheit sich selbst verwirklichen kann."[42] Nun verwirklicht sich in einem echten Gespräch derjenige, der sich einer anderen Wahrheit verfügbar macht und in dieser Begegnung er selbst wird in einer Weise, wie es anders

---

[40] Ders., „Erziehung zum Gespräch", in: *Zeitschrift für Pädagogik*, 7. Beiheft: *Sprache und Erziehung*, Weinheim 1968, 223; vgl. auch *Doppelgesicht der Wahrheit*, a. a. O., 44.

[41] Ders., *Das Doppelgesicht der Wahrheit*, a. a. O., 71. Vgl. Fußnote 36.

[42] Ders., a. a. O., S. 10. Bollnow geht hier davon aus, dass „auch die Frage nach der Erkenntniswahrheit im letzten auf ein sittliches Problem zurückführt. Und dieser Verbindung der beiden Wahrheitsbegriffe, der Erkenntniswahrheit und der tieferen Seinswahrheit, sollen die weiteren Überlegungen gelten." (A. a. O.)

nicht möglich gewesen wäre. Also ist Menschwerdung nur auf dem Weg der Begegnung mit dem Anderen möglich. Das echte Gespräch ist eine auf Begegnung basierende Erfahrungsform, die einen Menschen als Ganzen und nicht nur als abstrakten Wortführer in Anspruch nimmt. Im Begriff der Begegnung kommt aber auch ein existentieller Akzent zur Geltung, denn sie beinhaltet „die Härte der außer dem Menschen vorhandenen Wirklichkeit, einer von ihm ganz unabhängigen Wirklichkeit, auf die er stößt, auch wenn ihm dieses Zusammenstoßen unangenehm und schmerzhaft ist."[43] Bildung sowie historische, literarische und wissenschaftliche Erkenntnis sind nicht eo ipso auch schon das Medium einer Begegnung. Sie werden nur dann zu einer Begegnungserfahrung, wenn sie einen Wirklichkeitsbezug ermöglichen, der sich weit über Erudition hinaus erstreckt. Nur in der Begegnung setzen zwei sich fremde Wirklichkeiten gleichberechtigt auseinander. In dieser Auseinandersetzung ist, vor den Inhalten, die Erfahrung der Begegnung selbst relevant.[44] Hier ist „das Erschüttertsein des Menschen in dem innersten Kern seiner Person und zugleich die inhaltliche Unbestimmtheit des darin erfahrenen Appells"[45] bestimmend. Das kann Krisen auslösen, aber auch eine aus pädagogischer Perspektive gut kontrollierte Krise kann zur Bereicherung der Lebensstruktur beitragen.

In der hermeneutischen Theorie Bollnows sind pädagogische Bezüge im Grunde Begegnungen. Bollnow hat einen sehr differenzierten Begriff des pädagogischen Bezuges ausgearbeitet, in dem den verschiedenen Lebensphasen jeweils unterschiedliche pädagogische Vorschläge angemessen sind. Aber auch die unterschiedlichen begrifflichen Bestimmungen und ihre praktischen Implikationen setzen das Prinzip der Gleichberechtigung im pädagogischen Bezug voraus. „Die ernsthafte Auseinandersetzung mit dem, worin ich mit dem andern nicht übereinstimme, wo ich seine Meinung oder sein Verhalten mißbillige, ist nur auf dem Boden dieser grundsätzlichen Anerkennung möglich."[46] Bollnow verbindet in diesem Sinne Schleiermachers und Bubers Theorie des echten Gesprächs mit Herman Nohls Prinzip der absoluten Bejahung des Zöglings in der Tiefe seiner Person. In dieser Hinsicht kann der pädagogische Bezug als Begegnung zwischen Gleichberechtigten verstanden werden, die vor allem in den Ausnahmesituationen und Krisen trägt.[47]

Der pädagogische Bezug ist der Rahmen, sozusagen das Setting, in dem aufgrund einer Atmosphäre des Vertrauens und der Geborgenheit neue Ausdrucksformen erprobt werden können. Letztere sollen einen angemesseneren Wirklichkeitskontakt schaffen, al-

---

43 Ders., „Begegnung und Bildung"; in: *Zeitschrift für Pädagogik* 1 (1955), 10–32, hier: 16.

44 Katinka Lutze hat klar hervorgehoben, dass im Bollnow'schen Begriff der Begegnung ein existenzieller Ton mitschwingt, der sich im Vergleich zu Diltheys Erlebnisbegriff systematisch anders verortet. In der Begegnung handelt es sich nicht um Inhalte, sondern „die Macht der Begegnung ist im wesentlichen inhaltslos. Diese Inhaltslosigkeit der Begegnung findet sich auch allgemeiner in dem Begriff der Existenz." Vgl. K. Lutze, *Wagnis Vertrauen*, a. a. O., 95. In der Tat versteht Bollnow die Begegnung als ein Ereignis der existentiellen Wahrheit; in Bezug auf sie haben alle historisch-geistigen Inhalte nur einen vorbereitenden, relativen Wert. Man kann wohl sagen, dass Bollnow durch den Begegnungsbegriff über den Positivismus der Geisteswissenschaften hinausgegangen ist.

45 O. F. Bollnow, „Begegnung und Bildung", a. a. O., 30.

46 Ders., „Der Begriff des pädagogischen Bezugs bei Hermann Nohl", a. a. O., 34.

47 Vgl. O. F. Bollnow, *Anthropologische Pädagogik*, a. a. O., 43f.

so kritisch sein bezüglich der eigenen Vorurteile und verfügbar für ein echtes Gespräch mit dem Anderen. Das Vertrauen ist hier das pädagogische und therapeutische Element; es gibt Anlass, den Horizont des Vertrauten zu überschreiten und sich der Begegnung mit dem Fremden auszusetzen. Das Vertrauen hat hier eine hermeneutische Funktion, weil es den eigenen Zugehörigkeitsraum mit einer fremdem Öffentlichkeit verbindet.

5. Der Bezug zu sich selbst ist für Bollnow ein Schlüsselphänomen der Lebenswelt. In gewisser Weise hängt ein richtiges Verhältnis zur intersubjektiven Kommunikation von dem Bezug zu sich selbst ab. Man denke etwa an den integrativen Vernunftbegriff. Vernünftigkeit besteht nicht nur in der Fähigkeit, in einen gemeinsamen Diskurs zu treten und einer fremden Wirklichkeit offen zu begegnen; sie ist im Sinne Bollnows auch ein Prinzip des jeweils angemessenen Maßes. „Maß" – so heißt es in einer bedeutenden Textstelle – „ist immer ein nur relativ zu bestimmendes Optimum, ein immer neu zu findender schöpferischer Ausgleich."[48] Es ist dem Einzelnen aufgegeben, das richtige Maß der Leidenschaftlichkeit zu entwickeln, ohne dem Irrationalismus zu verfallen. Aus dieser Perspektive ist es vernünftig, nicht nur mit der Außenwelt, sondern auch mit der Innenwelt ins Verhältnis zu treten. Die Aufgabe besteht darin, dessen innezuwerden, wie sich im eigenen Inneren die Kombination von Vernunft und Leidenschaft jeweils gestaltet. Gesucht wird nicht eine schwächliche Mittelmäßigkeit, die auf Kosten der Lebendigkeit beider Pole errungen wäre. Bollnows Vorschlag ist es vielmehr, dass „alle irrationalen Kräfte im Menschen so weit als irgend möglich entwickelt werden, solange nur eine überlegene Vernunft sie dann noch zu bändigen vermag: Größte Leidenschaft mit größter Vernunft zu vereinigen, zwischen beiden das ‚kompossible Maximum' zu finden, das ist die eigentliche Aufgabe des Menschen".[49] Der Bezug zu sich selbst in der Suche nach einer harmonierenden Mitte ergibt allererst ein ‚kompossibles Maximum' von Leben und Form.[50] Die so verstandene Vernunft kann extensiv als Bewusstheit ausgelegt werden, die die im Einzelnen verfügbaren Energien integriert, indem sie sie kreativ an die jeweilige Situation anpasst. Vernünftig ist in diesem Sinne der Mensch, der sich zu sich selbst verhalten kann, indem er die Herausforderungen der Wirklichkeit durch kreative Anpassung besteht. Selbstverständlich ist dies eine schwierige und in jedem Fall neu zu lösende Aufgabe, aber ihre ethische Relevanz kann kaum bestritten werden. Wenn die Aufgabe des Ganz-Werdens, der Integration unterbrochen wird und misslingt, ist die ganze Struktur der Person gefährdet. Die Arbeit wird zum Selbstzweck und entartet in unmenschlichen Mechanismus, der Fanatismus der Leidenschaften kompromittiert den Dialog mit den Anderen und der Intellektualismus macht das Leben steril.

Eine wichtige Rolle als Strategie der Integration spielt bei Bollnow der Begriff der Gelassenheit. Diese ist ein Phänomen, das gewisse Ähnlichkeiten zur inneren Ruhe zeigt. Letztere bedeutet eine innere Sicherheit, die mit einem aktiven Eingriff in die Welt völlig kompatibel ist. Dagegen zeigt sich die Gelassenheit eines Menschen „in der Art

[48] O. F. Bollnow, *Maß und Vermessenheit des Menschen*, a. a. O., 51.

[49] A. a. O., 49.

[50] Dazu sind interessante Ausführungen bei Donq-Liang You, *Tunkönnen und Menschlichkeit*, a. a. O., 160–166, zu lesen.

seines Hinnehmens", „wie er die Dinge auf sich zukommen läßt."[51] In diesem Begriff der Gelassenheit bekundet sich die Nuance der Verfügbarkeit, ja der Offenheit und der Bereitschaft, die mit der Kontrolle verbundenen Illusionen aufzugeben. Nicht wirklich gelassen ist derjenige, der sich darum bemüht, in den unübersichtlichen Umständen des äußeren bzw. in der Unruhe des inneren Lebens eine Ruhe zu bewahren, die immer noch im Rahmen eines Dualismus zwischen Selbst und Welt gefangen bleibt. Bollnow sieht in der Gelassenheit vielmehr die Chance des Ganz-Werdens, ja Eins-Werdens. „Gelassen ist der Mensch nicht" – heißt es an einer prägnanten Stelle –, „wenn er von einer sicheren Position aus handelt, gelassen ist er überhaupt nicht, wenn er handelnd und gestaltend in die Welt eingreift, sondern die Gelassenheit zeigt sich in der Art seines Hinnehmens. Gelassen ist der Mensch in der Art, wie er die Dinge auf sich zukommen läßt. Und wenn auch die Gelassenheit eine überlegene Haltung des Menschen bezeichnet, so ist sie doch eine Überlegenheit völlig eigener Art."[52] Damit gibt Bollnow zu verstehen, dass eine Überwindung des Dualismus nur auf dem Weg des Kontakts mit der eigenen Unsicherheit und einer Verwurzelung in einem tieferen Boden zu erreichen ist. Die Gelassenheit wurzelt in der anonymen, unpersönlichen Schicht der Lebenswelt und ihrer ursprünglichen Einheit. Hingegen ist es die geschlossene Form des Ichs, die Widerstand gegen die Dinge leistet und sie nicht sein lässt, was sie sind.

Wir können in diesem Sinne die Gelassenheit als eine Lebensform auf den Begriff bringen, die durch Disponibilität und das Üben gekennzeichnet ist und dabei nicht auf das Leben verzichtet, sondern darauf einer Form anzuhängen.[53] Was Bollnow fordert, ist nicht ein Verzicht auf den Willen, er sieht im praktischen Alltag, im tätigen Üben vielmehr das Medium einer „Reinigung des Willens von seiner störenden Selbstbezogenheit".[54] Jedes innere Wachsen aber ist auf die alltägliche Lebenswelt bezogen. In freier Interpretation kann man also behaupten, dass Bollnow ein Paradigma des Selbstbezuges entwickelt, das auf der Wachheit und dem offenen und integrationsfähigen Kontakt zur Wirklichkeit gründet. Das Gegenteil dieser aktiven und gelassenen Haltung bildet der pathologische Typ des Träumers, der während der Arbeit vom Urlaub schwärmt und umgekehrt. Mit sich selber in Bezug zu treten heißt dagegen, ein tiefes Verstehen der gegenwärtigen Wirklichkeit zu gewinnen, die alle Aspekte des kognitiven, emotiven und praktischen Lebens umfasst. In einem tieferen Sinn verstanden befreit das Verhältnis zu sich selbst von der Befangenheit in der egozentrischen Formbestimmtheit des Ichs. Es macht zugleich damit einen Bezug zur Natur als einem Ganzen möglich. Aus diesem Blickwinkel wird die Alternative zwischen Geschichts- und Naturverständnis fließend. Bollnow betont, dass ein richtiger Bezug zu sich selbst auch ein neues, gelasseneres Verhältnis zur Natur, zur Leiblichkeit, zu den Sinnen und zur Integration des Geistes mit sich bringt. Somit plädiert Bollnow genauso gut für eine Naturästhetik und ökologische

---

[51] O. F. Bollnow, *Tugenden*, a. a. O., 119.

[52] A. a. O.

[53] Hierzu schreibt Wolfgang Gantke treffend, dass „in der Gelassenheitshermeneutik das Lassen, mithin das Sein-Lassen an die Stelle des Wollens tritt. … Es geht also in der Gelassenheit um ein tieferes Verstehen, in dem die den Sachbezug trübende, zufällige, egobedingte Subjektivität zurückgelassen wird." Vgl. W. Gantke, *Bollnow interkulturell gelesen*, a. a. O., 120 f.

[54] O. F. Bollnow, *Vom Geist des Übens*, a. a. O., 77.

Politik wie für eine kritische und demokratische Erziehung, die den kommunikativen, gleichberechtigten Austausch im Dialog als Gipfelpunkt der Kultur ansieht. Eine Hermeneutik des Lebens zielt auf eine „mediale" Haltung ab, auf Stimmungen und Tugenden wie etwa die Gelassenheit, die Heiterkeit, die Wachheit, welche die schlechte Subjektivität des selbstbefangenen Ichs auflösen und mit Ehrfurcht ein universales Mitleid für alles Leben hervorrufen. Das ist – so will mir scheinen – das ethisch relevanteste Ergebnis der hermeneutischen Erfahrung.

VIII Hermeneutik als meditative Philosophie

Zum Begriff der Gelassenheit bei O. F. Bollnow

1. In der neueren Sekundärliteratur ist zu Recht auf die interkulturelle Offenheit des Ansatzes von O. F. Bollnow hingewiesen worden. In seinem hermeneutischen Philosophieren hat Bollnow das Erbe der historischen Lebensphilosophie rezipiert und es produktiv in einen interkulturellen Zugang zur Philosophie umgewandelt, der viele Motive der fernöstlichen Kultur mit aufnimmt. In seinem Jacobi-Buch aus dem Jahr 1933 tat Bollnow den ersten Schritt in diese Richtung, indem er die Universalitätsansprüche des idealistischen Vernunftbegriffs denunzierte. In seiner reifen Sprachphilosophie hat er die Kritik am Eurozentrismus des dialektischen „Logos" positiv formuliert: Das echte Gespräch ist der Ort der Wahrheit, zu der hin prinzipiell gleichberechtigte Gesprächspartner gemeinsam konkurrieren. Interkulturalität ist bei Bollnow mit der Einsicht verbunden, dass eine Lebensform durch die Erfahrung des Fremden wächst und so auch ihre eigenen Potenziale allererst entfalten kann. Bollnow selber hatte sich sehr für den kulturellen Austausch mit außereuropäischen Ländern engagiert, geleitet von der Ansicht, dass erst die dialogische Auseinandersetzung mit dem Fremden auch dem Vertrauten seine Relevanz gibt. Auch war er der Meinung, dass ein Philosoph über gewisse Kenntnisse einer nicht-indogermanischen Sprache verfügen sollte, um „von draußen" einen Einblick in die eigene Sprache zu gewinnen und zu sehen, welche Vorentscheidungen in ihr schon immer getroffen werden. Bollnow teilt mit Humboldt die Ansicht, dass der Mensch durch die vermittelnde Funktion der Sprache in Kontakt mit der Wirklichkeit steht. Die interkulturelle Offenheit in Bollnows Philosophie und seine persönliche Haltung sind durchaus schlüssig: Eine vom historischen Bewusstsein motivierte Hermeneutik muss lernen, die Sprachspiele und die unbewussten Vorentscheidungen der eigenen Kultur vom Sprachhorizont einer fremden Kultur aus zu sehen.

Es kann also nicht verwundern, dass das hermeneutische Denken Bollnows im fernöstlichen Kulturraum eine starke Rolle gespielt hat und dass er selber viele Motive jener Geistigkeit rezipierte. In den Tübinger Jahren waren Japaner bei ihm oft zu Gast und

Bollnow selber reiste viel in Japan und Korea.[1] Allein in Japan sind rund dreißig seiner Bücher übersetzt worden und darunter einige in mehreren Auflagen. Beiträge zu seinem Werk stammen von fernöstlichen Gelehrten, die den begrifflichen Mitteln der Hermeneutik Bollnows u. a. das Verdienst zuschreiben, zu einem besseren Verständnis der eigenen Kultur gekommen zu sein.[2] Diese Formulierungen entsprechen einem Gefühl, das Bollnow im Kolloquium mit Lessing und Göbbeler zum Ausdruck brachte. Bezüglich der Kontakte zu japanischen Kollegen erwähnte er die Germanisten, die Pädagogen und vor allem die Philosophen der Kyoto-Schule: „Mit diesem Kreis habe ich mich besonders verbunden gefühlt und eine weit über die Grenzen der Sprachen und Kulturen hinausgehende Verwandtschaft empfunden."[3] Die von beiden Seiten anerkannten Berührungspunkte bestehen laut Bollnow in dem „Grundgedanken, dass der Mensch sich in selbstvergessener Hingabe an sein Üben von seinem kleinen selbstbezogenen und immer besorgten Alltag befreit und den Zugang zu seinem verborgenen tieferen Ich gewinnt".[4] Hier rückt Bollnow in die Nähe der zenbuddhistischen Tradition, die eine fundamentale Rolle in der Entwicklung der Künste und der Kultur im Fernosten gespielt hat. Mit dieser Tradition hat Bollnow einen interkulturellen Dialog geführt, und zwar nicht durch Import esoterischer Elemente, sondern indem er nach dem „Sitz im Leben" – wie er gesagt hätte – der japanischen Künste fragt.

In seiner Auseinandersetzung mit dem Fremden ist Bollnow seinem anthropologischen Zugang treu geblieben: Seine Fragestellung geht vom Phänomen des Übens in den Künsten aus und erweitert von daher deren Perspektive, indem er danach fragt, wie sich dieses Tun zum Zusammenhang des ganzen Lebens verhält. Das von ihm Gefundene erinnert in vielen Aspekten an die mystische Tradition und ist gleichzeitig auf dem Boden der Lebensphilosophie Diltheys solide verwurzelt. Wendet man sich vollkommen der Objektivität zu, so findet man sich auf einem tieferen Ebene wieder, die vom „Ich" absieht. Das ist ihm sehr wichtig, weil die Reinigung der Subjektivität wie ein Antidot zur Erstarrung wirkt. In einer lebensphilosophischen Kulturkritik kann der Lebensbezug angesichts der Herausforderung des Kontaktes mit dem Wirklichen ja auch scheitern und zu etwas bloß Mechanischem, Durchrationalisiertem, Konventionellem werden. Wenn dies geschieht, erstarrt das Leben. In seiner Argumentation hat Bollnow die Kulturkritik

---

[1] Vgl. H.-P. Göbbeler, H.-U. Lessing (Hg.), *Otto Friedrich Bollnow im Gespräch*, Freiburg/München 1983, 87. Über die Bezüge Bollnows zu Japan und Korea berichtet ausführlich Jan Schwill, „Begegnungen der Kulturen – Otto Friedrich Bollnow in Japan", in: J. Schwill, A. Treml, *Begegnungen der Kulturen. Was kann die interkulturelle Pädagogik von Otto Friedrich Bollnow lernen?* Hamburger Beiträge zur Erziehungs- und Sozialwissenschaft, Heft 1, Hamburg 2001, 2–30.

[2] Takashi Morita berichtet, dass Bollnows Theorie des Übens ihm die Übung des Zen besser verständlich gemacht hat, mit der er seit seiner Kindheit vertraut war. Vgl. T. Morita, „Zur Bollnow-Rezeption in Japan", in: *Pädagogische Rundschau*, 37 (1983), Heft 5, S. 623–627. Von T. Morita siehe auch: „Otto Friedrich Bollnow in Japan. Zu einigen Gedanken über die Natur in Bollnows Spätwerk", in: F. Kümmel (Hg.), *O. F. Bollnow: Hermeneutische Philosophie und Pädagogik*, Freiburg/München 1997, 323–338. Hier wird ein interessanter Vergleich zwischen der hermeneutischen Philosophie des späten Bollnow und der alten Bildmeditation der „zehn Ochsenbilder" hergestellt.

[3] H.-P. Göbbeler, H.-U. Lessing (Hg.), *Otto Friedrich Bollnow im Gespräch*, a. a. O., S. 88.

[4] A. a. O., S. 89.

mit der pädagogischen Aufgabe kombiniert und beides in reziproke Bewegung gesetzt: Im idealen Fall ist es die tiefere Erfahrung des Selbst im Üben, welche die Abhängigkeit von der „Ich"-Form ablöst. Dabei erscheint die Arbeit selbst – neben der dionysischen Erfahrung der Zeit etwa im Phänomen des Festes – als eine wesentliche Komponente für die Erneuerung des Lebens. Bollnow hat damit einen Beitrag zu einer lebenshermeneutischen Theorie der Selbsterfahrung geleistet, also mit westlichen Mitteln an einer Thematik gearbeitet, in der sich die Anklänge der östlichen Weisheitslehren, von der Bhagavadgītā bis hin zu den Zen-Künsten, kaum mehr vom eigenen Tun unterscheiden. Das Üben und das praktische Leben sind der Weg, um den Geist zu befreien. Diese Aspekte des Bollnowschen Werkes fangen allmählich an, in der Literatur miteinbezogen und gewürdigt zu werden. Dazu fehlt es nicht an interessante Einzelstudien.[5] Demgegenüber werde ich hier versuchen, nicht direkt einen komparativen Beitrag, etwa zum Verhältnis von Bollnow und Zen, zu leisten, sondern seine Hermeneutik im Ganzen als eine meditative Philosophie in den Blick zu bekommen. Auf dieser Basis wird, wie ich hoffe, auch die Nähe zur meditativen Tradition des Fernen Osten sichtbarer.

Es ist bekannt, dass Bollnow mit der Alternative Leben/Form nicht zufrieden sein konnte. Wie oben erwähnt, stand für ihn seit den Anfängen seiner philosophischen Karriere fest, dass der klassische Vernunftbegriff in seiner modernen Form bei Hegel überholt war, denn letzterer suchte die dialektische Integration auf das Ebene des Begriffs und tendierte folglich zum Intellektualismus und Eurozentrismus. Meine These ist es nun, dass Bollnow durch dieselbe Problemlage zu einem anderen, integrierenden Ansatz hermeneutischer Art gelangt ist, der die Brücke zum fern Osten zu schlagen imstande ist. Ich schlage also vor, Bollnows Hermeneutik des Lebens als eine meditative Philosophie zu lesen. Was ist hier mit dem Begriff des „Meditativen" gemeint? Die Meditation teilt mit der Medizin die gleiche Wurzel „med" der sanskritischen Sprache, die auf einen vielfältigen Bedeutungskonnex anspielt: „sich um etwas kümmern", „Rücksicht nehmen", aber auch „sich besinnen" (daher kommt die lateinische „*meditatio*" als eine philosophische Form der Besinnung) und in einem breiten Sinne „heilen" (lat.: *medeor*). Mir scheint, dass dieser Bedeutungszusammenhang den praktischen Absichten Bollnows völlig entspricht. Es geht ihm um die Ausarbeitung einer zwar wissenschaftlich informierten Philosophie, die jedoch die Schicht des lebensweltlichen Sinnes zum jeweils besseren Verständnis bringen will und zugleich beansprucht, Möglichkeiten vorzuschlagen, die zu einem neuen, tieferen Seinsvertrauen befähigen. Dazu kommt, dass jede historische Form der stillen Meditation, von der vedantischen Dhyana bis hin zum japanischen Zazen, eine Geisteshaltung verwirklichen möchte, die Gelassenheit und Abgeschiedenheit mit voller Präsenz verbindet. Eben das ist es, was Bollnow durch die oben geschilderte Ausgangslage suchte. Man kann sogar behaupten, dass er in bestimmten Tatsachen des Lebens die nicht lediglich hypothetisch-konstruktive Möglichkeit sieht, die Alternative zwischen Leben und Form produktiv zu integrieren.[6] Aus diesem Grund ist seine Philosophie ‚meditativ' nicht nur in dem Sinne, dass sie sich auf bestimmte Phänome-

---

[5] Es sei hier vor allem auf die Studien von Wolfgang Gantke verwiesen: *Religion, Wissenschaft und Leben. Zur Bedeutung der Hermeneutik O. F. Bollnows für die heutige Religionswissenschaft*, Cuxhaven-Dartford 1998, und ders., *Bollnow interkulturell gelesen*, Nordhausen 2006.

[6] Dem entspricht die klassische Formel des Herz-Sutra: Leere – das ist Form. Form – das ist Leere.

ne der Lebenswelt in einer freien Form besinnt (daher auch die Nähe zur westlichen Moralistik). Das Meditative in Bollnows Denken besteht auch nicht nur in den ganz offensichtlichen Berührungspunkten und explizit rezipierten Motiven der Zen-Tradition (etwa im Üben, in der Theorie des offenen Kreises zwischen Schweigen und Wort, im Thema des Naturverstehens usw.). Das alles gehört dazu, aber es ist nicht alles. Ich behaupte thesenhaft, dass Bollnow seit seinem ersten Buch über Jacobi zwar nicht linear, aber doch mit einer inneren Schlüssigkeit den Weg zu einer meditativen Philosophie gesucht hat, der das Dilemma Leben versus Form in seiner zugespitzten und dramatisierten Form überwindet und die Gelassenheit als Tür zu einem neuen, produktiven Verhältnis zum Sein ansieht. Ich möchte also die These vertreten, dass Bollnows Lebenshermeneutik in ihrem Zentrum als eine meditative Theorie der Gelassenheit betrachtet werden kann. In den folgenden Ausführungen werde ich zu zeigen versuchen, dass dieser Begriff der Gelassenheit eine entscheidende Rolle sowohl in der praktischen als auch in der theoretischen Philosophie Bollnows spielt.

2. Bollnows Ansatz einer Philosophie der Gelassenheit ist bereits in seinen frühen Schriften zu finden. Der Begriff als solcher kommt zunächst nicht vor, ist aber in einer anderen Form schon angelegt. Bollnow knüpft an Jacobi an, der das Recht von beidem: dem Leben und der Form, dem spontanen Gefühlsleben und der Sicht des Menschen als Produkt sozialen Verhaltens wie der Ordnungen, Traditionen usw. anerkannte und eine Perspektive suchte, aus der heraus die Alternative als zugespitzte Form eines Kontinuums erscheinen konnte. Bollnow geht es hier um die Fragestellung, nicht um die Antwort Jacobis, die er für dualistisch hält und insofern für eine Art Verrat an seinen Ausgangsabsichten. In diesem Zusammenhang nimmt für ihn die Ehrfurcht eine zentrale Stelle ein. Letztere sieht Bollnow durch eine „aktive Passivität und passive Aktivität" gekennzeichnet,[7] also als eine in den Tatsachen des Lebens selbst gegebene, auf den ersten Blick paradox erscheinende Struktur. Die logisch-rhetorische Figur des Paradoxons gibt zu verstehen, dass in dieser Gestimmtheit zwei entgegensetzte Kräfte gleichzeitig wirken, eine der Annäherung zum Gegenstand und eine andere der Distanzierung, sodass eine dynamische Spannung zustandekommt. Gegenstand der Ehrfurcht ist nicht direkt ein Mensch, für den eher die Gefühle der Achtung, der Aufmerksamkeit usw. angemessen sind. In der Ehrfurcht geht es um etwas Unbestimmtes, das Bollnow mit „Leben" bezeichnet. Er bezieht sich damit auf „das göttliche, alles durchwaltende Leben, das uns trägt und dem wir in jedem Augenblick unsres Daseins verhaftet sind."[8] Dass man diesem Gefühl eine religiöse Wendung gibt, ist für Bollnow sekundär; er neigt vielmehr dazu, säkularisiert zu denken und die Ehrfurcht als Gefühl des Bezugs zum Leben als Ganzem zu fassen. In der ‚aktiven Passivität' und der ‚passiven Aktivität' der Ehrfurcht sieht Bollnow den „Hinweis und Bürgen der Unergründlichkeit des Lebens".[9]

Was ist nun mit diesem Ergebnis gewonnen? Bollnow will damit betonen, dass die wahre Spontaneität nicht mit subjektiven Kapriolen und einer Verabsolutierung des ei-

[7] O. F. Bollnow, *Die Lebensphilosophie Jacobis*, Stuttgart 1933 (^{2}1966), 84.
[8] Ders., *Die Ehrfurcht*, Frankfurt a. M. 1947, 69.
[9] A. a. O., 82.

genen Zustandes zu verwechseln ist; dies ist eher eine schlechte Subjektivität, die in der Polemik gegen erstarrte Traditionen berechtigt sein mag, an sich selbst aber höchstens eine halbe Wahrheit darstellt. Im Gefühl der Ehrfurcht zeigt sich dagegen etwas Tieferes, weil das Subjektive in diesem Zustand mit einer Wendung zum Anderen zusammengeht. „Ursprünglichkeit" – schreibt Bollnow mit Worten, die genauso gut in seinem späten Buch über den *Geist des Übens* stehen könnten – „heißt Vergessen seiner selbst und Eins-werden mit dem ‚Ding, das man treibt'„.[10] Man sieht: Bollnow hat kein versöhnendes Drittes angegeben, sondern er verweist auf eine in der Lebenswelt selbst schon gegebene Situation und Verfasstheit. Es gilt eine „mediale" Schicht der Subjektivität: nicht ganz aktiv, nicht ganz passiv, sichtbar zu machen und zum Tragen zu bringen. Man kann wohl sagen: Es geht um eine gelassene Subjektivität.

Nun ist diese mediale Form der Subjektivität aber auch ein Phänomen von höchster moralischer Bedeutung, denn aus der Ehrfurcht speisen sich in unterschiedlichem Maße Gefühle wie Achtung, Scham und Ironie, die inmitten des sozialen Bezuges den inneren Raum seiner selbst und den des Anderen gewährleisten. In freier Interpretation kann man sagen, dass die gelassene Form der Subjektivität weder von der Willkür noch von erstarrter Ernsthaftigkeit vergiftet ist. Sie ist also nicht egozentrisch – darum geht es eigentlich –, weil sie in Kontakt mit der „wirklichen Tiefendimensionalität"[11] des Lebens steht und deshalb den hermeneutischen Fehler vermeidet, den Teil bereits für das Ganze zu nehmen. Die in sich eingelassene, mediale Schicht der Subjektivität ist es, der es gelingt, Ehrfurcht vor dem Leben zu haben. Es handelt sich um eine Bewegung zum Anderen hin, die sich zugleich offen hält und in Distanz weiß. Gelassenheit lässt die Natur und den Anderen auch sein, was sie sind.

In dieser Perspektive ist m. E. Bollnows Polemik gegen die Existenzphilosophie zu lesen. Bollnow erhebt gegen die Existenzphilosophie einen Dualismusvorwurf, denn sie gibt die artikulierte Wirklichkeit der Lebensbezüge nicht angemessen wieder. „Die Existenzphilosophie" – schreibt Bollnow – „lebt aus der Spannung von Existenz und Welt und muß dabei notwendig die Welt zum bloßen Hintergrund entwerten, von dem die Bewegung des Existierens abstößt."[12] Auch kann Bollnow mit der Degradierung des sozialen Bezuges zur uneigentlichen Dimension der Masse nicht zurechtkommen, denn „die Gemeinschaft ist zugleich etwas, was im wertvollen Sinn den Einzelnen trägt und hält und aus dessen geistigem Leben überhaupt der Einzelne lebt."[13] Eine meditative Philosophie im Sinne Bollnows möchte die Beziehung zum Leben als Ganzem fördern. Ihm fehlen in der Existenzphilosophie „alle Bereiche einer vom eignen Sinn erfüllten Wirklichkeit, vom organischen Leben des Tiers und der Pflanze bis zum Bereich der menschlichen Kultur im wertvollen Sinn."[14] Beides: biologisches und historisches Le-

[10] Ders., *Die Lebensphilosophie Jacobis*, a. a. O., 69.

[11] Ders., *Die Ehrfurcht*, a. a. O., 133.

[12] Ders., „Existenzphilosophie", in: *Systematische Philosophie*, hg. von N. Hartmann, Stuttgart/Berlin 1943, 426.

[13] Ders., „Zum Begriff der Geschichtlichkeit", in: *Gegenwartsfragen der Wirtschaftswissenschaft*, hg. von H. Hunke und E. Wiskemann, Berlin 1939, 366.

[14] O. F. Bollnow, „Existenzphilosophie", a. a. O., 356.

ben, wird vom Standpunkt der Existenz nicht angemessen, d. h. nicht aus ihren eigenen Mitte heraus verstanden.

Mit diesem Argument hat Bollnow früh gegen Heidegger opponiert, in dessen Schule er bekanntlich gehen wollte. Heideggers Begriff des *Mitseins* – so Bollnow in einem Brief vom 8./9. August 1928 an seinen Lehrer Georg Misch – bezieht sich immer nur auf die Bezüge zwischen Einzelnem und Einzelnem, aber es ist unmöglich, auf diesem Wege die Bezüge eines einzelnen Menschen zu irgendwelchen Formen der Gemeinschaft zu finden.[15] Mit anderen Worten wirft Bollnow Heidegger vor, atomistisch zu denken, also durch seine Begrifflichkeit die tragende Funktion des sozialen Bezuges nicht anerkennen zu können. Damit ist ein zweites Argument eng verbunden. Die Emphase auf der Eigentlichkeit führt dazu, die mannigfaltige Fülle des Lebens „nur als Derivat" zu betrachten und „allein die letzten ontologischen Begriffe" als „das Tragende" anzusehen.[16] Nun gibt Bollnow zu, dass Heideggers Daseinsanalytik dynamisch ist, „insofern sie mit dem Wesen des Menschen als einem bleibenden Inhalt aufräumt (und dieses ist in der Tat gründlich), alles in das Wie des Verhaltens wirft. Sie bleibt statisch, insofern sie allerdings dieses Wie als ein bleibendes festes Wesen ansetzt."[17] Bollnow greift hier den anscheinend dynamischen, letztlich aber doch statischen Charakter des fundamentalontologischen Ansatzes Heideggers an, der an der Idee eines permanenten Wie festhält. Als Physiker benutzt Bollnow den Begriff der „stationären Strömung", um Heideggers Daseinsanalytik zu veranschaulichen: An einem bestimmten Punkt fließt Wasser, doch der Gesamtzustand des Flusses bleibt konstant.[18] Dagegen stellt Bollnow die These auf, dass sich durch bestimmte Erfahrungen das Ganze restrukturiert, also – mit der gleichen Metapher ausgedrückt – auch der Gesamtzustand des Wasserflusses sich ändert. An diesem Punkt scheitert eine auf dem Begriff der Angst aufbauende Ontologie, in deren Optik man nicht sieht, wie gehobene Stimmungen eine ganz andere Seinswahrheit aufschließen. Im Briefwechsel mit Misch bezieht sich Bollnow insbesondere auf Phänomene wie Spiel, Leichtigkeit, Seligkeit und theoretische Haltung. Das sind nicht „defiziente Modi" einer eigentlichen Existenz, sondern Formen einer gelassenen Subjektivität, die sich zu Mensch und Natur kreativ verhält.

In seinem Buch über das *Wesen der Stimmungen* (1941) hat Bollnow diesen Ansatz konsequent weitergeführt. Der Ausbau einer philosophischen Anthropologie ist methodologisch dadurch legitimiert, dass sie jedem Phänomen den gleichen Erkenntniswert für das Verständnis des Menschlichen zuerkennt. Bollnow sieht, dass beim Übergang von der gedrückten zu den gehobenen Stimmungen sich nicht nur „die menschliche Seele mit neuen Inhalten füllt, sondern zugleich auch in ihrer Form selbst verwandelt."[19] Die gehobenen Stimmungen rufen eine μετάβασις εις αλλο γένος hervor, eine qualita-

---

[15] O. F. Bollnow, *Briefe an Georg Misch aus den Jahren 1928/29*, Brief vom 8./9. August 1928 im redigierten Typoskript von 26 Seiten auf S. 22. Die Skriptvorlage wurde von Prof. Dr. F. Kümmel für die Diskussion innerhalb der Bollnow-Gesellschaft erstellt.

[16] A. a. O., 2.

[17] A. a. O., 15.

[18] A. a. O., 14.

[19] Vgl. dazu G. Bräuer, „Otto Friedrich Bollnow", in: J. Speck (Hg.), *Geschichte der Pädagogik des 20. Jahrhunderts*, 2 Bde., Stuttgart 1978, 107f.

tive Verwandlung, die sich in den Erfahrungsformen der Zeit dokumentiert (später wird Bollnow auch die Veränderung in der Raum- und der Spracherfahrung durch ein vertrauensvolles „Wohnen“ betonen). Bollnow setzt also der Heideggerschen existentiellen Entschlossenheit die Getragenheit in den gehobenen Stimmungen entgegen, in denen das Verschwinden der belastenden und bedrückenden Zeiterfahrung eine „freie Leichtigkeit“ und einen „harmonischen Einklang“ des Menschen mit seiner Umwelt“ auslöst.[20] Eine solche Zeiterfahrung bedeutet die „letzte, äußerste Erfüllung des Lebens“.[21] In diesem auf Nietzsches Begriff des „großen Mittags“ anspielenden Zusammenhang tritt explizit das Motiv der Gelassenheit hervor. Bollnow erwähnt „eine glücklich in sich selbst ruhende Gelassenheit, die, weil sie in sich selbst sicher ist, auch die Ruhe hat, andre Dinge von ihrer eignen Mitte her aufzunehmen.“[22]

In dieser kurzen Textstelle sind viele Motive verdichtet. Die Gelassenheit bedeutet hier die Stimmung des Offenseins für das Andere *als* Anderes, aber sie ist keineswegs naiv und entspricht eher einem Gefühl des Eins-Seins mit dem Leben als einem Absoluten, welches sich durchaus mit einer Haltung der Kritik im Relativen verträgt. In dieser Wendung weist die Gelassenheit auf eine radikale Akzeptanz hin, die trotz aller Unsicherheit im Leben Sicherheit findet. Der Inhalt des Begriffs der Gelassenheit bei Bollnow entspricht also Nietzsches emphatischer Bejahung des Lebens und Goethes Satz „wie es auch sei, das Leben, es ist gut“. Das ist hier ein Zen ante litteram und erinnert an die Haltung jenes Zen-Meisters, der ein belegtes Brötchen bestellte und, als der Wirt ihn danach fragte, welchen Belag er gerne hätte, lächelnd antwortete: „ach, ich nehme einfach Eins mit Allem“. Man kann wohl sagen: Es ist hier ein metaphysisches Gefühl intendiert, das sich in ganz konkreten Haltungen ausdrückt. Ohne die entsprechende leiblich-geistige Erfahrung hört sich das allzu rosig an, doch gibt es diese Erfahrung der Gelassenheit, und sie ist gut, wenngleich nicht ohne Kosten erreichbar. Die Mystiker aller Traditionen haben seit jeher gewusst, worum es hier geht. Bollnows Verdienst aber ist es, einen säkularisierten Zugang zum Phänomen gesucht zu haben, der die im Leben gegebene Schicht eines radikalen Seinsvertrauens auf phänomenologisch neutrale Weise aufweist. Die so verstandene Gelassenheit ist eine Stimmung und zur gleichen Zeit eine Haltung, d. h. ein komplexes, mehrdimensionales Phänomen. Sie ist eine Lebensform, die in ihrer dynamischen Ruhe sich aus dieser Ruhe heraus gelassen zur Welt verhält, kurz: eine mediale Form der aktiven Passivität und passiven Aktivität. Das verlangt zugleich Annäherung und Distanzierung im Umgang mit dem Anderen, also ein meditatives Handeln, das nicht strategisch und diskursiv verfährt, sondern aus einer tieferen Schicht gelassener Subjektivität hervorgeht, die den Egozentrismus überwunden hat und die Anderen mit einer ichlosen Haltung sieht. Bollnows Begriff der Stimmungen und der Begriff der Gelassenheit führen zu ganz praktischen Konsequenzen

---

[20] O. F. Bollnow, *Das Wesen der Stimmungen*, Frankfurt a. M. 1941 (^{6}1980), 244.

[21] A. a. O., S. 242. Siehe dazu auch den Begriff des „Mittags“, so wie Bollnow ihn aus verschiedenen Quellen auslegt. Vgl. Bollnow, *Unruhe und Geborgenheit im Weltbild neuerer Dichter*, Stuttgart 1953, bes. „Der Mittag. Ein Beitrag zur Metaphysik der Tageszeiten“, 141–177. Vgl. auch O. F. Bollnow, *Rilke*, Stuttgart 1951, bes. 322f.

[22] O. F. Bollnow, *Das Wesen der Stimmungen*, a. a. O., 83.

und es ist kein Zufall, dass sie an zentralen Stellen seiner Ethik und Pädagogik wieder auftauchen. Dazu im Folgenden ein paar wenige Worte.

3. Bollnows hermeneutische Ethik kritisiert den formalen Charakter der Pflichtenethik. Er glaubt – zu Recht –, dass ein Handel rein aus dem Bewusstsein der Pflicht letztlich bedrückt und nicht hilft, selbst wenn es von den besten Intentionen inspiriert ist. Bollnow verweist demgegenüber auf den Vorrang der Güter vor den Pflichten: Es komme vor allem darauf an, dass man das Leben als gut fühlt. Die Kritik am Formalismus in der Moral erstreckt sich auch auf die existenzphilosophischen Ideale des Einsatzes, der Entscheidung und der Entschlossenheit. Diesen heroisierenden Idealen stellt Bollnow eine Konstellation von Phänomenen gegenüber, die zusammengenommen unterschiedliche Aspekte einer gelassenen Vernunft bilden. Er legt Nachdruck auf die individuelle Qualität von Haltungen wie Gelassenheit, Geduld, Duldsamkeit, Vertrauen, die einer offenen Stimmung entsprechen und mit dem militanten und sich beliebige Inhalte leihenden Zug der Entschlossenheit nicht kompatibel sind. Bollnow glaubt, dass diese verträglichen Lebensformen eine „neue Geborgenheit“ hervorbringen, die das Subjekt nicht von den Anderen und der Natur isoliert. Sie führen zu einem neuen Verhältnis zu Raum, Zeit und Kommunikation, ja zu einem *„tragenden Bezug zu einer Realität außerhalb des Menschen“*.[23] Ein geborgener Lebensbezug ist sich aller Bedrohungen bewusst und trotzdem ist er zu einer Lebensbejahung fähig.

In diesem Zusammenhang betont Bollnow die Rolle der Gelassenheit. Sie ist die Tugend, „mit der der Mensch die Dinge auf sich zukommen lassen kann“. Als solche ist sie „die Kunst, geduldig abwarten zu können, ohne eigenmächtig übereilte Entscheidungen herbeizwingen zu wollen, das ist, allgemein gesprochen, die Fähigkeit, sich gläubig und vertrauensvoll im gegenwärtigen Augenblick anzusiedeln.“[24] Man kann wohl sagen, dass sich dieser Begriff der Gelassenheit wie eine Zen-Tugend anhört, die darin besteht, alles wegfallen zu lassen, was mit dem Anspruch auf eigenmächtige Kontrolle zu tun hat. „Setz’ Dich, und das Gras wächst von selbst, wie es wächst“, heißt es in einem bekannten Zen-Spruch. Bollnows Ethik hat diesem Spruch noch vor jeder begrifflichen Ausformulierung Rechnung getragen. Indem einer sich auf einen gegenwärtigen Augenblick vertrauensvoll ‚einlässt‘, fällt auch jede starre Vorstellung von ihm ab, wie die Dinge sein sollten. Man lässt die Dinge auf sich zukommen in der Hoffnung, dass dann eine angemessene Antwort auf sie wie von selbst entsteht. Damit ist keine naive Passivität gemeint, sondern eine Haltung, die den Mut und die Kraft findet, vom Träumen abzusehen, auf eine kaleidoskopische Bildlichkeit zu verzichten und wach zu sein.[25] Diese

---

[23] O. F. Bollnow, *Neue Geborgenheit. Das Problem einer Überwindung des Existentialismus*, Stuttgart 1955 (^{4}1979), 18.

[24] A. a. O., S. 47. In einem späten Buch hat Bollnow den zeitlichen Aspekt der Gelassenheit wieder aufgenommen. Er vertritt „die Forderung der *Gelassenheit* als des richtigen Sich-Einlassen in den Gang der Zeit, mit innerer Ruhe, ohne Hast, aber auch ohne Säumigkeit“. Auf diese Weise verstanden ist die Gelassenheit eine der Grundbedingungen, um in der Zeit richtig zu „wohnen“. Vgl. O. F. Bollnow, *Das Verhältnis zur Zeit. Ein Beitrag zur pädagogischen Anthropologie*, Heidelberg 1972, 111.

[25] H.-P. Göbbeler, H.-U. Lessing (Hg.), *O. F. Bollnow im Gespräch*, a. a. O., 99. Zur Bildlosigkeit der Hoffnung bei Bollnow vgl. K. Biller, „Zeit in der anthropologischen Pädagogik. Zur

wache, aber nicht streng kontrollierte Geistesanwesenheit ist es, die auf die Dinge spontan und zeitgemäß antworten lässt.[26] Bollnows Begriff der Gelassenheit deutet immer auf Offenheit und Verfügbarkeit für den Kontakt mit dem Wirklichen hin. Sie befasst in sich auch die Fähigkeit, dankbar zu sein für die Kräfte, die uns tragen, und lässt uns aus diesem Bewusstsein heraus im Hier und Jetzt wohnen. Der gelassene, offene, verfügbare Mensch ist derjenige, der „sich frei gemacht hat von seiner selbstischen Befangenheit und darum wieder frei geworden ist für seine Aufgaben in der Welt.“[27] Ein damit verbundenes Vertrauen muss in der Gegenwart etabliert oder auch wieder entdeckt werden, das dankbar auf die Vergangenheit und hoffnungsvoll – also unabhängig von den eigenen bezwingenden Anstrengungen – auf die Zukunft sieht. Diese Haltung zu erreichen ist keineswegs einfach. Wie im Zen besteht die Schwierigkeit darin, die Illusion eines sich gleich bleibenden und alles in der Hand habenden Subjektes aufzugeben.[28] Wenn es gelingt, und sei es auch nur partiell, sich einzulassen, kommt dem eigenen Bemühen die Erfahrung zu Hilfe, dass das Leben trotz aller Schmerzen und Schwierigkeiten trägt. In diesem Sinne spricht Bollnow von einem „Seinsvertrauen“,[29] das die bergende und tragende Funktion des Raumes entdecken lässt und zu einer gelasseneren Kommunikation mit den Anderen führt.

Bollnows Begriff der Gelassenheit schließt Rationalität selbstverständlich nicht aus. Nur ist die gemeinte Vernunft eben nicht der naive und optimistische Anspruch der Aufklärungszeit und auch nicht die mit dem klassischen Idealismus verbundene Anmaßung. Bollnow tritt ein für einen gelassenen, integrativen Vernunftbegriff. Gelassenheit und Integration sind Aspekte einer meditativen Vernunfthabe, um die es in Bollnows Ethik im Grunde genommen geht. Bollnows Vernunftbegriff ist nicht verstandesfeindlich, doch lässt er sich keineswegs auf den Verstand beschränken. Letzterer ist zweckindifferent und kann sich gegebenenfalls auch im Interesse zerstörerischer Haltungen ans Werk machen. In Anknüpfung an die Ethik der Antike fasst Bollnow die Vernünftigkeit zuallererst als ein Prinzip des jeweils angemessenen Maßes, das nicht von festen Vorgaben ausgeht: „Maß ist immer“ – schreibt er – „ein nur relativ zu bestimmendes Optimum, ein immer neu zu findender schöpferischer Ausgleich.“[30] Also kann ein vernünftiges Maß auch nicht aus einer abstrakten Regel deduziert werden und ist vielmehr situativ zu verstehen. Es ist dem Einzelnen aufgegeben, das richtige Maß der im Spiel befindlichen Kräfte zu finden und kreativ zu beantworten. Dazu gehört für Bollnow auch, dass „alle irrationalen Kräfte im Menschen so weit als irgend möglich entwickelt werden, solange nur eine überlegene Vernunft sie dann noch zu bändigen vermag: Größte Leidenschaft mit

Rekonstruktion der Zeitkonzeption Otto Friedrich Bollnows“, in: *Transformationen der Zeit. Erziehungswissenschaftliche Studien zur Chronotopologie*, hg. von J. Bilstein, Weinheim 1999, 230.

[26] Darin besteht in der Tat auch das Training in den Zen-Künsten, wie etwa im Falle der Kampfkunst. Die spontane, aus der Leere kommende Reaktion des Leibes wird gesucht, der sich auf die wechselnden Situation einlässt, wie das Wasser fließt, ohne Anspruch darauf, feste Pläne durchzusetzen.

[27] O. F. Bollnow, *Neue Geborgenheit*, a. a. O., 49.

[28] Der Buddhismus weist hin auf *anicca*, die Unbeständigkeit des Subjektes und seiner Fantasien.

[29] A. a. O., S. 20.

[30] O. F. Bollnow, *Maß und Vermessenheit des Menschen. Philosophische Aufsätze. Neue Folge*, Göttingen 1962, 51.

größter Vernunft zu vereinigen, zwischen beiden das ‚kompossible Maximum' zu finden, das ist die eigentliche Aufgabe des Menschen."[31] Es ist hier also keine schwache Mittelmäßigkeit gemeint, sondern eine ‚mediale', gelassene Vernunft, die die im einzelnen verfügbaren Energien integriert, indem sie sie kreativ an die jeweilige Situation anpasst. Eine gelassene Vernunft antwortet auf die Herausforderungen der Wirklichkeit ohne Preisgabe der eigenen, tiefen Subjektivität und hat eine Vermittlungsfunktion zwischen beiden Polen. Eine gelassene Vernunft lässt Lebendigkeit und Spontaneität wachsen, soweit die damit verbundene Leidenschaftlichkeit noch mit den anderen Lebensbereichen harmoniert. Diesen medialen Vernunftbegriff kann man genauso gut ‚hermeneutisch' nennen, weil es der Vernunft aufgegeben ist, die Verhältnismäßigkeit der Teile innerhalb des Lebensganzen zu bestimmen. Selbstverständlich ist dies eine schwierige und in jedem Fall neu zu lösende Aufgabe, aber ihre ethische Relevanz kann kaum bestritten werden. Wenn die Aufgabe des Ganz-Werdens, der Integration unterbrochen wird und misslingt, ist die Struktur der Person gefährdet, indem Teilbereiche latent verabsolutiert und andere verdrängt werden. So wird z. B. die Arbeit zum Selbstzweck und entartet in unmenschlichem Funktionieren. Der Fanatismus der Leidenschaften kompromittiert den Dialog mit den Anderen und der Intellektualismus macht das Leben steril.

Hier ist der systematische Rahmen, in den Bollnows Überlegungen zu den Tugenden der Vernunft sich einpassen lassen. Er rehabilitiert antike Tugenden wie die Weisheit, die Klugheit und die Besonnenheit. Es kann hier nicht um die subtilen Nuancen gehen, die Bollnow zwischen einer extroversen, eher praktischen Klugheit und einer introversen, mehr theoretischen Weisheit sieht.[32] Wichtig aber ist, dass alle Tugenden in seiner Behandlung als Ausdruck einer vernünftigen Haltung erscheinen, die sich im „Abstand" und in „freiem Darüberstehen über dem Leben" verortet. Das Meditative besteht hier in der Fähigkeit zur Besonnenheit: zu sinnen und sich auf den Sinn eines jeweiligen Gegenstandes zu besinnen. Die Besonnenheit tritt hier als hermeneutische Tugend auf, Sinn zu verstehen und die Konsequenzen des eigenen Tuns verantworten zu können.[33] Doch all dies ist immer mit einer gewissen Leichtigkeit verbunden. Eine besonnene Vernunft ist gelassen und wirkt natürlich, nicht ernst bzw. starr diszipliniert,[34] denn sie leistet den Dingen keinen Widerstand. Die Gelassenheit verbunden mit Haltungen wie Wahrhaftigkeit, Vertrauen und Offenheit sind wesentliche Aspekte von Bollnows integrativem Vernunftbegriff. Ein vernünftiges Leben in diesem Sinne ist vom Prinzip des Maßes geleitet, aber just dieses Prinzip erfordert Mut und Offenheit für das Andere – und auch noch für das, was nicht vernünftig ist.

---

[31] A. a. O., 49.

[32] Im Unterschied zur Klugheit hat die Weisheit keinen praktischen Zweck, denn sie möchte die Menschen nicht gebrauchen, sondern vielmehr besser verstehen. In diesem Sinne erscheint dieser Begriff als eine hermeneutische Tugend, die das utilitaristische Prinzip von Vorteil und Nachteil transzendiert und eher der Logik des Herzens folgt. Am Gipfelpunkt der Vernunftethik stellt die Weisheit die Fähigkeit dar, über erlebten Sinn meditieren zu können und ihn besser verständlich zu machen.

[33] O. F. Bollnow, *Wesen und Wandel der Tugenden*, Frankfurt a. M. 1958, 91.

[34] Vgl. dazu die Ausführungen von Bollnow über die Starrheit „ernster" Menschen. Vgl. O. F. Bollnow, „Der Ernst", in: *Einfache Sittlichkeit. Kleine philosophische Aufsätze*, Göttingen 1947 (^{3}1962), 87–91.

Das wird am Phänomen der sprachlichen Kommunikation besonders sichtbar. Bollnow besteht darauf, dass die Wahrheit und die Vollendung des Menschen als eines vernünftigen Wesens nur in dialogischer Sprache zu erringen sind.[35] In Anlehnung an Max Buber redet er von einem „echten Gespräch“,[36] um die Gelassenheit im Dialog von jeder strategischen Kommunikationsform zu unterscheiden. Das echte Gespräch ist „ohne äußeren Zweck und von keinem speziellen Interesse geleitet nur auf die Sache gerichtet“.[37] Dies ist die Gewähr für Sachlichkeit, aber es ist nicht alles. Im echten Gespräch lässt man sich auf das Andere ein. Es gilt, das Schweigen zu durchbrechen und im Wort selber Gestalt anzunehmen, doch gelassen und unter Verzicht auf eine autoritäre Stellung. Eine gelassene Vernunft im Sinne Bollnows vollendet sich in der doppelten Fähigkeit zu reden *und* zu hören. Es ist hier eine Offenheit vorausgesetzt, die die inneren Grenzen (Hemmungen, Vermeidungen, Frustrationen etc.) überwindet und ein freies Sprechen begünstigt. Andererseits schließt die scheinbar simple Formel eine offene Verfügbarkeit für den Partner ein, die den Anderen auf der Basis einer prinzipiellen Gleichberechtigung anerkennt. Im prägnanten Sinne wirkt vernünftige Kommunikation sich immer emanzipatorisch aus, weil sie beides zugleich erfordert: die Freimachung von egozentrischen Motivationen und von begrifflichen Vorgriffen auf die Sache. Bollnow hat mit dem Insistieren auf die Gesprächsführung also einen phänomenologischen Rahmen für die gelassene Vernunft angegeben: Die Form des echten Gesprächs tritt nur dann auf, wenn die Teilnehmer über ihre Mankos und Masken bzw. über die bloß scheinbare Macht des Ego hinausgehen. Auch das gehört zum Bereich des Meditativen: Das Ego muss sich „entleeren“ und eine „mediale“ Haltung der Gelassenheit an seine Stelle treten, damit man sich auf den Anderen als einen Anderen überhaupt erst einlassen kann. Solange einer vom eigenen Sicherheitsbedürfnis gelähmt bzw. von selbstischen Manipulationsstrategien eingenommen ist, findet ein echtes Gespräch nicht statt.

4. Das Gespräch lebt aus einer gelassenen Symmetrie und macht sich auch in traditionell asymmetrischen Bezügen geltend, wie sie in den unterschiedlichen Bereichen der Pädagogik vorkommen. Deutlich ist, dass gerade hier die Gelassenheit eine zentrale Rolle spielt. Es muss vorab gesagt werden, dass Bollnow einen sehr differenzierten und weiten Begriff von Pädagogik ausgearbeitet hat, in dem für die verschiedenen Lebensphasen jeweils unterschiedliche pädagogische Vorschläge angemessen sind.[38] Aber auch die un-

[35] O. F. Bollnow, „Das Gespräch als Ort der Wahrheit“, in: *Universitas*, 35. Jg. (1980), Heft 2, 113–122.

[36] Vgl. M. Buber, *Das dialogische Prinzip*, Heidelberg 1984, 293 ff.

[37] O. F. Bollnow, *Das Doppelgesicht der Wahrheit. Philosophie der Erkenntnis*, zweiter Band, Stuttgart 1975, 42.

[38] Bollnow versteht den Menschen als „erziehungsbedürftiges“ Wesen (*Anthropologische Pädagogik*, a. a. O., 42). Also passen die Erziehung Erwachsener und im Allgemeinen auch viele Formen von Beratung und Therapie zum Erziehungsbegriff. In der Theorie Bollnows nimmt die Erziehung die Form eines sozialen Bezuges an, der die Entwicklung der Person fördert. In einem Rückblick aus den siebziger Jahren schreibt er, dass es einer im breiten Sinne verstandenen Erziehung aufgegeben ist, „dem Menschen, wo er aus eigner Kraft dazu nicht imstande ist oder die richtige Entwicklung schon verfehlt hat, auf dem Wege der Verwirklichung der in ihm auf eine aufwärtsführende Entwicklung hin angelegten Möglichkeiten ‚Lebenshilfe‘ zu leisten, ja ihm noch

terschiedlichen begrifflichen Bestimmungen und ihre praktischen Anwendungen setzen das Prinzip der Gleichberechtigung und grundsätzlichen Anerkennung des Anderen als Schüler, Hilfesuchenden, Lernenden usw. im pädagogischen Bezug voraus. Bollnow verbindet Bubers Theorie des echten Gesprächs mit Herman Nohls Prinzip der absoluten Bejahung des Zöglings in der Tiefe seiner Person. Der pädagogische Bezug wird als Begegnung zwischen Gleichberechtigten verstanden, die sowohl in den stetigen als auch in den unstetigen Erziehungsformen trägt. Der gute Erzieher (und das gilt auch für den Therapeuten, den Berater, den geistigen Vater usw.) hat Krisen schon überwunden und kann deswegen auch eine wirklich tragende Funktion ausüben, genauso wie der gute Bergführer die Risiken des Weges persönlich kennt und eben darum andere bis zum Gipfel führen kann. Der Erzieher sorgt dafür, dass der pädagogische Bezug von einer gelassenen Atmosphäre des Vertrauens und der Geborgenheit bestimmt wird.[39] Ohne eine vertrauensvolle und im Grunde gleichberechtigte Beziehung würde der Bezug mehr oder weniger offen eine autoritäre, direktive Form annehmen. Das Vertrauen ist bei Bollnow das universale pädagogische und therapeutische Element. Aufgrund des Vertrauens können neue Ausdrucksformen erprobt werden, die einen angemesseneren Wirklichkeitskontakt schaffen. Für Bollnow besteht die Aufgabe darin, dass man im pädagogischen Bezug lernt, kritischer bezüglich der eigenen Vorurteile zu sein und verfügbarer für ein echtes Gespräch mit dem Anderen, also aus der selbstischen Isolierung herauszugehen und zur Begegnung mit dem, was wirklich der Fall ist, bereit zu werden. Die so verstandene Funktion des Vertrauens kann eine hermeneutische genannt werden, weil es das tragende Medium bildet, um einen Zugehörigkeitsraum mit einer fremdem Öffentlichkeit zu verbinden. Gerade das Vertrauen und nur es gibt Anlass, den Horizont des Vertrauten zu überschreiten und sich der Begegnung und dem Dialog mit dem Fremden auszusetzen.

Dass sich diese Atmosphäre des Vertrauens durchsetzt, ist aber nicht selbstverständlich. Der Erzieher muss die Verantwortung für die pädagogische Atmosphäre übernehmen und dazu kann kein formaler Akt genügen. Bollnow sieht den reifen Erzieher durch Heiterkeit, Humor und Güte charakterisiert. In diesen Tugenden verdichtet sich die Haltung und die Stimmung eines gelassenen Menschen, der zu einem dynamischen Gleichgewicht und inneren Ruhe gelangt ist und sich nicht von äußeren Umständen betrüben lässt. Das pädagogische Element in seiner Funktion als Lehrender beruht darauf, dass er diese seine Gelassenheit als Bindemittel des

---

unbekannte Möglichkeiten allererst zu erschließen. Das ist die Aufgabe einer im weitesten Sinn verstandenen Erziehung." O. F. Bollnow, „Selbstdarstellung", in L. J. Pongratz (Hg.), *Pädagogik in Selbstdarstellungen*, a. a. O., 140. Bollnow verfügt über einen allgemeinen Erziehungsbegriff als strukturierte Hilferelation für die Entfaltung menschlicher Fähigkeiten überhaupt. Im Rahmen dieses weiten Erziehungsbegriffs hat Bollnow einige zentrale Phänomene eingehend untersucht, wie Sprache, Raum, Zeit, die Krise und ihre Überwindung, die Begegnung u. a. mehr.

[39] O. F. Bollnow, *Die pädagogische Atmosphäre. Untersuchungen über die gefühlsmäßigen zwischenmenschlichen Voraussetzungen der Erziehung*, Heidelberg 1964 (Reprint: Essen 2001), 11. Unter dem Begriff der pädagogischen Atmosphäre versteht Bollnow „das Ganze der gefühlsmäßigen Bedingungen und menschlichen Haltungen, die zwischen dem Erzieher und dem Kind bestehen und die den Hintergrund für jedes einzelne erzieherische Verhalten abgeben." Er hat also die im Bezug gegebenen Voraussetzungen jedes spezifischen Unterrichtens und Lernens im Blick.

Bezugs verwendet. So ist es zu verstehen, warum Bollnow die Erziehung weder mit Programmierung noch mit organischem Wachstum einfach gleichsetzt. Aufgabe einer weit gefassten Pädagogik ist es, durch den personalen Bezug eine Basis anzubieten, auf der existentielle Unsicherheit überwunden werden kann. Bollnow antizipiert damit die Thesen des berühmten Psychoanalytikers und Ethologen John Bowlby. Für beide spielt das grundlegende Vertrauen in den frühen sozialen Bindungen eine entscheidende Rolle für den Aufbau eines Gefühls der Sicherheit, und wo dieses fehlt, wird der Lebensbezug im Ganzen bedroht.[40] Darum ist bei Bollnow die Gelassenheit im Erziehungsprozess so wichtig. Sie trägt dazu bei, einen Geborgenheitsraum zu schützen, oder auch erst einmal zu schaffen, damit jeder auf den eigenen Beinen steht und eben deshalb auch dem Fremden begegnen kann.

Das ist auch der Grund, warum in Bollnows pädagogischer Theorie soziale Phänomene wie z. B. das Feiern so wichtig erscheinen, ja geradezu einen Zweck an sich darstellen. Die pädagogische Funktion der Feste besteht darin, eine gelassene Geselligkeit und motorische Intensivierung erfahren zu lassen. Das Fest ist eine dionysische Erfahrung, die zu einer Erneuerung des Lebens führt.[41] In Analogie dazu hat Bollnow auch das Verhältnis zur Natur im pädagogischen Bereich behandelt. Das Wandern gilt ihm als eine Transformation und Erneuerung des Bewusstseins, doch alles hängt davon ab, wie das geschieht. Bollnow redet von einem Wandern wie von einer mit dem langsamen Gehen verbundenen Zen-Erfahrung:

> „Auch im Wandern, im echten, gemächlichen Wandern zu Fuß auf schmalem Wanderpfad oder noch ruhiger Landstraße erfährt der Mensch, wenn er sich diesem Zustand ganz überläßt, eine Form der inneren Gestimmtheit, in der die immer unruhige Zweckhaftigkeit seines sonstigen Berufs- und Arbeitsleben oder auch Schullebens von ihm abfällt und er mit unendlich tiefer Beglückung den Zustand eines zeitlosen und zweckfreien reinen Daseins erfährt. Wandern ist in dieser Weise die tief erfahrene Rückkehr zum noch ungetrübten Ursprung des Daseins und Erneuerung des in seiner Rationalität erstarrten Lebens.“[42]

Man sieht, wie Bollnow hier einen Zugang zur leiblichen Bewegung entwickelt, die in die Nähe der fernöstlichen, leiblich verkörperten Geistigkeit rückt. Bollnow sagt hier, man solle sich im Wandern dem Zustand des Wanderns überlassen. Was ist damit gemeint? Die Zentrierung im Ich soll eingeklammert werden und damit fällt auch die Unruhe ab. Indem sich das Ich dem Wandern überlässt und der Leib lernt, sich gelassen um der Bewegung selbst willen zu bewegen – also nicht um einen außer ihm gelegenen Zweck zu erreichen –, erfährt man eine meditative Transformation, die wie ein Satori wirkt. Man überlässt sich im Wandern dem Wandern selbst, allgemeiner formuliert: Man überlässt sich vertrauensvoll dem, was man tut, und lernt beim Tun, selbstische Gedanken gehen zu lassen, die mit der egozentrischen Fantasie von Vorteil und Nachteil zu tun haben. Indem man sich meditativ um das kümmert, was da ist, löst sich auch

[40] O. F. Bollnow, *Die pädagogische Atmosphäre*, a. a. O., 23.

[41] A. a. O., S. 80. Vgl. z. B. O. F. Bollnow, „Zur Anthropologie des Festes“, in: *Neue Geborgenheit*, a. a. O., besonders über den Tanz: 227–238.

[42] O. F. Bollnow, *Die pädagogische Atmosphäre*, a. a. O., S. 84.

die alltäglich erfahrene Unterscheidung zwischen Subjekt und Objekt ab und eine innere, „heilende" Gestimmtheit wird entdeckt. Das allererst ist der erlebte Einklang von Innen und Außen, von Geist und Leib. Damit hängt der stille Einbruch einer gelassenen Stimmung zusammen, die in der Zeit die Zeit vergessen macht.

Bollnow hat immer betont, dass es nicht auf Ekstasen ankommt, sondern auf eine immer zu leistende und prinzipiell nie vollkommene Einübung in dieses Tun. In diesem Sinn kann man von der Gelassenheit als einer offenen, sich ständig stellenden Aufgabe sprechen. Sie dient der Entwicklung eines menschlichen Potenzials, das nur auf dem Weg des Übens eine konkrete Gestalt annimmt.

Hier ist der systematische Ort, an dem das Buch über das Phänomen des Übens ansetzt. Es scheint ein Thema der traditionellen Didaktik aufzugreifen und geht doch in eine andere anthropologische Richtung, die das Üben als Weg der Selbsterziehung und gelassenen Selbstgestaltung begreift.[43] Das rechte Üben ist in Bollnows Beschreibung ein Phänomen von höchster moralischer Relevanz, in dem es „um die Verwirklichung des eigentlichsten Seins des Menschen geht". Als solches ist es „eine Angelegenheit des zur Mündigkeit gekommenen erwachsenen Menschen".[44] Durch stilles Üben formt sich der Geist und Neigungen und Talente nehmen eine wirkliche Form an – das ist eines der Grundmotive des Buches. Damit verbinden sich einige bedeutsame theoretische Schritte. An erster Stelle behauptet Bollnow mit Plessner,[45] dass der Mensch kein festes Wesen hat, sondern eher als offene Mächtigkeit aufzufassen ist, die – wie Bollnow besonders betont – nur durch Übung zu einer stabileren Gestalt gelangt.[46] Oder anders gesagt, einer ist das, was zu sein er übt. Das richtig verstandene und praktizierte Üben ist nicht intellektualistisch als Anwendung einer abstrakten Regel zu verstehen; es ist vielmehr ein produktives Tun, das das Selbst durch irgendeine Kunst indirekt formt und geschmeidig macht.

Hier ist Bollnows Nähe zur fernöstlichen Geistigkeit vielleicht am klarsten sichtbar. Er gehört zu dem Kreis jener westlichen Gelehrten, wie u. a. Eugen Herrigel und Graf von Dürckheim, die über die Künste nachgedacht haben und auf die der Zen-Buddhismus seinen Einfluss ausgeübt hat.[47] Bollnows Verdienst ist es, die anthropologische Basis jener Disziplinen aufgewiesen zu haben. Im Bogenschießen, in der Schwert- und Kampfkunst,

---

43 In der Bollnow-Literatur wurde die Bedeutung dieser Schrift vor allem betont von Donq-Liang You, *Tunkönnen und Menschlichkeit. Der ethische Grundsinn menschlichen Seins bei Otto Friedrich Bollnow*, Frankfurt a. M. 1993, der von diesem Werk aus einen Zugang zur Anthropologie Bollnows gesucht hat.

44 O. F. Bollnow, *Vom Geist des Übens*, Freiburg i. B. 1978, S. 69. Diese Perspektive ersetzt nicht die einer Sprachpädagogik, die durch einen verantwortlichen Gebrauch der Sprache zur Autonomie und Urteilsfähigkeit erziehen möchte.

45 Vgl. H. Plessner, *Macht und menschliche Natur. Ein Versuch zu einer Anthropologie der geschichtlichen Weltansicht, Gesammelte Schriften*, hg. von G. Dux, O. Marquard und E. Ströker, Frankfurt 1980–85, Bd. V. Ich verweise dazu auf meine eigene Arbeit: S. Giammusso, *Potere e comprendere. La questione dell'esperienza storica e l'opera di Helmuth Plessner*, Mailand 1995.

46 O. F. Bollnow, *Vom Geist des Übens*, a. a. O., 12.

47 Eine interessante Dissertation zeigt die Verwandtschaft einiger Problemlösungen bei Bollnow und Graf von Dürckheim. Vgl. Petra Hoffmann, *Sinnkrise als Herausforderung an existentielle Pädagogik: von Bollnow über Jaspers zu Frankl und Dürckheim*, Univ. Stuttgart, Diss., 2001.

in der Kalligraphie oder im Ikebana, der Theater- und Tanzkunst lernt man nicht nur und nicht in erster Linie eine Technik; das gibt es hier auch, aber es ist nicht der springende Punkt. Beim Lernen einer Kunst geht es darum, sich einer Sache hinzugeben, das eigene „Ich" fallen zu lassen und sich dem Üben als einem Zustand der „Ichlosigkeit" zu überlassen.[48] Diese Erfahrung der Gelassenheit ist für Bollnow eine geistige, interkulturell zugängliche Erfahrung und er hat wie andere hierbei die Verwandtschaft zwischen westlicher und östlicher Mystik betont.[49] Gelassenheit im Üben heißt also, eine forma mentis auszubilden, welche disponibel ist und dazu befähigt, „im Einklang mit seinen Verhältnissen zu leben".[50] Das ist kein Sichdreinschicken, sondern ein meditativer Weg, aufgrund dessen sich die innere Freiheit im Medium des aktiven Lebens entwickelt und durchsetzt.[51] Das Üben erfordert gleichzeitig Disziplin – anders als im freien Spiel – und Gelassenheit – und das unterscheidet es wiederum von ergebnisorientierter Leistung. Es ist durchaus möglich, in dieser Charakterisierung des richtigen Übens eine „mediale" Lebensform zu sehen, wie Bollnow sie zuerst am Phänomen der Ehrfurcht herausgearbeitet hatte. Das richtig verstandene Üben braucht und motiviert eine gelassene Aufmerksamkeit, eine spielerische, selbstvergessene Seligkeit und Lust am Tun und auch die Unabhängigkeit vom Ergebnis (das war die Lehre, die Krishna in der Bhagavadgītā Arjuna verkündete), das Absehen von Nachteil und Vorteil, im Wesentlichen also wiederum den Zustand der „Ichlosigkeit". Das Üben schafft einen freien Raum, in dem – analog zum transitionalen, d. h. ludisch-symbolischen Raum im Sinne Winnicotts – jeder Akt die gleiche Relevanz hat und die gleiche, zweckfreie Aufmerksamkeit verlangt.

5. Eine übend-spielerische Gelassenheit ist keineswegs auf den Bereich des Praktischen beschränkt. Bollnow hat sie auch im theoretischen Leben geltend gemacht. Das ist durchaus konsequent, denn Bollnow vertritt die Einheit von Seinswahrheit und Erkenntniswahrheit. Dies bedeutet, dass Erkenntnisleistungen nicht von einem abstrakten, an einem festen („archimedischen") Punkt verankerten Subjekt getroffen werden; sie sind Funktio-

[48] Ioannis Theodoropoulos weist auf den transformativen Charakter der asketischen Erfahrung bei Bollnow hin, der auf die Zerstörung der Ich-Einstellung mit all ihrem Machtstreben abzielt. Vgl. I. Theodoropoulos, „Die Pädagogik der ‚ergardios Nous': Askese und Übung. Zum 100. Geburtstag Bollnows", in: *Pädagogische Rundschau*, 57 (2003), 701.

[49] In einem kurzen, aber dichten Aufsatz hat Wolfgang Wilhelm einige Motive genannt, um die außerordentliche Resonanz des Werkes Bollnows in Japan, Korea und Taiwan deutlich zu machen. Wilhelm stellt die interessante Frage, ob es nicht vielleicht einen „asiatischen" Zug in der Bollnowschen Philosophie gibt, der zu seinem großen Erfolg beigetragen hat. Seine Antwort ist, dass sicherlich das ethische Thema des richtigen Maßes Aufmerksamkeit gefunden hat, doch vor allem das Thema der Gelassenheit der östlichen Weisheit tief entspricht. Vgl. W. Wilhelm, „O. F. Bollnows fernöstlicher Wirkungskreis", in J. Schwartländer (Hg.), *Die Verantwortung der Vernunft in einer friedlosen Welt. Philosophisch-pädagogisches Kolloquium aus Anlaß des 80. Geburtstages von O. F. Bollnow*, Tübingen 1984, 175.

[50] O. F. Bollnow, *Vom Geist des Übens*, a. a. O., 76.

[51] Albert und Jain bemerken, dass Bollnow die Meditation für ein Erziehungsmittel und die Basis der Moral gehalten hat, wie es an Tugenden wie Besonnenheit, innere Ruhe, Gelassenheit ersichtlich ist. Vgl. K. Albert /E. Jain, *Philosophie als Form des Lebens. Zur ontologischen Erneuerung der Lebensphilosophie*, Freiburg/München 2000, 174.

nen von Lebensbezügen, in denen Subjekte vielfach mit der Umwelt in einem Verhältnis des Widerstandes und der Resonanz vernetzt sind. Vorverständnisse und Meinungen gehören dazu, auch Vorurteile und Projektionen, aber nicht so, dass man glaubt, bei ihnen stehenbleiben zu können. Eine gelassene Erkenntnisleistung verzichtet zwar nicht aufs Subjektive (im Fall der Geisteswissenschaften wäre das – wenn auch möglich – steril); eine von selbstischen Visionen gereinigte Subjektivität wird hier zum Gebot. In seiner Theorie der Geisteswissenschaften hat Bollnow dies ausdrücklich betont:

> „Auf der einen Seite gibt es eine schlechte Subjektivität. Das ist die subjektive Willkür und die Befangenheit in mancherlei zufälligen Bedingtheit und Voreingenommenheit. Man projiziert die eignen Wünsche und Befürchtungen in den eigenen Gegenstand hinein; man betrachtet die Dinge unter dem Gesichtspunkt des eignen Nutzens und Schadens; man läßt unkontrolliert der eignen Vorliebe und dem eignen Haß freien Raum und baut darauf nicht weiter begründbare Werturteile auf."[52]

Hier ist eine selbstbefangene und blinde Subjektivitätsschicht gemeint, die durch die Filter des Begehrens und Befürchtens sieht und ihre Projektionen an den Gegenständen wiederfindet. Nun hat Bollnow betont, dass diese blind sehende Schicht am Kontakt mit der Wirklichkeit scheitert, denn sie findet keinen Widerstand am Objekt. Es ist dann nicht nur möglich, sondern auch wissenschaftlich notwendig, diese Filter fallen zu lassen. Bollnow redet von der „Aufgabe einer Reinigung von den Schlacken der schlechten und zufälligen Subjektivität, um jene tiefere und reinere, ganz an den Gegenstand hingegebene Subjektivität zu gewinnen."[53] Er will damit sagen, dass eine gelassene, von Willkür befreite Subjektivität (man erinnert sich an Bollnows frühe Deutung des von Jacobi porträtierten Charakters von Eduard Allwill) das Objektive allererst sehen lässt. Gelassenheit und Überwindung eines selbstischen Narzissmus sind hier ein und dasselbe. Die Gelassenheit ist somit die Haltung einer tieferen Individuation, einer „mystischen" Individuation in dem Sinne, dass die Opposition zwischen einem egozentrischen Bewusstsein und seinen Inhalten weggefallen ist. Hier bereiten die individuellen Begabungen und Neigungen den richtigen Zugang zum Objekt vor und befähigen einen ganz realen Kontakt zum Wirklichen. Das heißt, dass man Dinge in ihrem Sosein, in ihrer wahren Natur sieht. Diese tiefere Schicht der Subjektivität ist freilich nicht ohne Askese erreichbar, also durch das Üben eines meditativen Handelns und Verstehens aus dem Zustand der Ichlosigkeit heraus.

Die so verstandene Gelassenheit spielt also eine wesentliche Rolle im Zustandekommen der geisteswissenschaftlichen Erkenntnis. Es muss ein aktiver Einsatz, ein motiviertes Interesse da sein, sonst haben auch die Phänomene keine Relevanz. Das wäre der Historismus qua Positivismus der Geisteswissenschaften, den Nietzsche mit gutem Grund kritisiert hat. Folglich ist für Bollnow der Lebensbezug des Wissenschafters entscheidend. Seine aktive Haltung muss sich mit einem offenen Sehen und Hinnehmen verbinden, denn auch hier macht eine fundamentalistische Parteilichkeit

---

[52] O. F. Bollnow, „Die Objektivität der Geisteswissenschaften und die Frage nach dem Wesen der Wahrheit", in *Maß und Vermessenheit des Menschen*, a. a. O., 136.

[53] A. a. O., S. 137.

blind für die Gegenständlichkeit. Bollnow legt den hermeneutischen Wissenschaften insgesamt ein gelassenes Erkenntnisinteresse zugrunde. Bei genauerem Hinsehen kann man sogar behaupten, dass diese Gelassenheit die Garantie dafür bildet, dass Kritik – bei Bollnow ein unerlässliches Moment – nicht zu etwas Zerstörerischem und im Grunde Unmenschlichem entartet, wie in jenen Formen äußerer Kritik, die sich bis hin zum Sarkasmus und zu Formen einer psychopatischen Menschenverachtung steigern. Eine Haltung der gelassenen Kritik achtet auf die unbewussten Formen der Lebensausdrücke und macht zugleich die mögliche Vollendung dieser Formen deutlich. Bollnows These des produktiv weiterführenden Charakters des „Besser-Verstehens" hält für gegenständlich angemessen und kritisch gelungen diejenige Interpretation, die in ihrer Artikulation die Form des betreffenden Phänomens im Lichte eines Lebenshintergrundes zur Darstellung bringt und zu neuen Sinnmöglichkeiten öffnet.

Neben einem sinnorientierten Verstehen betont der späte Bollnow ein Verstehen der Natur. Das Thema scheint neu zu sein und seinen anthropologischen Ansatz überholt zu haben. Demgegenüber muss festgestellt werden, dass Bollnow hier eine andere Form des theoretischen Verhaltens thematisiert, die die geisteswissenschaftliche Erkenntnis nicht ersetzt oder gar überflüssig macht. Hier geht es nicht mehr um ein perspektivisch aufzuschließendes Relatives, sondern um ein absolutes Seinsvertrauen, das sich aus einer tiefen Erfahrung der Allbezogenheit nährt. So gesehen ist das Naturverstehen eine mit anderen Mitteln durchgeführte Reprise von Motiven, die – wie wir gesehen haben – bei Bollnow früh auftauchen und sein ganzes Werk durchziehen. In Frage steht hier nicht eine ästhetisierte, geschweige denn eine naturwissenschaftlich vergegenständlichte Natur. Bollnow redet von der Natur mit einem älteren Ausdruck als „*natura naturans*"[54] und unterscheidet sie von der *natura naturata*, für deren Verständnis der anthropologische Ansatz im engeren Sinne vollkommen ausreicht. Letzterer versteht eine Erscheinung der Natur als sinnvolles Glied einer Kultur. Die *natura naturans* hingegen lässt sich niemals auf kulturelle Kategorien zurückführen und noch weniger ist sie als ein geometrisch-mathematisch zu messendes Objekt aufzufassen – und dies nicht etwa, weil sie eine Subjektivität hätte. Eine Hermeneutik der Natur als *natura naturans* möchte vielmehr die ganze Perspektive umdrehen und zu einem Naturbezug auffordern, der nicht von den menschlichen Bedürfnissen her motiviert ist. Ihre Aufgabe ist es, das zu verstehen, was Dinge der Natur „von sich aus zu sagen haben".[55]

Was aber sagen nun die Dinge der Natur von sich aus? Sie sprechen nicht eine menschliche Sprache und doch versteht man im stillen Schweigen viel, wenn man, wie der Zen-Spruch lautet, „mit den Augen hört". Es handelt sich hier um die Grenzerfahrung der Einheit und Verbundenheit aller Lebensformen, hermeneutisch formuliert um die Erfahrung, dass jeder Teil im Ganzen ist, vom Ganzen getragen wird und wiederum das Ganze sich in jedem Teil kundgibt. Bollnow rezipiert hier Schopenhauer und besonders den meditativen Sinn für Natur im japanischen Zen-Buddhismus. Dieser hat nur oberflächlich mit Fröschen zu tun, die im Teich aufspringen, mit blassem Mondschein in der kalten Winternacht, nebligen Berglandschaften usw.

---

[54] O. F. Bollnow, *Doppelgesicht der Wahrheit*, a. a. O., 164.

[55] Ders., „Zu einem zen-buddhistischen Spruch", in: *Zwischen Philosophie und Pädagogik. Vorträge und Aufsätze*, Aachen 1988, 65.

usf. So wie es in Herrigels Buch über das Bogenschießen eigentlich nicht um Pfeile und Zielscheiben geht, sondern um Satori, geht es auch hier um einen Zustand der Erleuchtung, der die Natur der Dinge versteht und sein lässt. Bei Bollnow ist mit dem Stichwort „Naturverstehen" eigentlich eine Seinserfahrung gemeint. Er zitiert zustimmend den zen-buddhistischen Philosophen Ueda, der mit dem Begriff „Natur" ein Ding in seinem So-sein meint, also so, wie es von selbst gegeben ist.[56] Bollnow will damit den technisch-anthropozentrischen Zugang überwinden, der die Natur als Bereich und Objekt menschlicher Herrschaft ansieht. Er setzt sich dagegen für eine gelassene Haltung ein, die zwar nicht technikfeindlich ist, aber doch Raum für eine meditative Naturerfahrung schafft.[57] Spezifisch bei Bollnow ist dieser meditative Zugang zur Natur zusätzlich verbunden mit dem Konzept der phänomenologischen Beschreibung, verstanden als ein Sehenlassen der Phänomene, wie sie von sich aus erscheinen, und mit einigen pantheistischen Motiven der romantischen Tradition (man denke an die Theorie Schuberts von den kosmischen Augenblicken, in denen sich das Leben als Ganzes offenbart).

Das ganze Geflecht dieser Themen ist in einem Dialog zu lesen, den Bollnow im Jahre 1986 mit dem Religionsphilosophen Keiji Nishitani geführt hat. Nishitani hatte ein Koan der berühmten Sammlung Mumonkan erwähnt, den Fall 16, und die Idee dargestellt, man müsste lernen „mit den Augen zu hören". Bollnows Kommentar dazu: „Das leuchtete mir sofort ein, denn mir schien darin eine tiefe metaphysische Erfahrung zusammengefaßt."[58] Bollnow legt das Motiv, „mit den Augen zu hören" – man könnte auch sagen: „mit den Augen zu ohren" – aus als eine radikale Umkehr der natürlichen Einstellung, welche die Natur unabhängig von der Logik von Vorteil und Nachteil, also unabhängig von menschlichen Bedürfnissen in den Blick nimmt. Diese Umkehr geht in die Richtung, die wir in dem schon zitierten Zen-Spruch „Setz' Dich, und das Gras wächst von selbst" finden. Es kommt darauf an, eine mediale, gelassene geistige Haltung einzuüben, die vom Lotussitz völlig absieht und den ichbezogenen Anspruch auf Kontrolle preiszugeben bereit ist. Es geht um beides: um Sichlassen und Seinlassen, also kurz: um Gelassenheit.

Der späte Bollnow schreibt der evozierenden Sprache die Rolle zu, ein gelassenes Hören und Verstehen der Natur anzuregen. Dies verlangt Arbeit an der dichterischen Funktion und Macht der Sprache. Wie die Dichtung enthält die Evokation etwas Ästhetisches, das sich in der Beschreibung vollzieht.[59] Das ist aber nicht alles. Sie verdichtet

---

[56] Zu den Bezügen zwischen der japanischen und der europäischen Philosophie vgl. G. Vianello, M. Cestari, K. Yoshioka, *La scuola di Kyōto. Kyōto-ha*, a cura di Grazia Marchianò, Soveria Mannelli 1996.

[57] Bedeutsamerweise plädiert der späte Bollnow für eine ökologische Position. Er betont die unersetzliche Rolle eines Bezuges zum vegetativen Leben, zum „Grünen", zu Bäumen und Garten und schlägt einen neuen Naturbezug als Gegengift zur Unbedachtheit einer naturwissenschaftlich orientierten Denkweise.

[58] O. F. Bollnow, unveröffentlichtes Vorbereitungsmanuskript zu „Zu einem zen-buddhistischen Spruch", 2, zitiert nach F. Kümmel, *Mensch, Natur und Sprache. Zum Spätwerk Otto Friedrich Bollnows* (1995), online unter: http://otto-friedrich-bollnow.de/042wuerdigungen.html, 53.

[59] Vgl. Bollnow., „Über den Begriff der ästhetischen Wirkung bei Josef König", in: *Dilthey-Jahrbuch für Philosophie und Geschichte der Geisteswissenschaften*, hg. von F. Rodi, Bd. 7/1990–91, 26.

und forciert sozusagen die Sprache bis an die Grenzen der Aussagbarkeit und deutet etwas Tieferes an, in dem der alltäglich verstandene Sinn wie suspendiert erscheint und „eine Ahnung tiefer Verbundenheit mit dem Seinsgrund überkommt".[60] Die evozierende Beschreibung wirkt also selber wie ein Koan, das verstandesmäßig nie zu lösende Paradox, das in der Tradition des Rinzai Zen dazu gebraucht wird, um eine Krise in der mitgebrachten, alltäglich verwurzelten Ich-Einstellung hervorzurufen. Die Überwindung dieser Krise führt zu einem Zustand der Erleuchtung, der das Ich entthronisiert und ein Transzendieren alles vorgegebenen Wissens bewirkt. Auf dieses Anfängliche weist die schöne Formulierung von Shunryu Suzuki „Zen-Geist, Anfänger-Geist" hin. Aber dieser Anfänger-Geist stellt zugleich eine späte Blüte des menschlichen Geistes dar, nachdem dieser seine Welten durchlaufen und sich aus ihrer Verstrickung wieder gelöst hat. In Bollnows Worten kann man sagen, dass mit der evozierende Beschreibung eine radikale Umkehr zustande kommt, welche die Dinge erst aus ihren Mitten sehen lässt, so wie sie von sich aus sind, ohne Projektionen und Vorurteile. Die evozierende Beschreibung ist es, die die hermeneutische Erfahrung des Lebens als Ganzes durch einen bestimmt qualifizierten Teil geschehen lässt. Es ist zu bemerken, dass die theoretische Struktur des hermeneutischen Zirkels hier nicht preisgegeben, sondern nur mit einer anderen Akzentsetzung versehen wird: Man muss sich schon in einem gelassenen Zustand befinden, damit die evozierende Beschreibung einen gelassenen Seinsbezug sehen lässt. Das will sagen, dass beides: die Gelassenheit und das Besser-Verstehen, prinzipiell offen sind für neue Erfahrung.

Das führt wieder zurück zu der Frage nach dem Verhältnis von Seinswahrheit und Erkenntniswahrheit. Ein gelassenes Verstehen der Natur ist eng mit einer Haltung der Wahrhaftigkeit, der Offenheit und der Verfügbarkeit, also mit der eigenen Seinswahrheit verbunden. Man wird sich daran erinnern, dass Bollnow diese Tugenden auch für die geisteswissenschaftliche Erkenntnisgewinnung als gültig anerkannt hat. Damit ist eine Reinigung der schlechten Subjektivität sowohl in seiner Hermeneutik der Natur als auch in seiner anthropologischen Hermeneutik und in der Theorie der geisteswissenschaftlichen Erkenntnis vorausgesetzt. Man wird sich hier legitimerweise fragen, wie es zu verstehen ist, dass die eine Seinswahrheit zu zwei so unterschiedlichen Formen von Erkenntniswahrheit führt. Allgemeiner formuliert stellt sich die Frage, in welchem Verhältnis Naturverstehen und historisches Verstehen, Vertrauen und Kritik zueinander stehen. Der späte Bollnow hat zwar keine ausführlich ausgearbeitete Antwort dazu gegeben, aber in seinen Texten sind unzweifelhaft viele Hinweise dazu vorhanden. Eine Hermeneutik des Lebens erstreckt sich auf beide zusammen, auf Mensch und Natur. Der anthropologisch-hermeneutische Zugang zur historischen Welt arbeitet methodologisch mit dem Modell von „Text" und „Kontext", also mit der „Logik" von Ganzem und Teilen. Er folgt den Prinzipien, die Bollnow in Anlehnung an Plessner herausgearbeitet und auch im pädagogischen Bereich vielfach angewandt hat. Ein solches Interpretieren ist nicht ethisch neutral, sondern kritisch, vor allem in Bezug auf die Mächte, die ein Interesse daran haben, ihr festes, vorgegebenes Wissen zu verwalten und den Horizont der historischen Möglichkeiten auf das eigene Herrschaftsinteresse zu reduzieren. Die geforderte Reinigung der Subjektivität hingegen steht im Dienst der Offenheit für jede

[60] Ders., „Versuch über das Beschreiben", *Hommage à Richard Thieberger*, Paris 1989, 59.

neue Erscheinung. Ein hermeneutischer Zugang zum historischen Leben plädiert also für eine Philosophie des Absoluten im Relativen, die im Namen der Individualität jeder textuellen Erscheinung eine pluralistische und prinzipiell unabschließbare Funktion gibt. Der historisch verstandene Sinn lässt sich folglich immer noch besser verstehen, als er zunächst verstanden sein will.

Im Fall eines naturphilosophischen Zugangs sieht es ganz anders aus. Die hier hermeneutisch evozierte Sinnhaftigkeit lässt sich nie diskursiv feststellen, genauso wie der Dao nicht der Dao ist, der gesagt werden kann. Für die *natura naturans* gilt also nicht das Modell des Textes. Und trotzdem ist ein Verstehen der Natur im Sinne einer Grenzerfahrung möglich, die das praktische, im Alltag ichbezogene Verstehen einklammert und etwas Neues entstehen lässt. Selbstverständlich kann ein solches leiblich-geistig erlebtes, vertrauensgebundenes Verhältnis zum Sein die Logik von Text und Kontext nicht ersetzen, genausowenig wie im Zen die Erleuchtung den Alltag ersetzt. Als der Mönch den Meister fragte, was Satori sei, antwortete der Meister: „Geh' und wasch' Deine Schüssel." Hier wird eine ganz konkrete Antwort gegeben, die die Identität des Absoluten und des Relativen performativ zeigt. Es gibt keine wirkliche Erleuchtung, die sich nicht auch in den kleinen Dingen des Alltags ausweisen würde. Der Meister wird selber zur Antwort, aber eine solche Antwort lässt sich nicht systematisieren, weil sie aus der Leere kommt und immer nur für die aktuelle Situation gilt. Auch im Verstehen der Natur evoziert die Beschreibung bzw. das treffende Wort ein Unergründliches, doch bedarf es der Kräfte des ganzen Menschen, damit sich aufgrund der Evokation etwas Neues gestaltet. Eine auf der evokativen Beschreibung gegründete Hermeneutik der Natur hat dann zwar etwas Theoretisch-Spekulatives, aber das Ethisch-Vitalistische hat den Vorrang. Die damit verbundene Erfahrung befreit den Menschen „von seiner Selbstbefangenheit und erweckt ihn zu seinem eigensten, innersten Wesen".[61]

Hier geht es primär um Sein und nicht um gegenständliche Erkenntnis. Sinn lässt sich hier weder anders noch besser verstehen. Es kommt auf einen gelassenen Seinsbezug an, bei dem sich im Relativen etwas Absolutes zeigt. Nicht zufällig konvergiert die naturhermeneutische Dezentrierung des Ich mit einer Haltung der unbedingten Ehrfurcht für alles Leben. Die meditative Erfahrung des Lebens im Ganzen mündet auf diese Weise ein in eine konkrete Haltung der universalen Sympathie und des Mitleids für alle Lebensformen. Es wäre aber ein Fehler, wiederum ein einseitiges Fundierungsverhältnis zwischen Vertrauen und Kritik, Absolutem und Relativem finden zu wollen. Sie verhalten sich analog wie Leere und Form im mahayanischen Text der Prajnaparamita, der auch für Zen eine wichtige Rolle spielt. Dass Form Leere ist und Leere Form, heißt in diesem Kontext, dass beidem die Qualität der *„anicca"* zugeschrieben werden soll, also der Unbeständigkeit eines jeden Phänomens, das nichts an sich ist, sondern durch unabsehbare Relationen eines bedingten Entstehens und Verstehens konstituiert wird. Dass aber auch die Leere Form ist, will – lebensphilosophisch formuliert – besagen, dass die Unergründlichkeit des Lebens als Möglichkeitsbedingung jedes Einzelphänomens anzusehen ist, und ferner: dass das Leben als Ganzes keine Subsistenz außer in seinen unergründlichen (und das heißt auch: immer besser zu verstehenden) Einzelphänomenen

[61] Ders., „Die Dichtung als Organ der Welterfassung", in: *Forschungsberichte zur Germanistik*, hg. vom Japanischen Verein für Germanistik im Bezirk Osaka-Kobe XIV (1973), 8.

hat. Auf analoge Weise kann man sagen, dass sich Vertrauen und Kritik, Hermeneutik der Natur und Hermeneutik des Menschen innerhalb einer allgemeinen Hermeneutik des Lebens wie Absolutes und Relatives reziprok durchdringen und eins nicht ohne das andere gedacht werden kann. Man kann und muss in der Welt des Relativen Kritik üben, jedoch aus einer offenen, vertrauensvollen Haltung heraus, und umgekehrt muss auch die Kritik ein gelassenes Seinsvertrauen nähren, das sich in der Ehrfurcht vor allen relativen Lebenserscheinungen ausdrückt.

In der meditativen Philosophie Bollnows kommt es also in der Spannung zwischen Leben und Form letztlich auf Phänomene an, die in der Lebenswelt selbst eine tiefere, in ihrem Freilegen schöpferisch werdende Subjektivität entdecken lassen. Das Sichhineinbewegen und Sicheinhausen in Raum und Zeit und das Sicheinlassen im Dialog mit den Anderen, sei es als Erziehungsbedürftige oder als Gesprächspartner schlechthin, sind Aspekte einer gelassenen Vernunft, die sich dadurch auszeichnet, Leben leben zu lassen.

IX Formae mentis

Zur Frage nach einer hermeneutischen Psychologie in der Nachfolge der Dilthey-Schule

1. Otto Friedrich Bollnow war Philosoph und Pädagoge vom Fach, aber in den Kreis seiner Interessen gehören ohne Zweifel auch die Grenzfragen der Psychologie. In den vierziger Jahren hatte er in Gießen u. a. auch Psychologie gelehrt. Seine Schriften sind voller Bezugnahmen auf psychologische Themen und Theorien, von der Gestaltpsychologie bis hin zur Psychoanalyse, ganz abgesehen von der selbst ausgeführten Phänomenologie der Stimmungen und der Analyse der Leiblichkeit im Kontext von Zeit und Raum. Außerdem ist die hermeneutische Pädagogik Bollnows so weit ausgelegt, dass jede Form der strukturierten Hilfebeziehung in die Theorie des von ihm weiterentwickelten pädagogischen Bezugs hineinpasst, vom sozialen Bezug bis hin zur klinisch-therapeutischen Beziehung. De facto besteht zwischen der hermeneutischen Pädagogik Bollnows und vielen Autoren der humanistischen Psychologie eine gewisse Verwandtschaft hinsichtlich der Themen und der praktischen Vorschläge; man denke z. B. an den systematischen Ort der Begegnung bei Bollnow und an die Konjunktur, die dieser Begriff in der „Encounter“-Bewegung der siebziger Jahre erlebt hat, und ferner an die vielen Berührungspunkte mit den Theorien von Carl Rogers und Viktor Frankl.

Des Weiteren hängt Bollnows Motiv einer „heilen Welt“ mit der Erfahrung und Notwendigkeit eines vertrauensvollen Lebensbezugs zusammen, die einer tragenden Grundschicht entspringt, tiefer als alle Wunden. Auch in der gegenwärtigen Psychotherapie wird das Vertrauen als Grundfaktor der therapeutischen Praxis und allgemein einer gesunden Haltung erkannt und dies unabhängig von Schulmodellen und jeglicher theoretischen Voreingenommenheit. Schließlich beansprucht Bollnows Hermeneutik des Lebens, Möglichkeiten meditativer Haltungen sichtbar zu machen, die zur Gelassenheit und zu einem guten Leben führen. Eine gewisse Ähnlichkeit kann in dieser Hinsicht mit der Psychologie Maslows gefunden werden, der ebenfalls auf einer Haltung der Verfügbarkeit und Offenheit zum Leben im Ganzen insistiert hat. Das alles sind objektive Berührungspunkte, die in der neueren Bollnow-Literatur aber erst allmählich gewürdigt werden.

Andererseits kann kaum übersehen werden, dass Bollnows Perspektive sich weit über die Psychopädagogik hinaus erstreckt. Bollnow hat ständig einen Weg gesucht, der von der Analyse der psychischen (aber auch zugleich ethischen) Phänomene in ein Verständnis des Menschlichen als eines Ganzen einmündet. Der anthropologische Ansatz: das Einzelphänomen vom Ganzen des menschlichen Lebens her zu begreifen, ist bei ihm Teil einer umfassenderen Hermeneutik des Lebens, die eine Neubegründung der Philosophie im Ganzen verlangt, ohne auf die praktische Aufgabe zu verzichten. Eine hermeneutische Philosophie des Lebens im Ganzen reicht über den Bezugsrahmen der von Schleiermacher abgesteckten philosophischen Hermeneutik sprachlicher Gebilde weit hinaus.

Bollnows Philosophieren speist sich aus verschiedenen Einzelwissenschaften und möchte aus deren Befunden „richtige“ Haltungen herauslösen, die ein Wohnen in der Wirklichkeit und ein Zuhausesein im Leben ermöglichen. Darauf beruht auch die Legitimität seiner Pädagogik als „Lebenshilfe“. In der Tat enthalten seine pädagogischen Forschungen verschiedene Vorschläge für die Erziehung, die heute noch innovativ wirken. Phänomene wie die dionysische Erneuerung des Lebens in Fest, Feier und Tanz, der stille und intime Naturbezug, das Wandern im Grünen und auch das Schlafen in der freien Luft sprechen für die erzieherische Bedeutung seiner Theorie. Es sei noch an das Thema einer Erziehung zum Mut gedacht, angefangen mit dem Springen als erlebter, verkörperter Metapher eines vertrauensvollen Bezugs zu Raum und Zeit bis hin zum Mut des Hörens und des öffentlichen Worts.

Es kann aber nicht verschwiegen werden, dass eine therapeutische Operationalisierung dieser pädagogisch-hermeneutischen Konzepte dem theoretischen Anliegen Bollnows nicht gerecht wird und auch nicht in seinem Sinne ist. Um diese Distanz zu markieren, wäre daran zu erinnern, dass Bollnow in seinen Arbeiten zur Theorie der Geisteswissenschaften den hermeneutischen und den psychologischen Zugang unterschieden hat und darin auch ein Stück weit über Dilthey und den Psychologismus seiner Zeit hinausgegangen ist. Bollnow geht davon aus, dass die hermeneutischen Kategorien nicht psychologisiert werden sollten; das Psychologische erscheint ihm – wie vielen Autoren seiner Generation – noch zu sehr einer Bewusstseinphilosophie verhaftet zu sein, die sich mehr auf den closed mind als auf die openmindedness versteht. Bollnow ist ein Kritiker des mentalistischen Paradigmas der neuzeitlichen Philosophie und tendiert eher zu einem relationalen, nach allen Seiten hin offenen Modell. In seinem Ansatz wird die hermeneutische Analyse von der genetischen Analyse eines Ausdrucks unterschieden. Die Hermeneutik hat es nicht mit der psychologischen Genese zu tun, zumindest nicht primär, sondern mit einem Besserverstehen des Ausdrucks, und diesen im besten Sinne aufklärenden Dienst kann sie nur leisten, indem sie die unbewussten, aber gegenständlich zu deutenden Formaspekte allererst sichtbar macht. Es ist kein Zufall, dass Bollnow viel mehr als das Erlebnis den Erlebnisausdruck akzentuiert hat.

Man darf daraus aber nicht den Schluss ziehen, er biete wenig Ansatzpunkte für eine hermeneutisch orientierte Psychologie. Mir scheint, dass durch die Vorbehalte Bollnows nicht die Psychologie als solche erschüttert wird, sondern eher die Formen eines psychologischen Reduktionismus. Es muss in diesem Zusammenhang daran erinnert werden, dass die Gegenwartspsychologie aus einer „Familie“ (im Sinne Wittgensteins) von Wissenschaften besteht, die von den Neurowissenschaften bis zu den Sozialwissenschaften, von der strikt statistisch-experimentellen Forschung bis hin zur klinischen Methode reicht. Innerhalb dieser weiten und vielgestaltigen Familie gibt es Forschungsrichtungen und Typen therapeutischen Handelns, die dem qualitativen und existentiellen Zugang eine Schlüsselrolle zuweisen. Ich denke vor allem an die verzweigte Bewegung der humanistischen Psychologie, in der Tonlagen anklingen, die auch bei Bollnow Resonanz finden. In beiden Fällen wird eine Kritik an jeglicher Form reduktiver Psychologie formuliert, welche die komplexe Struktur der Erfahrung einseitig auf der Ebene des erlebenden Bewusstseins verrechnet oder gar auf den zugrundeliegenden physiologischen Mechanismus zurückführt. Die gestalttheoretische Feldtheorie, der symbolische Interaktionismus, die nicht-direktive Psychologie von Carl Rogers sind unterschiedliche Zugänge und doch sind sie in erster Linie aus einer Kritik am psychologischen Reduktionismus und am mentalistischen Paradigma entstanden. Dazu bedarf es den Mut, sich in ein offenes Feld zu begeben und außerhalb der gewohnten Bezugsrahmen zu denken.

In der Nachfolge Diltheys kann Bollnow geltend machen, dass sich jeder kausalerklärende Ansatz dem Risiko aussetzt, den Zusammenhang der Phänomene aus dem Blick zu verlieren, so wie sie in der Lebenswelt auftreten und in diese eingebettet sind. Bollnows relationale Theorie sucht die komplexe, mehrdimensionale Qualität der Phänomene durch eine Verbindung von Sprachanalyse, Strukturbeschreibung und hermeneutisches Verstehen in den Blick zu bekommen. Seine Hermeneutik des Lebens hat einen deskriptiv-integrativen Zug, der eben nicht eo ipso ein Psychologieverbot beinhaltet. Sie kann auch Anlass dazu geben, den psychologischen Stoff selbst konsequent hermeneutisch zu behandeln. Mit anderen Worten geht es bei Bollnow nicht um eine psychologische Hermeneutik, sondern um eine hermeneutische Psychologie.

Das Interesse für die Psychologie ist in Bollnows Werk präsent, und zwar in nicht geringem Maße. Doch tritt es immer als Teil eines allgemeineren Zusammenhanges auf, gemäß dem Leitsatz der Lebenshermeneutik, aufgrund dessen das geschichtliche Leben als „textuelle" Struktur anzusehen ist. Zum angemessenen Verständnis einer beliebigen Erscheinung der Lebenswelt bedarf es immer einer Kontextualisierung. Der Psychologe muss dann von Grund auf die Strategie wechseln. Statt Bollnows spekulativ orientiertes Denken nachträglich für die Sache einer hermeneutischen Psychologie zu rekrutieren scheint es angebrachter zu sein, ins Gespräch mit ihm zu treten und durch ihn mit der zu Unrecht in den Hintergrund gedrängten hermeneutisch-anthropologischen Dilthey-Schule Kontakt aufzunehmen, die mit Misch und Nohl in Göttingen ihren Ausgang nahm. Im Folgenden werde ich die Möglichkeit eines Verhältnisses zwischen Hermeneutik und Psychologie in diesem Sinn betrachten.

Zu seiner Zeit hatte Dilthey, der Mitbegründer des gegenwärtigen hermeneutischen Denkens, die Ansätze einer qualitativ verfahrenden, verstehenden Psychologie umrissen. Es ist immer noch merkwürdig, dass sich danach keine ausformulierte hermeneutische Betrachtungsweise in der Psychologie entwickelt hat, so wie sich ein hermeneutischer Zugang zur Literatur- und Sprachwissenschaft, zu den historischen Disziplinen einschließlich der Kunst- und Musikgeschichte, zu Jura und Philosophie seit Langem etabliert hat. Es mag wohl sein, dass Diltheys eigener Rückzug aus dem psychologischen Feld die Rezeptionsgeschichte mitbestimmt hat. Selbst Bollnow hat mit Misch lange daran festgehalten, dass der späte Dilthey, der Hermeneutiker, und nicht der beschreibende Psychologe wichtig sei, denn letzterer bewege sich immer noch im Banne des Cartesianismus. Angesichts der neueren Dilthey-Forschung seit den achtziger Jahren hat sich das Urteil Mischs und des frühen Bollnow als zu streng erwiesen.

Bei Dilthey geht es von Anfang an und im Ganzen um das Projekt einer Kritik der historischen Vernunft als notwendiges Seitenstück zu Kants Kritik der reinen Vernunft. Diltheys von der Trias Erleben, Ausdruck und Verstehen ausgehende Psychologie ist von vornherein hermeneutisch angelegt, wobei der psychologische Ansatz jedoch nicht ganz durch einen hermeneutischen Ansatz ersetzt worden ist. Diltheys Forderung einer beschreibenden und integrativ verfahrenden Psychologie – das ist auch das Anliegen einer hermeneutischen Psychologie – geht über die Einzelheiten der Dilthey-Philologie weit hinaus.

Aus psychologiegeschichtlicher Perspektive betrachtet ist es nicht schwer, Auffassungen zu finden, die wie Dilthey eine qualitative Psychologie und Klinik gefordert und sich mit dem Übergewicht der exakten Methode kritisch auseinandergesetzt haben. Es sei hier an bedeutende Theoretiker und Kliniker erinnert wie Carl Rogers, Abraham Maslow, Fritz Perls, Alexander Lowen, Erich Fromm, Jacob Moreno u. a. Und doch blieben ihre Positionen randständig bezüglich des Mainstreams in Forschung und Therapie, in dem behaviouristische und kognitivistische Modelle immer noch die dominanten Positionen innehaben. Sicher ist jedoch, dass die Forderung nach einer qualitativen und beschreibenden Psychologie heute mehr denn je aktuell erscheint, wenn man die Entwicklungen der psychoanalytischen Bewegung, der klinischen Psychopathologie und der hermeneutischen Richtung berücksichtigt. Es scheint, dass die Zeit reif ist, damit der alte Gott Hermes seine Funktion als Seelenführer wieder übernimmt. Hermes ist der Traumführer und Beschützer der Wanderer; er begleitet die Seelen bei ihren Übergängen; als Gott der Transition kann seine Gestalt wie keine zweite die Situation der psychologischen Forschung und Praxis abbilden.

Die Frage nach einem neu zu definierenden Verhältnis zwischen Psychologie und Hermeneutik ist in einer doppelten Richtung aufzurollen. Einmal ist zu fragen, ob die Hermeneutik in der Nachfolge der Dilthey-Schule, zu der Bollnow zu rechnen ist, einen Beitrag zur humanistischen Psychologie leisten kann. Zum andern stellt sich in umgekehrter Richtung die Frage, ob in den Themen der humanistischen Gegenwartspsychologie neue Denkanstöße für die Hermeneutik zu gewinnen sind. Die damit geforderte zirkuläre Bewegung zwischen der Philosophie und den Einzelwissenschaften entspricht ohne Zweifel dem offenen Charakter von Bollnows Lebenshermeneutik, wobei hier keine bestimmte Einzelwissenschaft Anspruch auf eine Vorrangstellung erheben kann. Andererseits aber ist kaum zu unterschätzen, dass die Forderung nach einer Betrachtung der Phänomene „en plen air“ in der Psychologie heute akut geworden ist. Wir erinnern an die ironischen Worte des Vaters des modernen Kognitivismus, Ulrich Neisser: Ist „x“ ein wichtiges Thema für das menschliche Leben, so ist es sicher – sagte er –, dass die Gegenwartspsychologie es nicht in Anspruch nehmen wird. Dies war in der Tat die Situation der internationalen psychologischen Forschung seit der Mitte der siebziger Jahre. Es herrschte ein Übergewicht der kognitiven Gehirnforschung und in Verbindung damit die Zerstückelung derselben kognitiven Forschung in eine Vielfalt von immer abstrakteren und begrenzteren Modellen, die in ihrer Gültigkeit der jeweils gewählten experimentelle Methode entsprechend beschränkt sind. Trotz ihrer prestigereichen Tradition ist selbst die psychoanalytische Theorie an die Peripherie des heutigen kognitivistischen Mainstreams gedrängt worden. Das letzte Wort ist aber noch nicht gesprochen. Bedeutsamerweise ist Neisser zum Kritiker des Kognitivismus geworden,

den er selber mitbegründet hat. Mit seiner ironischen Bemerkung wollte er die Tendenz angreifen, Psychologie im geschlossenen Laborraum zu betreiben. Er stellte somit implizit die Aufgabe, die „ökologische“ Komplexität der psychologischen Phänomene zu treffen, die in der Lebenswelt immer eng mit den Werten, Zwecken und der sozialen Organisation verbunden sind. Das ist es aber, was Bollnow in seiner philosophischen Anthropologie seit den vierziger Jahren immer behauptet hat.

Um den geforderten produktiven Dialog zu entwickeln, bedarf es selbstverständlich einer ausführlicheren systematischen Behandlung, die nicht nur Programm bleiben darf. Ich werde mich im Folgenden auf einige Hinweise konzentrieren. Mir geht es hier darum, in erster Linie die These plausibel zu machen, dass ein an der Dilthey-Schule orientierter Ansatz der Psychologie und die humanistische Richtung der Gegenwartspsychologie in vielerlei Hinsicht in einem übereinstimmenden wissenschaftstheoretischen Paradigma konvergieren. Das ist auch als ein Beitrag zum Werk O. F. Bollnows zu sehen, der seine Begrifflichkeit in Feldern auf die Probe stellt, die er selbst nur teilweise erschließen konnte.

2. Der erste Berührungspunkt betrifft den Gegenstand der Psychologie. Ein hermeneutischer Zugang zur Psychologie sollte integrierend verfahren und kann sich weder mit dem empirisch feststellbaren Verhalten noch mit dem psychischen Leben als rein ‚innerlicher‘ Dimension zufriedengeben. Gegenstand einer hermeneutischen Psychologie ist die Struktur, der „Text“ der Lebensbezüge. Nicht nur die äußeren, auch die inneren Bezüge: die sogenannten „internen Gegenstände“, können als „Text“ erschlossen werden, der auf eine Sinnkonstellation hinweist. Dazu passt der Begriff des psychischen Strukturzusammenhangs im Sinne Diltheys, der durch ein komplexes System von Hemmungen und Förderungen in der Familie und in den sozialen Bezügen erworben wird. Ferner gehören dazu die Wirklichkeitsvorstellungen und die emotionalen Einschätzungen, die in der Muttersprache sedimentiert sind und allgemeiner ausgedrückt die archetypischen Ideen eines Kulturraums bilden. Eine hermeneutisch orientierte Psychologie fokussiert die Bezüge zum Wirklichen im Sinne eines dynamischen Orts, in dem die Bedürfnisse und Motivationen von psychophysischen Organismen mit den Anforderungen der äußeren Welt zurechtkommen müssen. Eher als einen neuen Spezialismus verlangen diese komplexen Gegenstände psychologischer Forschung eine integrative Betrachtungsweise, die von den höheren kognitiven Leistungen und den Phänomenen des emotiven und praktischen Lebens bis hin zur Psychopathologie reicht. Der Schlüssel hierzu ist ein qualitativ integrierender Blick: Jedes psychologische Phänomen soll als Glied der textuellen Struktur ausgelegt werden, in der die symbolische Interaktion zwischen Mensch und Welt sich bewegt. Diese Perspektive schließt den Gebrauch von Modellen nicht aus. Modelle sollen das Qualitative an der Lebenswelt in ihrer textuellen Struktur restituieren, sonst bleiben sie abstrakt. Statistische Schlüsse, klinisch-diagnostische Klassifizierungen, neuro-kognitive Diagramme bleiben Instrumente einer auf dem Textbegriff aufbauenden hermeneutischen Psychologie.

Der Begriff der textuellen Struktur des Weltbezuges bietet den Vorteil, lebensnah zu sein und zugleich offen zu bleiben für transfigurierende Leistungen. Die Lebensbezüge als eine textuelle Struktur zu denken heißt, in erster Linie dem sozialen und historisch-kulturellen Aspekt Rechnung zu tragen, ohne das Individuelle dabei zu übersehen. Der

Textbegriff deutet auf einen jeweils anders gearteten linguistischen Horizont hin. Die Sprache bietet allererst die Textur, in der die Wirklichkeit in jeweils spezifisch artikulierten Sinnnuancen zur Sprache gebracht werden kann. Hier greifen die Überlegungen von Erich Rothacker über das Verhältnis von Sprache und Wirklichkeit bei den Gauchos der argentinischen Pampa und allgemeiner die an Humboldt und Whorf orientierten Beispiele und die darauf bezogene These Bollnows, dass das Weltverständnis sprachvermittelt sei. An diesem Punkt kann man eine gewisse Verwandtschaft zwischen dem kulturanthropologischen Ansatz und der kulturalistischen Psychologie etwa von Wygotskij und Lurija feststellen: Die Sprache entspricht einem bestimmten Lebensstil und gestaltet ihrerseits den sozialen Wirklichkeitsbezug mit. Dementsprechend hat Bollnow die Sprache als Medium der Wirklichkeitserfahrung angesehen. Diese ist immer schon von spezifischen Zeit- und Raumauffassungen geprägt, des Weiteren aber von Vorstellungen über die Bezüge zu den Anderen und zu sich selbst. Man kann sagen, dass der Text der Wirklichkeitsbezüge immer schon durch die *formae mentis*: durch kulturelle Strukturen vermittelt ist.

Durch den Textbegriff kann man auch Diltheys Auffassung der psychischen Struktur wieder neu ‚lesen'. Viel mehr als Bollnow (wobei nicht zu vergessen ist, dass dieser Alfred Schütz' phänomenologische Soziologie rezipiert hatte) hat Dilthey soziale Phänomene genauer auf den Begriff gebracht. In der psychischen Struktur im Sinne Diltheys sind Gruppen, Gemeinschaften, Institutionen, also komplexe soziale Systeme und Interaktionen, von vornherein mitgedacht und eingeschlossen. Mit dem Strukturbegriff wird die soziale Seite des Geistes getroffen, für deren Verständnis die klassische psychoanalytische Dynamik zwischen Lustprinzip und kultureller Hemmung unzureichend erscheint. Wenn man von diesem kulturalistischen Ansatz ausgeht, scheint es legitim, im Sinne Diltheys weiterzugehen und einen Zugang zum Geist als Textstruktur der Lebenswelt zu suchen, d. h. als ein Netz von symbolischen Bezügen, die sozio-historisch vermittelt werden.

Dass dieser Zugang plausibel scheint, ist auch an den unorthodoxen Entwicklungen der Freudschen Tradition zu sehen. Es ist hier an das Verständnis des Geistes als Gruppenmatrix zu denken, das von Foulkes bis hin zur gegenwärtigen Gruppenanalyse entwickelt worden ist. Diese Richtung erkennt den historischen Charakter der Psyche und macht den sozio-historischen Aspekt des Gedächtnisses, der Traditionen, der kollektiven Erzählungen geltend. Somit geht sie über den individualistischen und unhistorischen Freudschen Zugang zur psychischen Struktur hinaus.

Analog dazu tritt in der Perspektive einer hermeneutischen Psychologie die psychische Struktur als eine Textstruktur auf, d. h. als ein Konnex von Gliedern, in dem Einzelpunkte die Gelenke der Struktur bilden, die wiederum auf den komplexen Zusammenhang der ganzen Textstruktur hinweist. Die Beziehung von Teilen und Ganzem ist intrapsychisch und sozial von der Matrix vermittelt. Wir können in diesem Zusammenhang die *forma mentis* als Mentalität fassen. Damit bezeichnen wir die Vorstellungen, die Tendenzen und die sozial anerkannten Praktiken, welche die Textstruktur bilden und die Lebensbezüge intrapsychisch und intersubjektiv organisieren. So gesehen ist das Subjekt mit einer historisch überlieferten und sozial aufgebauten Mentalität konfrontiert, die sich insbesondere in der Sprache ausdrückt. Dementsprechend ist auch die individuelle Psyche in erster Linie als Ausdruck der Textur des Selbst zu deuten.

Für die Bildung der persönlichen Identität ist die vermittelnde Rolle der Sprache und der Kultur wichtig, weil nur innerhalb solcher Rahmen eine Selbstbestimmung und Selbstbesinnung auf die eigenen Lebensbezüge hin entwickelt werden kann.

Im Sinne Bollnows und der Lebensphilosophie hat die Kultur einen positiven Wert. Aus der orthodoxen Freudschen Sicht ist die Kultur Antagonist des Triebes; sie frustriert die individuelle Suche nach unbegrenzter Lust. Freuds ganzer Ansatz lebt aus diesem Dualismus. Die kulturalistische Betrachtungsweise leugnet nicht die Lust und die Rolle des Widerstandes im Weltbezug, aber sie verschiebt den Akzent auf die Getragenheit durch die geistigen Gebilde, die das Medium der Kreativität und der verantwortlichen Anpassung an die Welt bilden. Diese These hat in der komplexen psychoanalytischen Bewegung selbst viele Anhänger; ich denke etwa an Winnicotts Auslegung des transitionalen Raums. Winnicott betont den ludischen Zug der Kultur, der den Ausdruck der Innenwelt in der Außenwelt ermöglicht und umgekehrt den Druck der Außenwelt auf die Innenwelt mildert. Eine gewisse Nähe ist hier auch zur Gestalttheorie zu sehen. Perls hatte die kreative Anpassung als Zweck der Gestalttherapie angegeben und meinte damit, dass es dabei nicht auf den gebieterischen Ausdruck der Libido ankomme, sondern auf die Befreiung der im Gestaltfeld gehemmten Energien, sodass die Interaktion und der Kontakt zur Wirklichkeit wieder aufgenommen werden können. In der hermeneutischen Deutung des Geistes als Textstruktur lassen sich diese Motive wiederfinden. Die Kultur ist per se nicht nur etwas Normativ-Institutionales und, lebensphilosophisch ausgedrückt, etwas Bedrückendes. Der Mensch ist ein Kulturwesen und auch die Suche nach Lust und Befriedigung muss durch die Kultur gehen. Es wäre sogar möglich zu behaupten, dass sich jede dauerhafte Form der Lust (das antike Thema der katastematischen Lust) aus der Fähigkeit ergibt, in den verschiedenen Formen von Lebensbezügen zu wohnen, vom vertrauensvollen Wohnen im Leib bis zum Sichlassen im Verhältnis zu den Anderen und zur Natur.

Es ist aber auch möglich, den Textbegriff für die Elemente der Lebenswelt zu benutzen, die näher zur biologischen Schicht liegen. Bollnow selbst hat an verschiedenen Stellen die Rolle der Leiblichkeit für die Textur der Lebensbezüge betont. Das Motiv des richtigen „Wohnens im Leib“ tritt besonders hervor in den phänomenologischen Untersuchungen zum erlebten Raum, aber es ist auch an anderen systematisch relevanten Stellen seines Werkes vorhanden. Davon ausgehend könnte man sagen, dass die Textstruktur des Selbst sowohl kulturell als auch leiblich ist. Dies ist aus seiner Phänomenologie des erlebten Raumes zu ersehen: die Vertikalität der aufrechten Haltung, die Bewegung auf der horizontalen Ebene, die Konstitution der Bereiche des Vertrauten und Fremden, hervorgehend aus dem leiblichen Bezugspunkt von Nähe und Ferne.

Von diesem Standpunkt aus wäre es angebracht, einen erneuten Blick auf das Werk von Helmuth Plessner zu werfen, der wie kein Zweiter dem Verhältnis des Menschen zu seinem Leib nachgegangen ist und eine Hermeneutik der Leiblichkeit entwickelt hat. Ich verweise nur auf seinen Begriff der Umweltintentionalität des Leibes, der in folgender Weise rekonstruiert werden kann: Im Kontakt zur Umwelt deutet das leibliche Verhalten symbolisch auf eine Sinnhaftigkeit hin, die im Lichte der Textstruktur der Lebensbezüge erscheint. Auch an Plessners Begriff der exzentrischen Positionalität des Menschen wäre dabei anzuknüpfen. Dass der Mensch durch eine exzentrische Positionalität charakterisiert ist, heißt für unseren Zusammenhang, dass er als Träger von Bedürfnissen anzusehen ist und zugleich den Leib als Instrument benutzt, um seinerseits die Bedürfnisse zu befriedigen und den Druck der Außenwelt zu beantworten. Im Begriff der Exzentrizität ist die Gebrochenheit, aber zugleich die unlösliche Einheit des natürlichen und kulturellen Aspekts im menschlichen Wesen gedacht. Aufgrund dieses theoretischen Schritts kann man die Textur der Lebensbezüge dynamisch verstehen: Wohl ist die *forma mentis* eine Textur von anscheinend starren Bedeutungen, aber sie ist von einem mächtigen Fluss der Emotionen und Motivationen durchzogen, der für die Bedürfnisse einen angemessenen Ausdruck in der Wirklichkeit finden muss.

Bollnow war bekanntlich eher skeptisch gegenüber ontologisch-kategorial gefassten Begriffen; die phänomenologische Substanz des Exzentrizitätsbegriffs scheint mir aber keineswegs erledigt zu sein. Sie entspricht völlig einem dynamischen Zugang zum Phänomen der Leiblichkeit, der bei genauerem Hinsehen schon im diltheyschen Begriff der psychischen Struktur qua senso-motorischem Umweltbezug angelegt ist. Bollnow hat diesen Ansatz im Wesentlichen geteilt. Eine hermeneutische Psychologie könnte an weitere Konzepte Plessners und Bollnows anknüpfen. Der Begriff der Positionalität z. B. steht ursprünglich im Zusammenhang einer Ontologie der sich selbst bewegenden Organismen, er könnte aber auch im Sinne einer Positur (engl.: *posture*) für die Theorie und Praxis einer Individualpsychologie fruchtbar gemacht werden. Auch dieser Begriff kann somit die Doppelaspektivität der menschlichen Leiblichkeit vor Augen führen: Der Leib selbst ist das Medium *und* die Grenze des Kontakts zum Wirklichen und d. h. er vermittelt beides zugleich: die Offenheit und das Abgeschlossensein im Bezug. Das ist eben der Sinn der Positur. Sie verweist auf das komplexe Phänomen der leiblichen Eigenschaften, vermöge dessen jeder den Bezug zur Welt gestalten kann. In der menschlichen Positur zeigt sich ein Geflecht von Elementen, die eng miteinander zusammenhängen: Man stelle sich z. B. die spezifische Gestaltung der aufrechten Haltung vor und ferner Phänomene wie die Stimme, den Blick, das Atmen, die Qualität der Bewegung. In der menschlichen Positur sind Haltungen und Stimmungen verschmolzen. In ihr gibt sich die spezifische Weise der Offenheit, aber auch der Geschlossenheit des Leibes zur Interaktion mit der Umwelt kund, einschließlich der asymmetrischen Bezüge zur Autorität und der symmetrischen Bezüge zu Gleichen und zum anderen Geschlecht. Selbstverständlich sind diese Haltungen zumeist unbewusst. Eben dadurch, dass wir uns immer schon in einer verstandenen Lebenswelt bewegen, wie Bollnow in seiner Verstehenstheorie mit Dilthey behauptet, ist uns nicht völlig durchsichtig, wie wir in der Welt positioniert sind. Der leicht passive Akzent, der im Begriff der Positur hörbar wird, ist in diesem Sinn zu verstehen: Die Positur ist zum gutem Teil etwas Unbewusstes.

An dieser Stelle entsteht von selbst die Frage nach dem Verhältnis zur Tiefenpsychologie, eine der revolutionärsten Entdeckungen der Moderne. Aufgabe einer hermeneutischen Psychologie wäre es, die unbewusste Textur der Lebensbezüge zum klaren Bewusstsein zu bringen, wogegen die klassische Psychoanalyse die höheren kognitiven Leistungen eher als Resultate der unbewussten Dynamik auslegt. Außerdem geht die Psychoanalyse davon aus, dass der psychische Apparat nach einem Trägheitsprinzip auf der möglichst niedersten und konstantesten Ebene funktioniert. Dagegen will ein hermeneutischer Strukturansatz mit Dilthey, Bollnow und auch der Gestalttheorie geltend machen, dass der Integrationsprozess und kreative Wachstumsprozess mit der Erfahrung des Neuen verbunden sind. Es bedarf einer starken energetischen Investition, damit sich der Psychismus den Gewohnheiten, den Vorurteilen und dem Horizont des Bekannten und Vertrauten entwindet und sich durch die Erfahrung des Fremden für das Wachstum verfügbar macht. In der Tat sind hier die Grenzen des klassischen psychoanalytischen Theoriemodells überschritten: Der strukturale Ansatz Freuds verweist auf eine intrapsychische konfliktuelle Dynamik und auf individualpsychologische Entwicklungsstufen. Dagegen bezieht sich der Strukturbegriff bei Dilthey und mehr noch der Textbegriff bei Bollnow auf eine sich sowohl leiblich als auch soziokulturell auslegende Schicht.

In der Freudschen Psychoanalyse spielt die Sexualität in allen ihren Entwicklungsstufen eine Schlüsselrolle und in Bezug auf sie erscheinen andere Bereiche des Lebens eher als Derivate. Auch für eine hermeneutisch orientierte Psychologie ist die Sexualität eine wichtige Komponente der Lebenswelt, sie sollte aber der Befriedigung anderer Bedürfnisse eine nicht mindere Rolle zuschreiben. In einer anthropologischen Perspektive fokussiert sich der Blick eher auf die Art und Weise, wie die verschiedenen Aspekte in der psychischen Struktur und in der Textur der Lebensbezüge integriert (eventuell auch desintegriert) sind. Wegen ihrer engen Verbindung zum historischen Wissen könnte sie die Perspektive Freuds umdrehen und sie als eine historisch-kritische These verstehen. Freuds Entdeckung spielte eine bahnbrechende Funktion in einer Gesellschaft wie der Europas in ihrer klassischen Moderne, die noch sehr zurückhaltend in Sachen Sexualität war und in der die Störungen der hysterischen Konversion weit verbreitet waren. Mit der sexuellen Revolution der sechziger Jahre hat die Hysterie viel von ihrer sozialen Relevanz verloren und in der heutigen Mediengesellschaft ist der Narzissmus diejenige Form der geistigen Störung, die dem Zeitgeist entspricht. Eine hermeneutische Psychologie könnte also mit gutem Recht die These vertreten, dass auch die psychopathologischen Formen, nicht anders als die anderen Lebensformen, Ausdrucksweisen und Funktionen eines soziokulturellen Stils sind.

Dies schließt freilich nicht aus, dass der Begriff des Unbewussten in eine hermeneutische Strukturpsychologie integriert werden kann und muss. Seit den vierziger Jahren hat sich in der psychoanalytischen Bewegung die Einsicht durchgesetzt, dass bestimmte Funktionen des Ich eine relative Unabhängigkeit vom unbewussten Determinismus haben. In dieser Spur wäre zu fragen, was eigentlich mit ‚unbewusst' gemeint ist. In der zweiten Topik Freuds ist das Unbewusste eine vom Bewusstsein unabhängige andere Schicht. Sie ist von spezifischen Prozessen und von einem organisatorischen Prinzip, dem Lustprinzip, geregelt, das mit dem bewussten Leben in Konflikt tritt. Hier ist das Unbewusste als eine Art ‚black hole' gedacht, in dem Themen wie Sexualität und Aggressivität sich verbinden und dessen das Ich nicht Herr werden kann. Die hermeneutisch-anthropologische Schule stellt demgegenüber eine allgemeinere These auf: Das Leben ist in allen seinen Aspekten unergründlich, und im weiten Sinne gehört dazu auch das Unbewusste. Für Bollnow heißt das u. a., dass das in der Lebenswelt schon angelegte Verständnis nie völlig durchsichtig wird. Wie ein Autor sein Werk, aber nicht sein Verhältnis zu ihm sieht, gilt allgemein: Aufgrund der Gebrochenheit menschlichen Seins weisen die Ausdrucksgestalten des Lebens auf einen unergründlichen Ausdruckshintergrund hin. Der Lebensbezug enthält immer unbewusste Seiten, aber das Unbewusste ist hier nicht bereits vorweg in einer spezifischen Richtung bestimmt. Unbewusst können Stimmungen und Gefühle, aber auch Motivationen, Zwecke, Vorverständnisse, Projektionen und Vorurteile sein. Ein hermeneutischer Zugang zur Psychologie sollte also das

Unbewusste als denjenigen Teil des Strukturzusammenhangs betrachten, der im Organismus-Umwelt-Bezug angelegt, aber noch nicht bestimmt ist und auch nie ins volle Bewusstsein gehoben werden kann. Diese Perspektive entspricht eher dem Unbewussten der ersten Topik Freuds, das sich als emotionale Verarbeitung denken lässt und die äußere Wirklichkeit mit der inneren Wirklichkeit verbindet. Nur ist der anthropologisch-hermeneutische Zugang zum Unbewussten nicht auf die individuelle Ebene beschränkt. Weit über das individuelle Bewusstsein hinaus gibt es einen sozialen, ja universellen Wesenszug des Unbewussten. Er betrifft die anscheinend selbstverständlichen Üblichkeiten in den Stilen der Macht, ferner die Archetypen der künstlerischen Vorstellung und die paradigmatischen Modelle der Wirklichkeit. So gesehen ist das Unbewusste eher die Schattenseite des Geistes, die ihm von Anfang angehört und die auch nie vollständig aufgehellt werden kann. Es gibt keine prinzipielle Trennung zwischen Unbewusstem und Bewusstsein, sondern ein ständiges Strömen, das von der einen wie von der anderen Seite her gespeist wird und verstanden werden kann.

Nach Bollnow besteht die Rolle des Interpreten darin, das Unbewusste jeweils zum besseren Verständnis zu bringen. Er meinte das in dem Sinne, dass der aus dem Unbewussten geschaffene Ausdruck zu seiner Klärung der Deutung des Interpreten bedarf. Diese Forderung gilt auch für den Fall einer hermeneutischen Psychologie. Auch der Psychologe kann sich nicht auf einen archimedischen Punkt gesicherter Annahmen stützen. Er nimmt zu dem jeweils anders gestalteten Anderen (als Gruppe, Institution, Patient, Klient usw.) den Bezug auf und sieht darin eine Positur, eine Konfiguration, einen Lebenshorizont, die dem Anderen selbst noch gar nicht bewusst geworden sind. Seine Interpretation als Psychologe hat die Funktion, den Ausdruck in einen Zusammenhang mit den unbewussten Lebensbezügen zu bringen, sodass er deutlicher erscheint, und ferner kann er ihn auf seine mögliche Entwicklung hin sehen. Es versteht sich von selbst, dass ein Verstehen des Unbewussten in dieser Hinsicht eine prinzipiell offene Aufgabe darstellt. Wahrhaftigkeit und Mut sind erforderlich, um für die Wirklichkeit des Unbewussten in ihrer ganzen Breite wach und verfügbar zu sein. Hier gilt Bollnows Prinzip der engen Beziehung zwischen Seins- und Erkenntniswahrheit: Einer versteht je nach dem, was und wie er selber ist. Aber ohne Zweifel kann die Auseinandersetzung mit dem Unbewussten dazu führen, die Struktur der Persönlichkeit offener und flexibler zu machen, mehr bereit dazu, einen tiefen Lebensbezug zu fühlen und das Wirkliche so zu verstehen, wie es von sich aus ist. Das ist eben die gelassene Haltung des taoistischen Wu-Wei: die Fähigkeit, die Dinge auf sich zukommen und wieder gehen zu lassen – eben das Gegenteil des neurotischen Festhaltens und Widerstands.

3. Ein hermeneutischer Ansatz in der Psychologie ist mit der humanistischen Psychologie auch unter dem Aspekt der Fragestellungen und Problemlösungen verwandt. Ich meine hier die Theorien des Charakters und der Entwicklung. Unter diesem Aspekt bietet die hermeneutische Auffassung der Textstruktur des Selbst den Vorteil, dass sie sowohl synchron als auch diachron entfaltet werden kann. In der ersten Hinsicht bezieht sie sich auf die relativ konstanten Tendenzen, die den Kontakt der Persönlichkeit zur Welt charakterisieren. Zu einer so verstandenen Charaktertheorie hat die klinische Psychologie der Gegenwart viele Beiträge geleistet. Es ist kein Zufall, dass Dilthey selbst dieses Thema anspricht, weil es bei ihm eine relevante Rolle für die Theorie der In-

dividualität spielt. In seiner Strukturpsychologie beinhaltet der Charakter die qualitativ ausgeprägten Modalitäten des Weltbezugs. Ihnen liegt die gleiche psychische Energie zugrunde, die sich aber quantitativ je nach Person unterscheidet. Dilthey erwähnt Beispiele (der Ehrgeizige, der Eitle usw.), die aus der alten und neueren aristotelischen Tradition stammen, doch ist es sein Verdienst, die Grundlagen für eine dynamische und relationale Theorie bereitgestellt zu haben. Das Phänomen des Charakters ist in der Leib-Umwelt-Relation begründet: in den Modi des Kontakts zur Welt, in denen typische Antworten auf die Herausforderungen und den Druck der Außenwelt verankert sind. Mit den Charakterzügen ist verbunden, wie sich die Kräfte einschließlich der logischen Energie im sensomotorischen Schema strukturieren. Auch an diesem Punkt unterscheidet sich die hermeneutische Anthropologie von der Psychoanalyse. Die klassische psychoanalytische Auffassung geht davon aus, dass der Charakter mit intrapsychischen, psychosexuellen Entwicklungsstufen zusammenhängt. Dagegen erlaubt es ein hermeneutischer Ansatz, den Charakter durch die typischen Modalitäten zu beschreiben, in denen sich der Lebensbezug realisiert.

Die Gebrochenheit der menschlichen Positionalität führt dazu, dass der Kontakt mit dem Wirklichen immer neu gewonnen werden muss. Für eine hermeneutische Psychologie sind also die Modi des Kontakts relevant und von daher wird verständlich, wie ein einzelnes oder ein kollektives Subjekt Energien investiert, um dem Druck der Außenwelt standzuhalten und die eigenen Bedürfnisse mit den Ressourcen der Umwelt in Übereinstimmung zu bringen. Der Blick des Psychologen legt das Zwischen, die Relation, die energetische Konstellation aus. Man versteht daher, warum sich eine hermeneutische Charaktertheorie nicht mit einer geschlossenen Klassifizierung der Charaktere zufriedengeben kann: Es ist vielmehr eine offene und flexible Beschreibung erwünscht, die die energetischen Konfigurationen und die Bezugsmodi in der Textstruktur des Selbst und seiner Welt sichtbar macht. Selbstverständlich ist die praktische Funktion der diagnostischen Kriterien nicht zu leugnen, wo es vor allem darum geht, Pharmaka zu verabreichen. Das Verstehen des Charakters aber ist eine symbolische Erfahrung, und aus hermeneutischer Perspektive – wie Bollnow als Interpret des dichterischen Worts gelehrt hat – kommt in erster Linie die Wirklichkeit eines Don Quijote in Betracht und das schmerzvolle Verstehen dessen, dass sein Wahnsinn die eigene Lebensform darstellt. Den Charakter verstehen heißt, die unbewusste Textur des Selbst verantwortlich auf sich zu nehmen. Das ist ein schwieriges itinerarium mentis in veritatem, welches zu einer gereinigten und tiefer individuierten Subjektivität führt. Ein durch den Weg der Bewusstheit gegangenes Subjekt – das eben ist die Sache der Therapie – lässt starre Vorurteile und Projektionen fallen und passt sich durch echten Kontakt kreativ der Wirklichkeit an.

Auf die Therapie als einen von Hermes geschützten Weg komme ich wieder zurück. Ich möchte zuerst darauf aufmerksam machen, dass mit der synchronen Perspektive auch eine diachrone kompatibel ist. Die Textur des Selbst zeigt sich im Hier und Jetzt in der spezifischen Qualität der Bezüge zum Wirklichen, sie hat aber auch eine zeitliche Dimension. Das Thema der Zeitlichkeit ist in der Dilthey-Schule durchaus vorhanden. Bei Bollnow ist die Zeitstruktur bereits in Haltungen wie der Dankbarkeit und der Hoffnung angelegt. Auch das Bewusstsein, das der positiven Überwindung einer Krise folgt, verändert nach ihm die Zeiterfahrung. Aber bereits Dilthey hatte die psychische Struktur als primär zeitlich gekennzeichnet. In Diltheys Auffassung treiben Bedürfnisse und Gefühle die Struktur nach vorn, d. h. sie drängen darauf, dass sich Kognitions- und Handlungsprozesse gestalten, um stets die erneute Anpassung des Organismus an die Umwelt zu ermöglichen. Hier kann eine hermeneutische Psychologie ansetzen und die These vertreten, dass sich die Textur des Selbst in der Zeit begründet, artikuliert und differenziert: Sie entwickelt sich, wächst an Komplexität und wird tiefer und bewusster, indem sie sich kreativ der Wirklichkeit anpasst. Die bewusste, reife Anpassung ist kreativ.

Eine wichtige Rolle spielt hier die Betrachtung des Bewusstseins als awareness. Diesem Zustand hat der Gestalttheoretiker Fritz Perls eine therapeutische Funktion zugeschrieben, denn er ist der Ansicht, dass Leben das Gewahrsein der eigenen Bedürfnisse und seiner selbst in ihnen sei. Zu seiner Zeit hatte Dilthey das Bewusstsein für die Fähigkeit gehalten, vom „erworbenen Zusammenhang des psychischen Lebens“ zur Reife zu kommen, indem die Qualität der Interaktion von Leib und Welt erhöht wird. In diesem Sinne hat das Bewusstsein einen emanzipatorischen Zug, der das reife psychische Leben autonom macht und einen freien Weltbezug am Leitfaden der eigenen Bedürfnisse ermöglicht. Die Assonanz mit der späteren Gestalttheorie ist umso bemerkenswerter, wenn man daran denkt, dass Perls das Gewahrsein als Bedingung für eine kreative Anpassung an die Welt betrachtet. Bei Dilthey ist außerdem eine Theorie der Bedürfnisse umrissen, die in vielen Hinsichten heutige Debatten vorwegnimmt. Nach Dilthey sind die Grundbedürfnisse der Nahrungstrieb, die Geschlechtsliebe, die Sorge für die Nachkommenschaft und die Schutztriebe. Die humanistische Psychologie der Gegenwart hat diese These im Grunde nur leicht variiert.

Das Motiv der Verwirklichung unentwickelter Möglichkeiten ist ein weiterer Berührungspunkt zwischen der hermeneutischen Richtung und der humanistischen Psychologie. Die nicht-direktive Psychologie von Carl Rogers gründet auf der Einsicht, dass jeder Organismus eine selbstverwirklichende Ganzheit bildet und seine Entwicklung von einer ungünstigen Umwelt nur unterbrochen, nicht aber überhaupt in Frage gestellt werden kann – eine Ansicht, der auch Perls zugestimmt hätte. Dilthey hat auf seine Weise dieselbe These vertreten: Die Wirklichkeit kann das Leben fördern oder hemmen und das psychische Leben reagiert darauf teleologisch, d. h. es strukturiert sich nach dem Prinzip, Schmerz zu vermeiden und Lust zu suchen. Unter idealen Bedingungen besteht die Normalität in der Freiheit des Wollens, den Ansatzpunkt auszuwählen, von dem aus der Mensch die Außenwirklichkeit modifizieren oder sich ihr anpassen kann. Das ist der Begriff der kreativen Anpassung bei Perls und des kreativen Verstehens bei Bollnow. Wo Normalität im prägnanten Sinn da ist, ist auch Entwicklung, Kreativität, Erfahrung des Neuen gegeben, also kurz: Geschichtlichkeit. Wenn diese kreative Entwicklung fehlt, kommt es zu pathologischen Erscheinungen. Dilthey hatte sich für die normale, reife Struktur interessiert; Bollnow thematisiert etwas mehr defekte Lebensformen, Krisen und pathologische Gefühle. Selbst wenn sie nicht eigens Beiträge zur Psychopathologie leisten wollten, halte ich es für möglich, durch sie und über sie hinaus ein hermeneutisches Modell auszuarbeiten, das die Pathologie als eine Krise im Lebensbezug und im Verstehen ansieht.

Die Neurose z. B. kann als Zustand der Gebrochenheit betrachtet werden, in dem ein angemessener Kontakt zu sich und zu den anderen verloren gegangen ist; die Person erlebt also ein Sinndefizit. Ohne auf spezifische Unterscheidungen einzugehen, kann man von einer Kompromisslösung sprechen, in der die Textstruktur des Selbst nicht völlig integriert ist, weil sie sich ungünstigen, hemmenden Bedingungen zu sehr angepasst hat. Aus diesem Grund ist der Spielraum der Antwortmöglichkeiten enger und die für die reife Struktur typischen Merkmale der Lebendigkeit, Geschichtlichkeit, Freiheit, Entwicklung erscheinen eher defizitär. Die narzisstisch-manische Negation der Grenzen kann dem nicht entgegentreten, denn sie verrät eine nicht weniger problematische Beziehung zum Wirklichen als einem Möglichen: Die Ohnmacht hat sich zu Allmacht umgewandelt. Aber auch hier treten Organismus und Wirklichkeit in einen ständigen Konflikt, der möglicherweise nur von der Arbeit am Ausdruck, von einer realitätsgerechten Erfahrung der Grenzen und durch eine Integration der Kräfte gelöst werden kann. Der gute Ausgang der Therapie ist hier wie ein Waffenstillstand, der unüberwindbare Schützengraben mit fließenden Grenzen und Übergängen austauscht. In hermeneutischer Perspektive tritt der psychotische Zusammenbruch als Implosion des ganzen Psychismus vor einer Wirklichkeit auf, die nicht nur hemmt, sondern auch bedrohend überfällt. Die Textstruktur löst sich auf und der Kontakt zur Wirklichkeit geht verloren. Wo die psychische Homöostase zur Umwelt nicht gelingt und ebensowenig ein Ausdruck des Selbst in reichen und artikulierten Lebensbezügen stattfindet, hat die Therapie einen anderen Zweck: Es kann für den Patienten nicht mehr darum gehen, die unbewusste Textur der eigenen Lebensbezüge auf sich zu nehmen; vielmehr muss das Ich gestützt werden, sodass es die Wirklichkeit bewältigen kann.

4. Wir haben die Möglichkeit einer hermeneutischen Analyse pathologischer Veränderungen kurz skizziert und angedeutet, dass und in welchem Sinne der therapeutische Prozess Bewusstheit erfordert. Der Begriff der Bewusstheit (engl. awareness) spielt in der phänomenologisch-hermeneutischen Tradition eine wichtige Rolle. Im Zusammenhang mit der klinischen Psychologie und Psychotherapie hört er sich innovativ nur deshalb an, dass auf diesen Gebieten andere Modelle behaviouristischer Prägung den Ton angeben. An sich ist das Thema keineswegs neu; es genügt, auf das Dhammapada hinzuweisen. Ich kann auf die Einzelheiten hier nicht eingehen. Mir geht es darum, dass der Begriff der Bewusstheit in der Tradition des Zen-Buddhismus eine zentrale Stellung hat und von dieser Tradition wurde er von Bollnow in seiner Theorie des Übens auch rezipiert. Bei Bollnow ist das Üben eine geistige Tätigkeit, wie in der Tradition der japanischen Künste, die vom Zen stark beeinflusst wurden. Bewusstheit meint in diesem Kontext eine Form von Wissen über sich und die Welt, die nicht im Reich der Ideen schwebt, sondern sich in den angemessenen Antworten auf die verschiedensten lebensweltlichen Situationen niederschlägt. Hier kommt der integrative Vernunftbegriff Bollnows zu Hilfe. Er steht für eine nicht ichbezogene Geisteshaltung, die auf der Gelassenheit gründet und die Dinge als das erscheinen lässt, was sie sind. Als Tugend der Vernunft integriert das Bewusstsein die verfügbaren Kräfte und tritt in Beziehung mit der Natur als Quelle zur Erneuerung des Lebens.

Das Gegenteil der Bewusstheit ist die Unbewusstheit. Sie bedeutet ein nur ungefähres Wissen über die eigenen Lebensbezüge, ein Defizit an wirklicher Erfahrung und eine unangemessene Strukturierung des psychischen Lebens. Mir scheint, dass der Begriff der Angemessenheit bzw. Unangemessenheit passender als das Modell des Mangels ist, das in der modernen Anthropologie von Herder bis Gehlen und auch in der Psychopathologie eine große Konjunktur gehabt hat (es sei hier auf den „ontologischen Mangel“ bei Ronald D. Laing und auf den „Seinsmangel“ bei Claudio Naranjo verwiesen). Unbewusstheit hat nicht unbedingt mit Mangel und/oder Überfluss zu tun. Das Problem ist nicht die fragile conditio humana, sondern das unangemessene Selbst- und Sinnverständnis. Bollnow deutet das an, wenn er „Fehlformen“ in den Lebensbezügen herausarbeitet. Der Psychologe kann darin die spezifischen Züge von pathologischen Syndromen herauslesen: obsessiver Intellektualismus, hysterische Emotionalität, narzisstische Wut etc. Es kommt aber nicht auf die Klassifizierung an. Es ist kein Zufall, dass Rogers den klinischen Terminus „Patient“ vermieden hat, Perls die psychopathologischen Probleme auf Schwierigkeiten der Erziehung zurückführte und Bollnow den Akzent auf die „richtigen“ Modi legte, um die Lebensbezüge zu etablieren. In Anlehnung an Bollnow wäre es nicht schwierig zu beweisen, dass die Erfahrung des Neuen in den neurotischen Bezügen weithin unterbunden ist, weil in der Textstruktur des Selbst Hemmungen, Vermeidungen, Frustrierungen herrschen, also unangemessene Formen der symbolischen Interaktion. Nichtsdestoweniger ist für die humanistische Psychologie und die hermeneutische Pädagogik eine Integration der Kräfte möglich. Oscar Wilde sagte einmal, dass es nie zu spät ist, um das zu werden, was einer hätte werden können. Hermeneutisch gesehen können wir die Worte Wildes so verstehen, dass eine unangemessene Struktur wieder angemessener und d. h. lebensproduktiver gemacht werden kann. Die Integration des Wirklichkeitsbezugs ist niemals abgeschlossen und muss ständig in einem erzieherischen und selbsterzieherischen Prozess weitergeführt werden. In idealtypischer Form weist sie sich als Bewusstheit der Bedürfnisse und Bezüge aus, als Fähigkeit, in den verschiedensten Situationen praktisch zurechtzukommen und in angemessene emotionale Resonanz mit dem Neuen zu kommen, in dem Wirklichkeit sich profiliert. Es ist hier mit der *forma mentis* eine offene Form gemeint, die sich immer wieder gestaltet und notwendigerweise durch unstetige Momente hindurchgeht. Wo eine Person oder eine Gruppe hinter ihren Möglichkeiten zurückgeblieben ist, wo der Widerstand einer hemmenden Wirklichkeit die Energien verringert hat, ist immer auch die Chance gegeben, dass die Begegnung mit einer fremden Wirklichkeit Krisen auslöst und einen neuen Weg sehen lässt.

Aus der Perspektive einer hermeneutischen Psychologie ist der therapeutische Bezug eine Form der existentiellen Begegnung, die auf Vertrauen im Sinne Bollnows gründet. Die hermeneutische Analyse entwickelt sich am Leitfaden der Lebensbezüge. Das Modell der Bezüge mit sich selbst, mit den Anderen und mit der Natur bietet eine solide Textur für die Analyse. Es kommt eher darauf an, unbewusste Inhalte kreativ auszudrücken, als Konflikte wieder bewusst zu erleben. Der Unterschied ist wichtig. Man kann sich der eigenen Bezüge bewusst sein und sich doch auf eine Ebene des bloß intellektuellen Vorstellens beschränken. Die Arbeit am kreativen Ausdruck des Leibes ist dagegen von großer Bedeutung; ich denke hier an die bioenergetische Richtung seit Wilhelm Reich. Aber eine nicht weniger wichtige Rolle ist der künstlerischen Schöpfung mittels der symbolischen Elemente der Kultur zuzuschreiben: Form, Farbe, Bewegung, Rhythmus usw. Aus Bollnows Begriff des echten Gesprächs kann man darüber hinaus als Ziel einer hermeneutischen Therapie die Fähigkeit ableiten, sich im Wort zu gestalten und zugleich in Kontakt mit einem kreativen Schweigen zu bleiben. Hiermit wird die Gestaltung des Erlebten durch einen angemessenen Ausdruck betont, aber auch die Erziehung zum respektvollen Hören der Anderen, die wie eine Übung der Selbstentleerung wirkt.

Die so verstandene Therapie ist in erster Linie eine Frage der existentiellen Begegnung, nicht der analytischen Technik. Gewiss muss der Therapeut die Instrumente seines Metiers kennen und die unterstützende mit der expressiven Arbeit kombinieren, aber er „heilt“ nicht. Er kann höchstens Hilfe geben, ein Gefühl des Vertrauens wachsen und einen Bezug zum Leben im Ganzen entdecken zu lassen, der tiefer als jedes traumatische Ereignis ansetzt. Durch die Kraft des Vertrauens und ein wohlwollendes kritisches Verstehen schafft er die Bedingungen, aufgrund deren das Unbehagen transformiert werden kann und die verfügbaren Energien eine neue integriertere Form annehmen können. Der Therapeut und der Berater können nicht beanspruchen, die Wahrheit zu sehen; ebensowenig sollten sie ein starres Modell zwischen sich selbst und den Anderen legen. Sie verstehen kritisch, aber es kommt – wie Perls gelehrt hat – primär darauf an, eine therapeutische Allianz zu bilden, die dazu erzieht oder wieder erzieht, beweglich zwischen Selbst- und Weltbewusstheit zu oszillieren. Auf diese Weise ist eine Chance gegeben, eine kreative Vermittlung zwischen den eigenen Bedürfnissen und den Anforderungen der Wirklichkeit zu finden, so wie sie mitten in der Krise nicht zu sehen war. Von sich aus gehört zum Therapeuten die Tugend, respektvoll zu hören, „ohne Gedächtnis und Begehren“, um es mit Bion auszudrücken. Erst in dieser offenen, heiteren, vertrauensvollen Haltung (ein Zen auch ohne Zen) kann der Therapeut gelassen die Welt des Patienten auf sich zukommen lassen und er kann sich zum Spiegel machen, der auf der Basis einer gemeinsamen, fragilen conditio humana den Patienten wohlwollend widerspiegelt. Seine Interpretationen verstehen den unbewussten Sinn der Ausdrücke beim Patienten und sehen in ihnen mögliche Entwicklungslinien. Diese theoretische Leistung ist insofern auch typisierend, als sie die charakteristischen Züge des bewussten und unbewussten Verhaltens deutet.

So kann man immanente Kritik im Sinne Bollnows verstehen. Es gibt aber auch noch eine andere, tiefere Möglichkeit des Verstehens. Wo der Therapeut im Patienten selbst die Fähigkeit motivieren kann, sich vertrauensvoll dem Leben zu überlassen, kann die Textur der Lebensbezüge mit Laufmaschen sich selber wieder integrieren. Das ist der Vorgang eines kreativen Verstehens, das heilt und das Leben weiterführt. Ein solches Verstehen gehört weder dem Therapeuten noch dem Patienten. Es ist vielmehr etwas, was „dazwischen“ geschieht: Es ist sozusagen das Verstehen selbst, das versteht. Hier verlässt der mächtige Hermes selbst seine Spur.

Aus der Vogelperspektive betrachtet gibt eine hermeneutische Psychologie den Anspruch nicht preis, eine Theorie der psychischen Phänomene zu formulieren und zugleich von hohem praktischem Wert zu sein. Sie nimmt den Lipps'schen-Bollnow'schen Begriff der Selbstwerdung auf (aber das ist im Grunde ein Gedanke der Antike; Nietzsche hat ihn von Pindar) und artikuliert ihn therapeutisch als Entwicklung des vertrauensvollen Bezugs zum Leben mithilfe des Therapeuten. Seine Interpretationen sollten dem Patienten das Auge dafür öffnen, wo er unbewusste stereotype Rollen wiederholt und sich Stimmungen und Gefühlen überlässt, die den jetzigen Bedingungen nicht angemessen sind, und weshalb er nicht völlig verstehen und realisieren kann, was ihm das Leben Neues und Produktives anzubieten hat. Wenn das gelingt, ist der Weg der Übergänge wieder offen. Hermes lächelt.

5. Ich komme abschließend zum methodologischen Ansatz einer Strukturpsychologie hermeneutischer Prägung. Bei Dilthey finden wir fruchtbare Hinweise. In seiner beschreibenden Psychologie wollte Dilthey auf jede abstrakte Hypothese verzichten und die Phänomene als Teil der Lebensstruktur verstehen. Dilthey leugnete nicht den heuristischen Wert der Hypothesen, aber er forderte eine Psychologie, die die Erfahrung ohne den Zusatz von Kausalerklärungen beschreiben kann. Nun vertritt auch Bollnow die These, dass die experimentellen Wissenschaften unter dem Anspruch der Allgemeingültigkeit das Symbolisch-Qualitative der Lebenswelt aus dem Blick verlieren. Auch er lässt aus diesem Grund Hypothesen nur als heuristisches Instrument zu, um den Text eines Phänomens in dem Kontext zu deuten, in dem er auftritt. Diese Perspektive kann sich nach der heute auch in der Psychologie sehr verbreiteten Forderung gut ökologisch nennen: das Verhalten in seiner natürlichen Umgebung zu deuten. Die hermeneutischen Wissenschaften – dazu gehören aus gutem Grund auch die Psychologie und die Psychopathologie – können Hypothesen formulieren, doch nicht mit dem Anspruch auf Allgemeingültigkeit, sondern bezogen auf eine Gegenständlichkeit, die nur innerhalb bestimmter Grenzen jeweils kontextuell erscheint. Die von Bollnow am Leitfaden der Formulierungen Plessners ausgearbeiteten anthropologischen Prinzipien (anthropologische Reduktion, Organon-Prinzip, anthropologische Interpretation der Einzelphänomene, offene Frage) sind als methodische Instrumente anzusehen, die das Aufstellen von qualitativen Hypothesen zum Verständnis des Zusammenhangs von „Text" und „Kontext" ermöglichen, sowohl auf der theoretischen Ebene der Strukturpsychologie als auch auf der praktischen Ebene der hermeneutischen Analyse. So verstandene Hypothesen müssen im Laufe der Untersuchung eine Antwort finden, die dem Gegenstand angemessen ist und offen für neue Erfahrungen bleibt. In der klassischen Psychoanalyse dringt die Interpretation vom äußeren Symptom vor zu dem ins Unbewusste verdrängten Konflikt. Demgegenüber blickt die hermeneutische Interpretation auf das Einzelphänomen im Lichte der Struktur und umgekehrt. Sie geht davon aus, dass Teil und Ganzes sich reziprok bedingen, sodass der veritative Anspruch einer ätiologisch „richtigen" Interpretation im Sinne des Positivismus Freuds ausgeschlossen bleibt. Den Geist zu verstehen heißt für eine hermeneutische Psychologie, die *formae mentis*, die Strukturen des jeweiligen Phänomens zu beschreiben im Lichte seiner unbewussten Form und sie im Prozess der Interpretation weiter zu strukturieren. In diesem kurzen Ausdruck sind beide bollnowschen Begriffe des kritischen und des schaffenden Verstehens mitenthalten. Auf der praktischen Ebene der Therapie als einer Form von Begegnung verlangt das, die unbewusste Textur der Lebensbezüge so zu verstehen, dass neue Sinnmöglichkeit gesehen und praktiziert werden können.

Zusammenfassend liegt der heuristische Wert der Textstruktur des Geistes in seiner Plastizität und Elastizität. Er erstreckt sich horizontal zu der individuellen und sozialen Dimension; er hat eine Tiefenkomponente, die das Unbewusste mit einbegreift, und darüber hinaus hat er einen zeitlichen und räumlichen Aspekt, in dem Innenwelt und Außenwelt sich prozessual verschränken. Die ganze Struktur zeigt sich im Hier und Jetzt. Ihr Sinn wird auf der Basis der Weltintentionalität des Leibes verständlich, der auf den Druck der Umwelt typisch antwortet und sich auf der Suche nach Befriedigung seiner Bedürfnisse tentativ-ausgreifend bewegt. Auch in der Struktur selbst wirkt eine zentrifugale Kraft, vermöge deren sie sich differenziert, sich artikuliert und wächst. Im

Zuge der Entwicklung verwandeln sich die befriedigten Primärbedürfnisse in neue Kontaktformen mit der Welt und die nicht befriedigten drängen, bis eine neue Struktur sie integriert. Auch die im psychischen und moralischen Leiden erlebte Destrukturierung der Erfahrung kann als Entwicklungschance gesehen werden, in der die alte, zerbrochene Struktur restrukturiert werden kann. Dies setzt aber voraus, dass man sich zu einer neuen, nicht bloß intellektuellen Verstehensform durchringt. In seiner vollkommenen Form beschränkt sich das Verstehen nicht auf verbale „insights“; es ist vielmehr eine qualitative Transformation der ganzen Struktur. Dies erfordert eine Haltung des vertrauensvollen Bewusstseins, das nicht mehr an alten, der Erfahrung unangemessenen Geistesformen festhält, sondern das Leben in seiner Unergründlichkeit fließen lässt.

X Von der philosophischen Anthropologie zur Hermeneutik der Identitäten

„Ohne Zweifel“ – sagt Ulrich, der Mensch ohne Eigenschaften – „suchen wir im Leben das Feste so inständig wie ein Landtier, das ins Wasser gefallen ist. Wir überschätzen darum sowohl die Bedeutung des Wissens, des Rechts und der Vernunft als auch die Notwendigkeit des Zwangs und der Gewalt. Vielleicht sollte ich nicht gerade überschätzen sagen; aber jedenfalls beruhen weitaus die meisten Äußerungen unseres Lebens auf geistiger Unsicherheit.“ In der Spur dieser Überlegung Musils nähern wir uns der Frage nach der Aktualität der philosophischen Anthropologie. Wir wissen, dass sich die philosophische Anthropologie im frühen zwanzigsten Jahrhundert herausbildete – in der Epoche ohne Eigenschaften, die zwischen der Ablehnung der traditionellen Sicherheiten und dem Ruf nach einem neuen und soliden Menschenbild zerrissen war. Es stellt sich nun die Frage, ob die klassischen Paradigmen der philosophischen Anthropologie in flüchtigen Zeiten wie der unseren überhaupt geeignet sind – beruhen diese doch noch mehr auf einer geistigen Unsicherheit. Mit anderen Worten: Was bedeutet es, sich in einer so flüchtigen Gesellschaft der Anthropologie zu widmen?

Es ist nicht zu leugnen, dass wir eine Fülle von heuristischen Begriffen und methodologischen Prinzipien in der anthropologischen Tradition finden. Ich beziehe mich auf die Untersuchungen von Plessner über die Leiblichkeit und die Sinne, auf Bollnows Arbeit über die Stimmungen sowie auf Straus' und Buytendjiks Studien über die aufrechte Haltung und die Bewegungstheorie. Zudem sei an dieser Stelle angemerkt, dass die methodischen Prinzipien der anthropologischen Interpretation in zugespitzter Form zu einer konsequenten Hermeneutik der Lebenswelt führen. Ich wage andererseits zu behaupten, dass das anthropologische Paradigma der ersten Hälfte des letzten Jahrhunderts insgesamt als überholt angesehen werden kann, weil es zwischen Metaphysik, Ideologie und einer Form des Anthropozentrismus im praktischen Sinne oszilliert – Begriffe, denen wir heute eher skeptisch gegenüberstehen.

1. Die philosophische Anthropologie war bekanntlich keine einheitliche Schule. Ich werde auf die persönlichen Rivalitäten und die Positionsunterschiede bezüglich der Metaphysik, der Politik und der modernen Gesellschaft nicht eingehen. Sie sind mittlerweile

untersucht worden. Es ist mir wichtiger, darauf aufmerksam zu machen, dass jenseits der Unterschiede ein Paradigma der anthropologischen Forschung entwickelt werden kann. Dieses soll als ein einheitliches Untersuchungsfeld verstanden werden, das mit einer ähnlichen Methode bearbeitet wird; Vokabular und Zweck sind ebenfalls analog. Zumindest in ihrer klassischen Phase wollte die Anthropologie das menschliche Wesen aus einer biologischen Perspektive erforschen. Scheler hatte die metaphysische Stellung des Menschen im Kosmos als die des „Neinsagenkönners" auf den Begriff gebracht, indem er den Mensch-Tier-Vergleich anstellte. So konnte er die Weltoffenheit des Menschen und dessen daraus folgendes Kulturmonopol betonen. Nach seiner Auffassung tritt die geistige Sphäre als eine wesensunterschiedene Ebene auf: Sie ist dadurch gekennzeichnet, dass sie zur Wesensschau leitet. Scheler beschreibt die theoretische Dynamik des Geistes als die spezifisch menschliche Fähigkeit, die Hierarchie zu verstehen, nach der sich das ganze System der organischen Welt aufbaut. Damit ist auch eine praktische Seite verbunden. Der Geist ist dem Vollzug des Lebens gewissermaßen entgegengesetzt. Somit kann das Reich des Geistes als Distanzierung vom praktischen Leben, als Askese verstanden werden.

Im Vergleich zu Scheler lehnt Gehlen die kosmologische Perspektive und den metaphysischen Konflikt zwischen Leben und Geist ab. Doch spielen auch in der gehlenschen Auffassung der menschlichen Natur Begriffe wie „Sonderstellung" des Menschen, „Weltoffenheit" und „Bild vom Menschen" eine wichtige Rolle. Diese Konzepte kreisen um zwei damit verbundene Motive: 1) die modernen Wissenschaften weisen die Verschiedenheit der menschlichen Spezies nach; 2) Aufgabe der Anthropologie ist es, ein theoretisches Bild zu skizzieren, das die Ergebnisse der Forschung verarbeitet. Nun zeigt das von Gehlen erarbeitete Bild den Menschen als das handelnde Wesen, das seinen Handlungen institutionelle Beständigkeit geben muss. Während Scheler das Neinsagenkönnen als eine Form der geistigen Askese auffasst, sieht Gehlen jedoch in der Kultur – in erster Linie in der Technik und der Beständigkeit der Institutionen – die einzige Möglichkeit des menschlichen Wesens, sich vom Chaos der Weltoffenheit zu entlasten. Hier kann jedoch vermutet werden, dass sich zwar beide der menschlichen Natur mit einer biologischen Fragestellung nähern, doch fassen sie die Natur als etwas Bedrohliches auf, das der Mensch transzendieren (Scheler) oder kompensieren (Gehlen) muss. Scheler verankert den Menschen in der Ewigkeit des Geistes, Gehlen in die Stabilität der Institutionen, die die Komplexität eines für uns zu flüchtigen Lebens reduzieren. Die Perspektive des Mensch-Tier-Vergleichs stimmt dann mit der auf die Anatomie des menschlichen Bauplans gegründeten Betrachtungsweise darin überein, dass die Natur, die wir sind, als etwas Negatives begriffen wird.

Plessner ist ein Kritiker beider, der Metaphysik und der autoritären Gesellschaft, aber er selbst verteidigt eine naturphilosophische Sichtweise. Im Gegensatz zu Scheler und Gehlen spricht Plessner von „Weltstellung" und nicht von „Stellung im Kosmos" oder „Sonderstellung" und plädiert für die These, dass die exzentrische Positionalität den Menschen zu einem widersprüchlichen Wesen macht. Plessner betonte die Paradoxie der exzentrischen Lebensform durch Oxymora: natürliche Künstlichkeit, vermittelte Unmittelbarkeit, utopischer Standort sind Formen von Ex-zentrizität. Die exzentrische Position des Menschen führt zum Monopol bestimmter Phänomene des Verhaltens. Trotz der modernistischen Haltung Plessners und aller Abweichungen von der „vormodernen" Metaphysik Schelers und dem anti-modernen Institutionalismus Gehlens nutzt Plessner ein ähnliches Vokabular. An verschiedenen Stellen seines Werkes ist das Argument „nur der Mensch" zu lesen: Nur der Mensch kann lachen und weinen, lächeln, eine Rolle verkörpern, Leidenschaft und Geschichte haben und so fort. Bereits Walter Schulz behauptete, dass der Unterschied zwischen Mensch und Tier nur empirisch erfasst werden könne. Man kann hinzufügen, dass sich Prinzipienabgrenzungen wie die Plessners in der Verteidigung der menschlichen Würde – genauso wie die kritische Theorie von Adorno und Horkheimer – in einem „festen" Zusammenhang sinnvoll anhören: In einem Kontext, in dem die individuelle Freiheit ständig von den Apparaten einer bürokratischen und totalitären Gesellschaft bedroht wird. Außerhalb dessen verlieren sie an Überzeugungskraft und klingen leicht rhetorisch; unter anderem sind sie dem Risiko ausgesetzt, in Widerspruch mit den empirischen Daten zu geraten. Zum Beispiel kann sich das Tier nach der Exzentrizität-These nicht selbst zum Objekt machen. Nur der Mensch ist dazu fähig, weil er sowohl ein in der Welt verankertes Lebewesen wie das Tier ist, als auch an die Peripherie seines positionalen Feldes treten kann.

Jedoch ist es so recht schwierig zu erklären, warum Schimpansen (man denke an den berühmten Fall von Washoe, die von Allen und Beatrice Gardner trainiert wurde) Zeichen lernen können und außerdem besondere Begriffe wie „Ich" und „mich". Die Vermutung liegt nahe, dass sich auch bei Plessner in einer mehr oder weniger indirekten Weise das Bedürfnis meldet, eine feste Basis wiederherzustellen, die eine neue Sicherheit anbieten kann – ein Telos für das Menschsein.

2. In der anthropologischen Forschung über die Leiblichkeit gibt es viele interessante Motive, in erster Linie die Idee, dass sich im Leib Natur und Kultur untrennbar miteinander verbinden. Ich zweifle nicht daran, dass viele begriffliche Instrumente dieser Forschungstradition produktiv in verschiedenen empirischen Kontexten verwendet werden können. Ich habe selbst in zwei unterschiedlichen Zusammenhängen daran angeknüpft: in der Phänomenologie der Leiblichkeit in den fernöstlichen Künsten und im Rahmen einer hermeneutischen Psychologie. Um es auf eine kurze Formel zu bringen: Ich habe dafür argumentiert, dass die Künste des Ostens dazu erziehen, Leib zu sein und nicht nur einen Körper zu haben. Der erzieherische Wert dieser Disziplinen basiert darauf, dass die Beachtung des Atems den Wechsel vom instrumentellen Gebrauch des Körpers zu einem expressiven ermöglicht, selbst wenn eine ganz gewöhnliche Handlung vollzogen wird. Der Begriff des Ganzleibseins bezieht sich auf die Einheit zwischen Bewusstsein und Bewegung, die immer wieder zu erlangen ist. In meiner Erfahrung als Psychologe habe ich empirisch bestätigt gesehen, dass Begriffe wie „Leib sein – Körper haben" (Plessner), aber auch die „motorische Intentionalität" als „Bewegung und Bewusstsein der Bewegung" (Merleau-Ponty) und der innere Zusammenhang zwischen Fühlen und Bewegung (E. Straus) besonders geeignet sind, um zu beschreiben, dass die bewusste und psychologisch gesunde Handlung vom Bereich der Psychopathologie unterschieden werden kann. Ich habe mich auch dem Konzept der Positionalität angeschlossen, das ursprünglich in einer Ontologie des Lebendigen verortet ist. Diesen Begriff habe ich im Zusammenhang mit der Individualpsychologie als Positur gebraucht. Nach dem Grundsatz der Positionalität ist der Leib der Vermittlungsort mit der Welt, d. h. er reguliert das Geöffnet- und Geschlossensein. Genau dies ist der Sinn der Positur.

Sie weist auf die leibliche Qualität des Weltbezugs hin, mit der jeder in seine Umwelt gesetzt ist. In der menschlichen Positur zeigt sich eine Textur von strukturierten Erlebnissen: nicht nur die konkrete Ausgestaltung der aufrechten Haltung, sondern auch eine komplexe Verflechtung von expressiven Elementen, die die Stimme, den Blick, die Atmung, die Qualität der Bewegung betreffen. Die Positur zeigt den Grad der Offenheit (oder Schließung) des Leibes für die Wechselwirkungen mit der Umwelt an. Auf der anderen Seite ist die Art und Weise, wie wir in die Welt gesetzt sind – der Sinn unserer leiblichen Intentionalität – nie völlig transparent. Die Passivität, die im Begriff der Positur als Konnotation mitschwingt, muss in diesem Sinne verstanden werden: Die Positur ist zum großen Teil ein unbewusstes Phänomen.

Nun: Mögen die von der Tradition ausgearbeiteten Konzepte auch produktiv sein, so sollte man dennoch die phänomenologische Analyse der Leiblichkeit von dem philosophischen Rahmen unterscheiden, der das Paradigma der klassischen Anthropologie charakterisiert. Dieses Paradigma gründet zu einem guten Teil auf dem Vergleich zwischen Tier und Mensch und versucht damit, die Besonderheit der menschlichen Lebensform deutlich zu machen, indem es das Monopol von bestimmten Verhaltensaspekten hervorhebt. Heute würde man in den Neurowissenschaften und im Kognitivismus den Akzent auf den Vergleich zwischen der künstlichen und menschlichen Intelligenz setzen; aber deswegen ist das anthropologische Paradigma nicht gleich überholt. Freilich ist der unausgesprochene Anspruch obsolet geworden, der hinter dem Vergleich steht: ein Sinndefizit durch ein solides Fundament zu kompensieren und somit einen archimedischen Punkt für Theorie und Praxis zu finden. Im klassischen philosophischen Paradigma der Anthropologie enthält die theoretische Identitätsbestimmung auch ein Sollen, eine implizite Teleologie. Da der Mensch ein Mängelwesen sei, bestehe seine Vervollkommnung in der Reduktion von Komplexität; oder auch: Da der Mensch exzentrisch sei, solle seine Freiheit verteidigt werden; oder auch noch: Da er ein geistiges Wesen sei, solle die Askese als die vollkommene Menschlichkeit gelten. Die Modernität ernst zu nehmen bedeutet, diese Ansprüche fallen zu lassen und damit aufzuhören, eine implizite Teleologie auf der angeblich soliden Basis von wissenschaftlichen Tatsachen aufzubauen. Es gilt, die Flüchtigkeit unseres Seins als eine neue Chance anzunehmen, um zu lernen, uns kritisch mit unserer eigenen Tradition als moderne Europäer auseinanderzusetzen. In diesem Sinn können wir hoffen, ein neues Verhältnis zur Natur, die wir selbst sind, und einen gleichberechtigten interkulturellen Dialog mit außereuropäischen Kulturen zu etablieren.

Sollten wir vielleicht die These vertreten, dass die Anthropologie keine Rolle mehr spielt? Nicht unbedingt, nur muss das philosophische Paradigma transformiert werden. Es lässt sich an eine negative Anthropologie denken, die sich davor hütet, eine menschliche Identität positiv zu bestimmen. Eine anthropologische Fragestellung sollte nicht bei den transzendentalen Bedingungen der Möglichkeit vom Menschsein ansetzen, wie es noch in Plessners „Conditio humana" der Fall ist. Vielmehr wäre eine Strukturbeschreibung der Mentalität auf den verschiedenen Ebenen der Person, der Gesellschaft und Kultur wünschenswert. Es gilt, den Übergang von der komparativen Theorie der menschlichen Identität aus dem Tier- oder Computervergleich zur Beschreibung der Lebensformen und der unterschiedlichen Prozesse zu vollziehen, wodurch sich Identitäten konstituieren. In diesem Sinne wird Anthropologie nicht eine besondere Disziplin, sondern eher eine Betrachtungsweise, die sich mit der Wissenssoziologie und der Kulturgeschichte, aber auch mit der Sozial- und Persönlichkeitspsychologie verbunden weiß; und trotzdem bleibt sie philosophisch, indem sie sich auf eine lebensphilosophische Hermeneutik und auf eine Leiblichkeitsphänomenologie beruft. Zwar möchte ich sofort hinzufügen, dass wir diese beschreibende und integrative Absicht bereits bei Autoren der anthropologischen Richtung wiederfinden, die der Lebensphilosophie nahestanden. Ich denke dabei an die Philosophie Rothackers, an einige Motive von Plessners *Macht und menschliche Natur*, die in den Schriften der siebziger Jahre wieder auftauchen, an Bollnows Hermeneutik des Lebens bis hin zu Autoren der Gegenwart wie Gernot Böhme.

Die methodischen Grundsätze, die diese Autoren entwickeln, halten an der Kritik fest. Anthropologie erscheint hier als eine Dekonstruktion der in jeder großen philosophischen Erzählung impliziten Anthropologie und letztlich als Kritik jeglicher Anthropologie. Ein so gefasstes anthropologisches Fragen mündet in kein Menschenbild ein; gemeint ist hier eine flüchtige Wissensform, die offen für Erfahrung, provisorisch, fragmentarisch bleibt. Wegen dieses antimetaphysischen Zuges steht die anthropologische Betrachtungsweise im Gegensatz zu jeder Form von Reduktionismus, der ein qualitativ komplexes Phänomen auf einfache Elemente zurückführt. Wenn wir zum Beispiel das Feld der Neurowissenschaften heranziehen, können wir die Hypothese für reduktiv halten, die die Depression einseitig mit der Veränderung der normalen Neurotransmission von Serotonin begründet. Anders ausgedrückt soll als reduktiv ein Verfahren gelten, das die symbolisch-geistige Schicht des Verhaltens von der Physiologie her auffasst. Stattdessen sollte eine anthropologische Betrachtung des gleichen Phänomens den Akzent von der Neurotransmission und den kognitiven Schaltungen der Erkenntnisprozesse hin zu einer ganzheitlichen Betrachtung verschieben und den deprimierten Leib im Geflecht aller seiner Gefühle in den Vordergrund stellen. Man denke an die Beschreibung der Gefühle, wie sie bei großen Autoren wie Dostojewski, Tolstoi, Musil und Kafka zu finden ist: In ihrem qualitativen Charakter erscheint diese, wenn auch ungreifbarer, trotzdem viel realistischer als die kognitiven Modelle der Gegenwartspsychologie. Methodisch gehört somit eine anthropologische Betrachtungsweise zu einer phänomenologischen Hermeneutik, die den Vorrang des Qualitativen in der symbolischen Erfahrung der Lebenswelt geltend macht; aus diesem Grund geht sie integrativ vor, um die Komplexität wiederzugeben, mit der die Phänomene in der Erfahrung erscheinen. In der anthropologischen Forschung soll den verschiedenen Aspekten eines Phänomens die gleiche Aufmerksamkeit gewidmet werden. Die Anthropologie ist von einem regulativen Interesse geleitet, weil sie danach strebt, den Menschen als ein strukturiertes Ganzes zu verstehen. Sie betrachtet die Phänomene und liest sie als Texte, die von unzähligen Bezügen durchwoben sind. An der Anthropologie zu arbeiten bedeutet folglich, Texte und Kontexte – also die Textur der Lebenswelt – zu sehen und sehen zu lassen. Daher ist Anthropologie kein neues Spezialgebiet (das Spezialgebiet, das zahlreiche Spezialgebiete vereint), sondern eher eine Praxis, eine Möglichkeit des philosophischen Blickes. Sie verwendet eine Vielfalt von Methoden: sowohl die Phänomenologie und die Hermeneutik als auch die Kultur- und Begriffsgeschichte und andere integrative Methoden, die sich der Komplexität bewusst sind, ohne zu erwarten, diese reduzieren zu können.

In der modernen Philosophie hat die Frage nach der Identität ihren Ausgang bei Kant genommen. In einem gewissen Sinne war die klassische philosophische Anthropologie eine Fortsetzung der Philosophie Kants mit anderen Mitteln. Das kantische Ideal einer wissenschaftlichen Philosophie, die sich auf der Autonomie der Vernunft gründete und sich in Verbindung mit den Ergebnissen der Einzelwissenschaften entwickelte, war maßgebend. In der von mir bevorzugten Richtung der anthropologischen Bewegung findet sich diese kritische Haltung. Sie ist offen für Beiträge der verschiedenen Wissenschaften, in neuester Zeit auch der Psychoanalyse, der Mystik und der Entwicklungspsychologie – gemeint sind folglich jene Wissensgebiete, die das Andere der Vernunft betont haben, um auch die engen Voraussetzungen des modernen Vernunftsbegriffs kritisch betrachten zu können. Diese neue Anthropologie hat das mythische, religiöse, metaphorisch-poetische Denken rehabilitiert. Ich denke, dass die anthropologische Forschung den Sinngehalt dieser Lebensformen heranziehen und ihre prinzipielle Gleichberechtigung in Bezug auf die Ergebnisse der Einzelwissenschaften anerkennen sollte. Dazu kommt ein praktisches Anliegen. Eine flüchtige Anthropologie nimmt die Komplexität ernst. Auf der Reduktion von Komplexität basiert eine autoritäre Anthropologie, die mit einer Gesellschaftsform zusammenhängt, die von der Technik und dem ungleichen Zugang zu knappen Ressourcen gekennzeichnet ist. Die Bejahung der sozialen Komplexität und unseres flüchtigen Seins oder anders gesagt: die Unergründlichkeit des Lebens ist die Grundlage für eine moralische Haltung, die die zentrale Rolle der instrumentellen Vernunft in ihren technisch-wissenschaftlichen Formen hinterfragt. Wie Gernot Böhme klar zeigt, hat heute die Frage nach der menschlichen Natur vor allem einen pragmatischen Sinn: nämlich andere Lebensformen gegenüber dem modernen Intellektualismus aufzuwerten. In diesem Sinne kann man behaupten, dass ein hermeneutischer Zugang zur Anthropologie genau dann wandlungsfähig_ist, wenn er sich davor hütet, ein Modell der menschlichen Identität zu idealisieren, das auf moderner wissenschaftlicher Rationalität gründet. Daher sieht jene Herangehensweise von Tier- und Computervergleichen ab – und umso mehr von prinzipiellen Bestimmungen dessen, was der Mensch sein kann oder sein sollte. Eine Anthropologie dieser Art strebt nicht danach, die Einzelwissenschaften zu begründen oder sich als Forschungsmethodik zu etablieren. Sie beschreibt lediglich die Formen des Lebens, sieht, wie die Dinge miteinander verbunden sind, und versteht sie in ihren komplexen Beziehungen und wechselseitigen Abhängigkeiten. Aber dabei kann sie zudem ein kritischer Weg sein, uns mit uns selbst in der Mannigfaltigkeit unserer individuellen und gesellschaftlichen Äußerungen zu konfrontieren. Das philosophische Element in einer Anthropologie qua Hermeneutik der Lebenswelt besteht in der evokativen Macht des Blickes und des Wortes, die unbewusste Aspekte der Identitäten vor Augen stellen und somit Übergänge fördern, d. h. Wege zur Realisierung eines unausgedrückten Potenzials ebnen. Denn die Identität des menschlichen Wesens besteht letztlich darin, sich selbst zu erkennen, sich jedoch auch auf das Andere seiner selbst praktisch zu beziehen.

XI Menschenbild und Bildkritik

Zur Transformation des anthropologischen Fragens

Ein berühmter Philosophiehistoriker und Philosoph wurde danach gefragt, warum er der philosophischen Anthropologie kritisch gegenüberstand. „Wissen Sie" – antwortete er –, „Philosophie hat mit Liebe zur Weisheit zu tun und nicht mit Bildern vom Menschen. Wenn Sie Bilder sehen wollen, dann gehen Sie lieber ins Kino." Ich muss gestehen, dass ich als alter Kinobesucher und Sympathisant der Phänomenologie seine Formulierung zweimal unfair finde: Sie unterschätzt nämlich die Rolle der visuellen Medien für das Wissen, selbst für das philosophische (denken Sie etwa an Kult-Filme wie *Matrix*), und erscheint andererseits zu undifferenziert in Bezug auf die Philosophie. Letztere ist zwar durch Wissensdrang motiviert, beschäftigt sich aber im Grunde mit Ideen, stellt die Frage nach der Relevanz der Phänomene, die sie sehen lässt, redet über Gestalten und Wahrnehmung, über Anschauung und Evidenz, über die verfremdende Funktion des Blickes und das Antlitz – alles Begriffe, die aus der Grunderfahrung des Sehens stammen und unvermeidlich ein optisches Moment enthalten. Jene Antwort des Philosophiehistorikers ist aber trotzdem eine gute Provokation, die ich annehmen möchte. Ich bin auch unzufrieden mit dem idealisierenden Zug, der dem Begriff des Menschenbildes anhaftet, aber ich denke, dass eine hermeneutische Anthropologie auf den Begriff des Bildes nicht unbedingt verzichten muss. Dies widerspricht nicht dem Vorschlag Bollnows einer bildlosen, nach dem Prinzip der offenen Frage verfahrenden Anthropologie und es ist sogar die konsequente Ausführung seines Ansatzes. Ich werde im Folgenden genau die These erläutern, dass die Anthropologie heute kein Menschenbild erarbeiten und eher in der Form einer Bilderkritik durchgeführt werden sollte. Diese Form der anthropologischen Betrachtungsweise will die Bildlichkeiten, die uns bewegen, deutlich machen. Sie werden auch sehen, dass ich für eine hermeneutische Anthropologie plädiere, die – im Sinne Goethes – Wort und Bild als Korrelate nimmt, die sich immerfort suchen. Ihr Zweck ist es, die bildhafte Struktur der Lebenswelt mit evokativen Worten als „Bilder, die uns ansprechen" (Plessner), wiederzugeben, um uns sehen zu lassen, wer wir sind. Somit stelle ich die Frage nach einer Transformation des anthropologischen Untersuchens im Sinne einer nicht-idealistischen Theorie der Identität.

Um diesen Ansatz plausibel zu machen, werde ich schrittweise vorgehen. Ein erster Schritt in diese Richtung wird es sein, die phänomenologische Analyse der Leiblichkeit von dem philosophischen Rahmen zu unterscheiden, der das Paradigma der klassischen Anthropologie kennzeichnet. Die phänomenologische Analyse der Leiblichkeit halte ich für ein heuristisches Mittel; mit dem philosophischen Rahmen habe ich Schwierigkeiten. Die philosophische Anthropologie ging bekanntlich in ihrer klassischen Phase von der Krise des idealistisch-humanistischen Menschenbildes aus; sie berief sich auf die Ergebnisse der Einzelwissenschaften und auf die Naturphilosophie, um ein neues, wissenschaftlich informiertes Bild vom Menschen zu begründen. Zwar war dieser naturphilosophisch orientierte Ansatz nicht positivistisch restringiert; er stand vielmehr in der Tradition der kantischen Philosophie, sofern er wissenschaftliches Philosophieren als Basis einer praktischen Neuorientierung des Menschen durchsetzen wollte. Dieses naturphilosophische Paradigma beruhte methodisch vor allem auf dem Vergleich zwischen Tier und Mensch; der gewählte Weg sollte die Besonderheit der menschlichen Stellung verdeutlichen, indem er das Monopol bestimmter Verhaltensaspekte hervorhob. Nun würden Neurowissenschaften und Kognitivismus heute den Akzent am ehesten auf den Vergleich zwischen der künstlichen und der menschlichen Intelligenz setzen; aber nicht deswegen ist der Mensch-Tier-Vergleich überholt. Nicht einmal der Vergleich als solcher ist infrage zu stellen, denn die komparative Methode gehört zu den Arbeitsmitteln der Philosophie seit Platon und Aristoteles und sie kann immer noch ergiebig genutzt werden, wenn in den Vergleich keine weltanschaulichen Motive eindringen.

Freilich ist eben dies der entscheidende Punkt. Hinter dem Mensch-Tier-Vergleich im anthropologischen Paradigma der zwanziger Jahre stand ein unausgesprochener Anspruch, der heute fraglich – wenn nicht obsolet – geworden ist: ein Sinndefizit durch ein Sinnbild zu kompensieren, das als archimedischer Punkt für Theorie und Praxis hätte wirken können. Die philosophische Anthropologie schlug in der Tat nicht nur eine theoretische Identitätsklärung des Menschen, eine Determination vor, sondern auch ein implizites Sollen, wenn nicht eine Bestimmung im Sinne eines Idealismus in Miniaturform. Dies können wir etwa folgenderweise darstellen: Da der Mensch ein Mängelwesen sei, bestehe seine Vervollkommnung in der Reduktion von Komplexität (Bild der Institutionen als Verwaltung, die ihre stabilisierende Regel einem prekären und unstabilen Wesen auferlegt); oder auch: Da der Mensch exzentrisch sei, solle seine Freiheit verteidigt werden (humanistisches Bild der Ortlosigkeit als spezifisch menschliche Würde); oder auch: Da er ein geistiges Wesen sei, solle die Askese als die vollkommene Menschlichkeit gelten (Bild eines titanischen Kampfes zwischen Geistes- und Lebenskräften). Etwas zugespitzt formuliert, wären die drei unterschiedlichen Bilder, beinahe Tarotkarten, die als Fazit der modernen Wissenschaften in der klassischen Anthropologie vorgeschlagen werden, die folgenden: das Bild des anonymen Büros (die Macht des Kaisers), das des exzentrischen Narren und das des weisen Eremiten. Nun ist der Versuch in der modernen Philosophie nach Hume, eine implizite Teleologie auf der angeblich soliden Basis von wissenschaftlichen Tatsachen aufzubauen, in Verruf geraten. Determination und Bestimmung sind zweierlei. Es darf auch nicht verschwiegen werden, dass die Verkoppelung von Wissenschaft und orientierender Bildlichkeit heute fraglich erscheint, zumal der Mythos der modernen Wissenschaft an Attraktivität verloren hat: In unserer postmodernen Zeit lässt sich eine Verabsolutierung der Wissenschaft als Modell der Vernunft kaum vertreten. Es war das Verdienst von Paul Feyerabend, gezeigt zu haben, dass die wissenschaftlichen Tatsachen Bestandteile eines Weltmodells sind, das sie als natürliche Gegebenheiten erscheinen lässt; und das ist ein wesentlich politischer Prozess. Am Rande dieser Überlegung wäre in unserem Zusammenhang noch die Frage zu stellen, wer die Bilder vom Menschen verwaltet und wozu.

Diese Skepsis möchte ich aber nicht als einen Abschied von der Kritik und vom Erbe der Aufklärung verstanden wissen; es ist vielmehr zu betonen, dass die Anthropologie in einer so flüchtig gewordenen Zeit die Bodenlosigkeit ihres Unternehmens als Chance sehen kann, wenn das Ideal der wissenschaftlichen Exaktheit etwas in den Hintergrund rückt. Ein anthropologischer Zugang zur Lebenswelt kann andere Momente des antiken und neuzeitlichen Philosophiebegriffs als Lebensweisheit und Lebensform nachholen. Ich denke vor allem an den Umgang mit einem kulturell unterschiedlich gestalteten Anderen im Dialog, an die Kunst des unbefangenen und ironischen Blickes, der durch Vergleichen und Unterscheiden Sitten beschreibt, an das produktive Schaffen des Schreibens, das nicht zuletzt durch seine Form Denkanstöße anbietet. Eine derartige Anthropologie wäre eine durch die Moralistik, Phänomenologie und Hermeneutik gegangene Schule des Sehens, die dazu beiträgt, Identitäten zu klären. In dieser Perspektive spielt die Anthropologie noch immer eine bedeutende Rolle und sie scheint sogar das Desiderat einer Zeit wie der unseren zu sein, in der Identität fraglich geworden ist. Sie sollte auf den Status einer „prima philosophia" verzichten und die wieder gewonnene Beweglichkeit und „Leichtigkeit" (ich denke hierbei an Calvinos und Kunderas schöne Ausführungen) nicht als ein Manko, sondern als eine Fähigkeit betrachten, die uns durch Beschreibung und Deutung sehen lässt, wer wir sind. Zwar finden wir gewissermaßen diese beschreibende und deutende Absicht bereits bei Autoren der anthropologischen Richtung wieder, die der Lebensphilosophie nahestanden. Es sei hier auf Rothackers Begriff der Lebensstile hingewiesen, in dem sich Kulturanthropologie, Persönlichkeitspsychologie und Geschichtsphilosophie überschneiden, an einige Thesen von Plessners Hermeneutik des Ausdrucks und an die Anthropologiekritik in seinem späten Denken sowie an Bollnows Hermeneutik des Lebens. Ein hermeneutischer Zugang zur Anthropologie kann wohl auch an die Tradition der Leiblichkeitsphänomenologie von Husserl bis zur Gegenwart anknüpfen. Er befindet sich also in guter Gesellschaft.

Man wird wohl fragen können, worin das spezifisch Anthropologische dabei besteht. Ich habe angedeutet, dass es die implizite Frage ist zu verstehen, wer wir sind, und ich möchte sie jetzt genauer formulieren. Eine hermeneutische Anthropologie fragt nicht nach der Stellung des Menschen im Kosmos; sie kann weder an den empirischen Anthropina noch an den transzendentalen Bedingungen der Möglichkeit vom Menschsein ansetzen, wie es noch in Plessners „Conditio humana" der Fall ist. Diese Arten der Fragestellung erheben Anspruch darauf, ein wissenschaftlich informiertes Bild vom Menschen im Ganzen zu geben, in dem aber auch eine latente Idealisierung steckt. Eine hermeneutische Anthropologie sollte sich von einem anderen Erkenntnisinteresse leiten lassen. Auf jene positive Bilder, die sich aus der Perspektive des Tier- aber auch des Computervergleiches ergeben, ist zu verzichten; denn beide Ansätze, der naturphilosophische und der kybernetische mit seiner Frage nach „what computers can't do", führen zu der versichernden und anthropozentrischen Antwort, dass nur der Mensch über das Monopol von diesem und jenem verfügt. Das „Nur der Mensch"-Argument konvergiert in einer halb-idealistische Bildlichkeit und setzt sich einem Tautologie-Vorwurf aus; sein Fazit wäre es – um Gertrud Stein provozierend zu paraphrasieren –: „Der Mensch ist der Mensch ist der Mensch ist der Mensch." Eine Hermeneutik der menschlichen Lebenswelt sollte dagegen nach dem Prinzip der Unergründlichkeit – ein Erbe der historischen Lebensphilosophie – „negativ" und kritisch bleiben, vor allem gegen die etablierten Institutionen, die ein Interesse an der Durchsetzung eines positiven Bildes vom Menschen haben. In diesem Sinn ist sie eher ikonoklastisch als ideologisch. Gefordert ist dann der Übergang von der komparativen Theorie der menschlichen Identität zu einer nicht-idealistischen Identitätstheorie, welche die unbewussten Voraussetzungen und womöglich die Entwicklungslinien eines Identitätsaufbaus expliziert. Daher soll die Frage nach dem Wesen des Menschen transformiert werden: Nicht auf ideale Bilder menschlichen Seins kommt es an, sondern auf Bildkritik. Es gilt zu verstehen, wer wir sind, menschliche Lebensformen sichtbar und deutlich zu machen, die Identitätsprozesse eines Wesen zu beschreiben und zu deuten, das der Identität bedarf und diese stiftet.

Es ist nicht schwer, in der Frage, wer wir sind, eine moderne und beantwortbare Form des *nosce te ipsum* zu erkennen. Die Frage klingt ganz simpel, ist andererseits aber mehrdeutig. Sie kann z. B. als „Was sind wir?" interpretiert werden und führt dann dazu – wie es eigentlich in der Geschichte der Metaphysik der Fall gewesen ist –, an ein festes Wesen zu denken. Es ist außerdem möglich, das Sein zu betonen, und das Ergebnis wäre eines, das der Identität durch Seinsbezug und -verstehen ihre Konturen verleiht. Die Frage kann auch gegenständlich verstanden und etwa so operationalisiert werden: „Wie tritt in der Erfahrung der westliche Mensch, der Intellektuelle, der Fleißige usw. auf?" Hier wäre die Wissenschaft zuständig, und zwar könnten sich jeweils Disziplinen wie die Kulturgeschichte, die Soziologie und die Psychologie damit beschäftigen. Eine hermeneutische Anthropologie dürfte selbstverständlich kaum von den Beiträgen der Einzelwissenschaften absehen. Sie würde sich für die unterschiedlichen Prozesse interessieren, wodurch sich Identitäten im Zusammenspiel von Leiblichkeit (ausgehend von den leiblichen Bedürfnissen) und Mentalität auf den verschiedenen Ebenen der Person, der Gesellschaft, der Kultur und der geistigen Sphäre konstituieren. Die Frage, wer wir sind, enthält aber etwas mehr: Es drückt sich in ihr eine Aporie aus, jenes „ich kenne mich nicht aus", das laut Wittgenstein eine philosophische Frage einschließt; und zugleich klingt die Mahnung zur Selbsterkenntnis an, die für den Moralisten Baltasar Gracián die Vorbedingung alles sozialen Lebens bildete. Es wird eine Spannungssituation angedeutet, die nach einer gestalteten Lösung fragt, welche aber die Aporie nie völlig lösen kann. In diesem Sinn ist die Form der Frage dynamisch und offen.

Es kann nicht anders sein, denn die Frage bezieht sich auf ein ambivalentes Phänomen. Die Sphäre des Vertrauten bildet sich auf natürliche Weise in der Lebenswelt durch Familie, Schule, Beruf usw.: Wir haben also immer schon eine Kenntnis davon, wer wir sind; andererseits wissen wir nie ganz, wer wir sind. Die Formen unseres Lebens entziehen sich uns ständig. Das hat die Gegenwartsphilosophie aus unterschiedlichen Blickwinkeln betrachtet: „Ich bin, aber ich habe mich nicht", heißt es bei Bloch und Plessner, und der Satz findet mehr als eine Assonanz in Merleau-Pontys Begriff des „corps veçu". Der eigene Leib ist nie ganz disponibel, geschweige denn das Unbewusste. Wie Waldenfels treffend sagt, ist der Selbstbezug eigentlich ein Selbstentzug. Das lässt sich am Phänomen der Identität beweisen: Sie ist zugleich etwas Bekanntes und

Selbstverständliches, aber sie deutet auch Unbekanntes an. Die Identität entsteht an der Grenze beider Sphären des Vertrauten und des Fremden. Nur ist die Grenzzone fließend und veränderlich, offen für Aneignungen und Verluste, ja für neue Identifikationen. Die Frage, wer wir sind, trägt dieser Ambiguität Rechnung: Sie lässt wohl eine gegenständliche und wissenschaftliche Antwort zu, fällt aber nicht völlig mit ihr zusammen. Für sie ist ein bestimmt-unbestimmter Sinn konstitutiv und in dieser Ambivalenz besteht auch ihre unergründliche Faszination. Das Mehr, das die Frage umgreift, ist ein Appell an die Selbstkenntnis und die Selbstwerdung, die eben im Prozess des Fragens und Stellungnehmens geschehen.

An die paradoxe Frage Nietzsches: „*Wer* ist das eigentlich, der uns hier Fragen stellt?" möchte ich Sie nun erinnern. Nietzsche wollte im Zusammenhang von *Jenseits von Gut und Böse* die Vorurteile der Philosophen angreifen und darunter in erster Linie den Begriff eines „logischen", nach der Wahrheit strebenden Subjekts. Seine Frage lässt sich ganz gut auch in unserem Zusammenhang nutzen. *Wer* stellt die Frage nach der Identität? Die Psychopathologie lehrt etwa, dass für bestimmte Charaktere der Sinn der Identität problematisch ist. Das wäre aber eine wissenschaftliche Antwort, die gegenständlich auch für andere Wissensgebiete wie etwa die Soziologie und die Kulturgeschichte (soziale und historische Identität) möglich ist. Für die Philosophie sieht es anders aus, denn sie kann sich mit der Vergegenständlichung nicht zufriedengeben. Wie der am Anfang erwähnte Philosophiehistoriker sagte, ist sie von der Liebe zur Weisheit bewegt, d. h. sie ist beseelt von einer erotischen Energie, die das Wissen in Bewegung setzt. In der Frage, wer wir sind, ist diese Bewegung vom Vertrauten zum Unvertrauten und vom Unvertrauten zum Vertrauten inbegriffen, etwa im Sinne von Pindars Satz „werde, der *du bist*", den Nietzsche und Heidegger so mochten. Die Liebe zur Weisheit ist es, die Vertrautes und Fremdes in Bezug zueinander bringt, etwa in der Form einer Aneignung des Fremden und einer Verfremdung des Eigenen. In der philosophischen Frage nach der Identität befindet sich der Fragende also nicht an einem der Frage selber externen Ort. Er ist in die Frage selbst involviert. Um Rilkes „Archaischen Torso Apollos" zu paraphrasieren, geht es in der Frage, wer wir sind, um eine Mahnung, zu werden, wer wir sind, unsere jeweils gestaltete Identität immer neu zu gestalten. Wir haben einerseits immer eine Identität, aber sie ist andererseits immer aufgegeben, genauso aufgegeben, wie wir zu dem Leib werden, der wir immer schon sind, wie es Gernot Böhme prägnant formuliert; und indem wir uns mit der anthropologischen Frage auseinandersetzen, stehen wir vor der Aufgabe, besser zu verstehen und zu entscheiden, wer wir sind. Diese Aufgabe können wir jeweils lösen, wenn wir uns klarer in Bezug auf Eigenes und Fremdes identifizieren. Es bildet sich dadurch eine spiralförmige Struktur, in der die jeweils bestehende Identität wächst, indem sie sich mit dem Fremden auseinandersetzt. Das „Wer", das in uns die Frage stellt, identifiziert sich, gestaltet sich, indem es auf die Frage eine Antwort gibt. Seine Identität vermehrt sich durch Verstehen und Entscheiden in Bezug auf Vertrautes und Unvertrautes, Kontinuität und Diskontinuität.

Nun gibt es keine Disziplin, es sei denn die Philosophie, die an dieser Doppeldeutigkeit der „Wer-Frage" festhält. Disziplinen wollen festlegen. Im Falle des naturwissenschaftlichen Fragens (selbst in den Sozialwissenschaften) gilt das, was Simmel für das Geld behauptete: Es diszipliniert das Qualitative, sodass es auf das Quantitative zurückgeführt wird. Im Sinne der hermeneutischen Logik von Misch redete Plessner diesbezüglich von einer *cognitio circa rem*, die eine Konstellation von Daten verfügbar macht. Philosophie kann dagegen mit dem Unverfügbaren zurechtkommen. Indem eine hermeneutische Anthropologie fragt, wer wir sind, gibt sie Anlass zum Denken. Ihre Fragestellung ist jeweils beantwortbar, d. h. eine strukturierte Identität lässt sich aufweisen. Ich beziehe mich selbstverständlich nicht auf die *identitas* als statisches Fundament, das es im Sinne der Lebensphilosophie nicht gibt; gemeint ist vielmehr die *ipseitas*, die Selbigkeit, die nach Dilthey im „Zentrum der Lebensstruktur" steht und als wesentlich und sinnvoll erlebt wird, im Unterschied zum Gleichgültigen und Sinnlosen. Eine hermeneutische Anthropologie will eben dieses strukturierte Zentrum identifizieren, indem sie appellativ und provokativ einen Raum für Identifikationen, Stellungnahmen und Selbstwerdung schafft.

Diese Aufgabe kann sie leisten, wenn sie die Bildlichkeit expliziert, aus der unsere Lebenswelt zusammengesetzt ist. „Wir sind" – sagt der Magier Prospero in *The Tempest* – „aus solchem Stoff wie Träume sind" („We are such stuff as dreams are made of"), und das stimmt auch in einer anthropologischen Perspektive. Das Bild steht im Zentrum beider Sphären, des Bewussten und des Unbewussten. Träume sind im Wesentlichen emotional gefärbte Bilder und genauso bildhaft sind die Erinnerungen, die aufgrund der Vermittlungsfunktion des Bildes assoziiert werden. Dass die Erkenntnis von wahrnehmbaren Formen ausgeht, ist außerdem für die antike Erkenntnistheorie seit Aristoteles klar; aber nicht weniger bildhaft ist der moderne Begriff der Reflexion. Nur durchdringt diese Bildhaftigkeit die ganze Sphäre des Wissens: Selbst das Meinen, das sich auf Vorverständnisse und Vorurteile gründet, basiert auf sprachlichen Metaphern und auf Projektionen. Es sei hier an die These der Foucaultianer erinnert, das Bild sei als allgemeiner Begriff zu behandeln, der den Dingen Ordnung gibt. Sie scheint nicht gewagt zu sein. Nur würde eine hermeneutische Anthropologie im Anschluss an die Geschichtsphilosophie nach Vico eher den Akzent auf die ikonische Schaffenskraft des Menschen setzen und die Begriffe von Mensch und Bild als Korrelate auslegen. Hier ist aber nicht der Ort, auf diese Bildproduktivität des menschlichen Wesens einzugehen; es genügt, die Bildhaftigkeit der Lebenswelt festzustellen und vor allem die „mediale" Funktion der Bilder zu betonen. Im Sinne der Farbenlehre Goethes liegt sie in der Doppelfunktion des Auges begründet, das „vernimmt und spricht" und deshalb eine doppelte Widerspiegelung möglich macht: die der Welt von außen, die des Menschen von innen. Eine hermeneutische Anthropologie knüpft an die von Goethe hervorgehobene Vermittlungsfunktion des Auges an und schreibt der Bildlichkeit der Erfahrung die Rolle eines Mediums zu, das die Identifikation ermöglicht. Es ist nämlich für die Struktur der menschlichen Erfahrung eine gewisse „ambiguité" kennzeichnend. Ich erinnere Sie an Foucaults These, dass der Akt des Vorstellens unvorstellbar ist, genauso an Wittgensteins Satz, dass ein Bild seine Form der Abbildung nicht abbilden kann. Wir können uns nie vollkommen sehen, wir verstehen unseren Ausdruck nie ganz, doch kann ein treffendes Bild wie ein Spiegel eine Form unseres Lebens aufzeigen, die in der Alltagserfahrung nie ganz klar ist und mit der wir uns identifizieren können.

Die anthropologische Frage „Wer sind wir?" findet dann im Leitfaden des Bildbegriffs eine genauere Artikulation. Wir verstehen, wer wir sind, wir identifizieren uns als diese und jene, wenn es der Kraft des Verstehens gelingt, die Bildlichkeit sehen zu lassen, von der wir getragen sind. Es wird hier die befremdende Funktion eines sehenden Verstehens in Anspruch genommen, die ich poietisch im Gegensatz zu einem praktischen Verstehen nenne. Denn Letzteres ist ein Umgehen-Können mit den Elementen einer bestimmten Situation und deshalb eine Leistung des konvergenten Denkens. Im Unterschied dazu ist das poietische Verstehen eine anders verlaufende Denkleistung, eine Leistung der Fantasie, die dem Wort sinnliche Nuancen gibt und es in einem Bild anschaulich macht: *ut pictura poesis*. Die Macht des Verstehens beruht in diesem Fall auf seiner evokativen Kraft, die das erfassen lässt, was nicht unmittelbar zu sehen ist. In der Evokation sind Anschauung und Verstehen auf der Basis eines visuellen Mediums verbunden, das Sinnhaftes veranschaulicht. Es ist dieser poietischen Leistung der Bilddeutung zu verdanken, dass wir Sichtbares aus der Unsichtbarkeit erst gegenständlich machen. Diese evokative Form des Verstehens ist nicht ohne praktische Konsequenzen. Wenn es der Macht des Verstehens gelingt, als etwas Fremdes das anschaulich zu machen, was wir immer schon gewesen sind (wobei die Identifikation des „Wir" offen für die unergründlichen Möglichkeiten der Widerspiegelung bleibt), unsere realisierten Lebensformen (Symbole und Rituale des öffentlichen Lebens, aber auch Stile der individuellen Lebensführung, die die Identität bestimmen), wird auch eine Bedeutsamkeit empfunden, die zugleich eine neue Entscheidung einleitet. Das poietische Verstehen verfremdet das Selbstverständliche und öffnet somit den Raum für eine neue Identifikation. Diese kommt auch hinzu, denn das Verstehen der Identität ist Erfahrung der Macht in dem doppelten Sinn des Genitivs: Sie macht die gestalteten Strukturen des Lebens erst dank der evokativen Leistung eines sehenden Verstehens sichtbar und fordert zugleich eine Entscheidung über das, was wir sind.

Ich fasse zusammen: Ich habe dafür plädiert, eine auf dem Begriff des Menschenbildes basierende Anthropologie zu überwinden. Ich habe vorgeschlagen, ihre identitätsstiftende und praktische Funktion anders zu denken. Es kommt darauf an, die Strukturen einer Lebensform in ihrer Bedeutsamkeit kritisch herauszuarbeiten und danach zu ihrer weiteren Entwicklung beizutragen. Leitend wird die Frage nach den Identitäten, die als eine offene philosophische Aufgabe der Identifikation zu verstehen ist. „Denken heißt identifizieren", sagt Adorno. Diesen Satz nimmt eine hermeneutische Anthropologie ernst: Sie porträtiert den Menschen nicht; vielmehr „denkt" sie, indem sie die Bildlichkeiten der Lebenswelt als Elemente einer Lebensstruktur versteht. Der Blick des Moralisten wird hier wichtig, der die Formen des moralischen Verhaltens, die Nuancen der Atmosphären, die Metaphern und Projektionen der sozialen Vorstellungen beschreibt und ironisch verzerrt, um sie relevant zu machen. Praktisch ist sie auch, aber eher „aufbauend" in der Spur von Rortys Begriff der Hermeneutik als „edifying Philosophy". In diesem Spiel, bei dem anhand von Bildern das Eigene verfremdet und das Fremde angeeignet wird, eröffnet sich ein Raum für eine appellative Besinnung, welche die Identität in Bewegung bringt. Doch wessen Identität?

XII Sitzen und Gehen

Zur Hermeneutik des Leibes in den fernöstlichen Künsten

1. In letzter Zeit habe ich an dem Projekt einer hermeneutischen Anthropologie gearbeitet, die die phänomenologische Analyse der Leiblichkeit von dem Rahmen frei machen sollte, der das Paradigma der klassischen philosophischen Anthropologie kennzeichnete. Letztere ging nämlich von der Krise des idealistisch-humanistischen Menschenbildes aus und versuchte, die Idee des Menschen durch einen Rekurs auf die Ergebnisse der Einzelwissenschaften neu zu begründen. Sie schlug aber nicht nur eine theoretische Identitätsbestimmung des Menschen vor, sondern auch ein Sollen, eine implizite Idealisierung. Freilich ist eben dies der entscheidende Punkt: Hinter dem Mensch-Tier-Vergleich im anthropologischen Paradigma der zwanziger Jahre stand ein unausgesprochener Anspruch, der heute an Aktualität verloren hat: ein Sinndefizit durch ein festes orientierendes Menschenbild zu kompensieren. Ich habe dagegen den Übergang von der komparativen Theorie der menschlichen Identität aus dem Tier- oder Computer-Vergleich zu einer hermeneutischen Anthropologie gefordert. Eine hermeneutisch rekonstruierte Anthropologie sollte nach dem Prinzip des homo absconditus „negativ" und kritisch bleiben, ohne Anspruch darauf zu erheben, den Menschen im Ganzen verstehen zu wollen. Mit dem Verzicht auf den Status einer „prima philosophia" wird die Anthropologie eher beschreibend und deutend und rückt deshalb in die Nähe jener philosophischen Diskurse wie der Moralistik, der Phänomenologie und der Hermeneutik, die uns durch Scharfsinn des Blickes und evozierende Sprache sehen lassen, wer wir sind. Die Frage nach dem Wesen des Menschen wird in diesem Sinne transformiert: Es kommt darauf an zu verstehen, wer wir sind, menschliche Lebensformen sichtbar und deutlich zu machen. Eine hermeneutische Anthropologie sollte also die Identitätsprozesse eines Wesens beschreiben, das der Identität bedarf und diese stiftet. Der Akzent fällt auf die Dynamik, wodurch sich Identitäten im Zusammenspiel von Leiblichkeit (ausgehend von den leiblichen Bedürfnissen) und Mentalität auf den verschiedenen Ebenen der Person, der Gesellschaft, der Kultur und der geistigen Sphäre konstituieren. Die Anthropologie wird dann nicht zu einer besonderen Disziplin, geschweige denn zu einer grundlegenden, sondern eher zu einer flexiblen Betrachtungsweise, die unbewusste Voraussetzungen

und womöglich Entwicklungslinien eines Identitätsaufbaus erkennbar und verständlich macht. Diese beschreibende und integrative Absicht finden wir bereits bei Autoren der anthropologischen Richtung wieder, die der Lebensphilosophie nahestanden. Ich denke dabei an Rothackers Begriff der Lebensstile, in dem sich Kulturanthropologie, Persönlichkeitspsychologie und Geschichtsphilosophie überschneiden, an einige Thesen von Plessners Hermeneutik des Ausdrucks und an die Anthropologiekritik in seinem späten Denken, an Bollnows Hermeneutik des Lebens sowie an Autoren der Gegenwartsphänomenologie. Eine Anthropologie, die sich dieser Tradition verpflichtet weiß, ist selbstverständlich offen gegenüber den Beiträgen der Einzelwissenschaften, etwa der Persönlichkeits- und Sozialpsychologie, aber auch der Wissenssoziologie und der Kulturgeschichte. Sie bleibt dennoch echt philosophisch in ihren Absichten durch ihre methodische Verbindung zur Leiblichkeitsphänomenologie und zur lebensphilosophischen Hermeneutik. Dazu noch eine Bemerkung: Eine phänomenologisch-hermeneutische Anthropologie stellt die Frage, wer wir sind, als eine moderne und beantwortbare Form des *nosce te ipsum*. Die Frage nach der Identität ist somit als eine offene Frage zu verstehen, die im Philosophieren zum Identitätsaufbau beiträgt; sie ist also „aufbauend" in dem Sinne, in dem Rorty die Hermeneutik als „edifying Philosophy" bezeichnet hat. Der Blick des Moralisten wird hier wichtig, der moralische Haltungen, Stimmungen und soziale Vorstellungen beschreibt und ironisch verzerrt, um sie relevant zu machen. In diesem Spiel, bei dem das Eigene verfremdet und das Fremde angeeignet wird, öffnet sich der Raum für eine appellative Besinnung, die Anlass zum Nachdenken gibt.

An das Geflecht dieser Motive möchte ich hier anknüpfen, indem ich nach dem Leib und der Identität in den fernöstlichen Künsten frage. Von meinem Standpunkt aus eröffnet diese „Morgenlandfahrt" einen indirekten Weg, um das uns Vertraute, d. h. unsere Lebensform als zivilisierte Europäer und die hier implizierten Vorverständnisse, zu dekonstruieren, um sie dadurch besser zu verstehen. Ich werde mich im Wesentlichen auf zwei Phänomene konzentrieren, und zwar den sitzenden Leib im Zen-Buddhismus und den sich bewegenden Leib im Taoismus. Letztlich geht es dabei um die Frage nach der vollkommenen Identifizierung mit dem eigenen leiblichen Dasein, die eine Grundmöglichkeit der Natur bildet, die wir immer schon sind. Mit wenigen Worten sei vorausgeschickt, dass der Übende in jenen Disziplinen lernt, wie der Leib beim Sitzen in der Stille sitzt und wie er sich in der Bewegung bewegt. Das ist auch schon alles. Mit dieser zugespitzten Formel ist eine geistige Haltung angedeutet, für die es jedoch Übung, Demut und Standhaftigkeit bedarf. Sie ist absolut simpel und doch hat sie etwas Befremdliches für uns als Menschen der westlichen Welt. Wir sind daran gewöhnt, den Geist als Logos zu denken, und umgekehrt zu glauben, dass es keinen Geist dort gibt, wo sich kein Logos offenbart. Wenn ich auf die Rolle des Schweigens beim sitzenden und sich bewegenden Leib insistiere, so will ich auf die Überwindung des horror vacui hinaus, der mit der Gleichsetzung von Logos und Geist zusammenhängt. Ich werde also die These vertreten, dass durch die leiblich-geistige Entdeckung eines Selbstbezugs, der zugleich einen Bezug zum Anderen bedeutet, die Möglichkeit gegeben ist, die cartesianische Zentralstellung des Bewusstseins zu durchbrechen. Ich argumentiere dafür, dass die Künste des Ostens dazu erziehen, Leib zu sein und nicht nur einen Körper zu haben. Der erzieherische Wert dieser Disziplinen basiert darauf, dass das Sicheinlassen auf das Schweigen das Sinnverstehen transformiert. Der Grund lässt sich verallgemeinernd etwa so formulieren: Ein Zustand der „medialen“ Gelassenheit, der sich aus der Aufmerksamkeit im Selbstbezug speist, ermöglicht das Umschalten vom instrumentellen Gebrauch des Körpers zu einem expressiven, selbst wenn eine ganz gewöhnliche Handlung vollzogen wird.

2. Bevor ich zu dem Phänomen des Sitzens in der Zen-Meditation komme, möchte ich eine kurze Bemerkung zur neueren Anthropologie des Sitzens voranschicken.[1] Wir sind mit dem Sitzen seit der Zeit des Kinderhochstuhls so vertraut, dass uns selbst ein sitzendes Philosophieren selbstverständlich erscheint. Eine stehende Vorlesung, geschweige denn eine peripathetische Diskussion, würde ganz anders aussehen und sich auch anders auswirken. Wie kommt es zu dieser Vorherrschaft von leiblicher Ruhe und geistiger Aktivität? Das Phänomen gehört zur neuzeitlichen Disziplinierung des Leibes an, die unter dem Zeichen einer Entzweiung entsteht: Wenn der Leib – im Sinne Descartes nichts anderes als ein Automat – im sitzenden stand-by beruhigt und partiell ausgeschaltet wird, kann sich der Geist freier und schneller bewegen: *homo sedens und sedatus ad maiorem Dei gloriam.* Diesem Modell steht entgegen, dass die Ausschaltung des Leibes keineswegs beruhigt und eher zu innerer Unruhe führt. Diesen Preis nehmen wir aber heute in einer allgemein bestuhlten Gesellschaft als unvermeidliche Bedingung eines freien und leiblosen Schwebens in einer virtuellen Wirklichkeit in Kauf.

Angesichts dieser unserer Entzweiung im Sitzen erscheint das Zen-Sitzen zunächst als etwas Befremdliches.[2] Beim Einklammern aller exotischen, theoretischen[3] und religiösen Aspekten[4] zeigt sich das sitzende Zen als die Kunst des Sitzens in der Stille, die

---

[1] Vgl. H. Eickhoff, *Himmelsthron und Schaukelstuhl: die Geschichte des* Sitzens, München/Wien 1993; Ders., *Sitzen. Eine Betrachtung der bestuhlten Gesellschaft*, Frankfurt a. M. 1997.

[2] Das Wort „Zen“ ist die Art und Weise, wie die Japaner das chinesische Schriftzeichen „chan“ lesen. Letzteres ist die Umschrift und chinesische Übersetzung des aus dem Sanskrit kommenden Wortes „dhyana“, das einen Zustand der Kontemplation bezeichnet. Das Wort „Zen“ bezieht sich demnach auf Praktiken, die sich von der alten indischen Kultur bis zur stillen Meditation erstrecken. Vom westlichen Gesichtspunkt aus betrachtet scheint die Praxis, in meditativer Stille zu sitzen, ohne etwas Besonderes zu tun (jap.: Zazen), mit Religion verbunden zu sein, aber der Zen-Buddhismus ist im Grunde kaum „religiös“: Es gibt weder einen Gott noch einen Propheten, ebenso wenig wie heilige Texte und eine Kirche. Es gibt auch nicht die Idee einer Rettung oder Heilung. Vgl. E. Fromm, D. T. Suzuki, R. de Martino, *Psicoanalisi e buddhismo zen*, Rom 1968, 132.

[3] Zu den theoretischen Aspekten des Buddhismus und darunter spezifisch des Zen-Buddhismus verweise ich auf Daisetz Taitaro Suzuki, *Saggi sul buddhismo zen*, Rom 3 voll., vol. 1: 1992, vol. 2: 1977, vol. 3: 1978; Philip Kapleau, *I tre pilastri dello zen. Insegnamento, pratica, illuminazione*, Rom 1981, sowie auf die Schriften von Giangiorgio Pasqualotto, insb. *Il buddhismo. I sentieri di una religione millenaria*, Mailand 2003 e Id., *Dieci lezioni sul buddhismo*, Padova, Marsilio, 2008.

[4] Das Zazen hat nichts mit einem spezifischen Bekenntnis zu tun. Für Thomas Merton war z. B. die Praxis der Zen-Meditation mit seiner Bekenntnis als katholischer Mönch vollkommen kompatibel. Vgl. Th. Merton, *Mistici e maestri zen*, Mailand 1991, und *Lo zen e gli uccelli rapaci*, Mailand 1992. Auch von buddhistischer Seite aus wurde behauptet, dass es keinen Grund gäbe, warum „Christentum und Zen nicht zusammenleben können“. Diese Behauptung beruht darauf, dass „die durch die Praxis des Zazens gereifte Erfahrung nicht ein Gedanke, eine Philosophie oder eine

im gewissen Sinne an das kindliche Spiel des Schweigens erinnert. Im Grunde muss der Übende einfach in einer relativ komfortablen Position sitzen und aufmerksam auf die Haltung des Leibes, auf den Atem und auf das Geflecht der Bewusstseinsinhalte achten. Das ist alles. Gerade dieser anscheinend so simple Charakter ist uns schwer verständlich. Vom cartesianischen Standpunkt aus gesehen dürfte das Einfache im schweigenden Sitzen – ohne dabei zu denken – als ein Sinnvakuum erlebt werden. Das bloßen Sitzen würde also zu einer entsetzlichen, sinnlosen und unnatürlichen Erfahrung führen.[5] Denn es ist kennzeichnend für den cartesianischen Dualismus, den Leib nur als ausgedehnten Raum auszulegen, den ein unausgedehnter, göttlicher Geist durch den Willen bewegt, als ob er ein Mechanismus wäre. In diesem Modell lässt sich die Erfahrung der Leere einfach nicht denken. Das Problem ist dabei, dass die cartesianische Mentalität nicht nur die Wissenschaften geformt hat: Im Unbewussten von uns modernen Europäern ist diese dualistische Haltung, die den Leib besitzt und sediert und ihn auch als Werkzeug dafür benutzt, um sozial anerkannte Zwecke zu erreichen, tief verwurzelt.

Die phänomenologische Forschung seit Husserl hat uns gelehrt, die Grenzen dieses Dualismus zu sehen. Die cartesianische *divisio mundi* kann die Qualität des Erlebens nicht anerkennen und muss deshalb an dem Kontakt zwischen Leib und Umwelt in seiner emotionalen Färbung blind vorbeigehen. Wenn wir jetzt phänomenologisch zum schweigenden Sitzen übergehen, so scheint es sich dabei primär um eine qualitative Erfahrung des Leibes zu handeln. In der Aufmerksamkeit für den Atem, für die Empfindungen und Wahrnehmungen sowie für das Bewusstsein ist der Leib im Spiel und nicht der instrumentell objektivierte *Körper*.[6] Eher als eine sinnlose Haltung zeigt die Meditation ihren Sinn als Form des „Selbstbezugs", die versucht, „den Leib aus dem Leib selbst zu denken",[7] und nicht in seinem instrumentellen Gebrauch. Doch was geschieht eigentlich in der meditativen Übung des Leibes? Das Bewusstsein entleert sich aller intentionalen Gegenstände und Zwecke.[8] Der Leib wohnt in der gegenwärtigen Erfahrung, im Kontakt zu leiblichen Empfindungen, zum Miteinander von Bewusstseinsinhalten und Umwelt. Wenn sich der Leib normalerweise umweltintentional verhält – wie Plessner es gesagt hätte –, so ist im meditierenden Schweigen die Intentionalität auf den Leib selbst gerich-

---

Religion ist, sondern eine reine Tatsache, ein Ereignis." Vgl. Ko'un Yamada, „Lo zazen è una religione?", in: T. Maezumi-Bernie Glassman, *Corpo, respiro e mente nella pratica zen*, Rom 2004, 72–73.

[5] Selbst bei Freud (und in seiner orthodoxesten Nachfolge) sind Spuren dieses horror vacui zu sehen, wenn er die meditative Haltung als Regression abstempelt. Allerdings hat ein innovativer Psychoanalytiker wie Erich Fromm bereits in den sechziger Jahren analoge Absichten in der Psychoanalyse und im Zen-Buddhismus hervorgehoben. Fromm erkennt diese in der moralischen Haltung, Dinge sehen zu wollen, wie sie sind, in voller Autonomie und direkter, nicht intellektualistischer Erfahrung. Vgl. E. Fromm, D. T. Suzuki, R. de Martino, *Psicoanalisi e buddhismo zen*, a. a. O., bes. 130–133.

[6] Für eine ausführliche Kritik des cartesianischen Dualismus vom Standpunkt der Leibphänomenologie verweise ich auf Bernhard Waldenfels, *Das leibliche Selbst. Vorlesungen zur Phänomenologie des Leibes*, Frankfurt a. M. 2000, bes. 17–22.

[7] A. a. O., 43.

[8] Zum Technischen in der sitzenden Meditation vgl. Shodo Harada Roshi, „Zazen", in: ders., *The Path to Bodhidharma*, Boston 2000, 49–68; K. Sekida, *Zen Training. Methods and Philosophy*, Boston/London 2005; T. Deshimaru, *La pratique du Zen (zazen)*, Paris 1977.

tet. Somit „zentriert“ sich der Übende, der psychophysisch eine neue Stabilität erfährt, die mit der Entdeckung einhergeht, frei mit dem Atem fließen zu können.[9] Je tiefer diese leibliche Erfahrung, desto radikaler auch die Veränderung in der psychischen Struktur. Im schweigenden Sitzen fallen die egozentrischen Vorstellungen von Vorteil und Nachteil ab und die Einheit von Leib und Natur wird unmittelbar verständlich.[10] In diesem Sinne hatte Bollnow von „einer tieferen Subjektivität“ gesprochen, die – nach dem berühmten Zen-Koan – „mit den Augen hört“. Man kann auch sagen, dass der Leib, der in stiller Meditation sitzt, im Selbstbezug einen ursprünglichen Bezug zu einem Anderen in einem selbst findet. Dieser Punkt muss festgehalten werden, denn dies bedeutet eine Offenheit und Verfügbarkeit, die das genaue Gegenteil einer narzisstischen Selbstgefälligkeit ist.

Genau wie alle anderen Künste bedarf auch das richtige Sitzen der Übung. Ein Mensch sitzt erst dann mit einem ruhigen Leib, wenn es ihm gelingt, sich auf das Sitzen einzulassen. Am Anfang ist der Leib zumeist unruhig, weil das Ego darum kämpft, die Kontrolle nicht aufzugeben. Der Widerstand zum Sichgehenlassen wird im Unbehagen des Leibes und im intensivierten Aufeinanderfolgen der psychischen Bilder gespürt. Von einem gestalttheoretischen Gesichtspunkt aus betrachtet kann man dieses Phänomen so auslegen: Im intensivierten Sitzen lockert sich der Kontakt zur Außenwelt und die Zwischenzone zwischen dem Selbst und der Welt rückt in den Vordergrund:[11] unabgeschlossene Gestalten treten auf, sowie Gedanken, Fantasien und unbewusste Materialien, die letztlich vom Kontakt mit der Gegenwart abschirmen. Die erleuchtende Erfahrung der Zen-Tradition seit Buddha und Bodhidharma bestand eben darin, den Kontakt mit dem Leib im hic et nunc als Leitfaden zu gebrauchen, um aus

---

[9] Vgl. Taizan Maezumi-Bernie Glassman, *Corpo, respiro e mente nella pratica zen*, a. a. O., bes. 47–49. Pasqualotto bemerkt, dass die Erfahrung eines Atems, der von sich aus kommt und geht, die Daseinsmerkmale der Unbeständigkeit (anicca) und des Nicht-Selbst (anattā) nachvollziehen lässt. Beim aufmerksamen Atmen versteht man, dass der Atem unbeständig und unsubstantiell ist, d. h. er ist immer in Bezug auf die Masse der externen Luft. Vgl. G. Pasqualotto, *Illuminismo ed illuminazione. La ragione occidentale e gli insegnamenti del Buddha*, Bari 1997, 121f.

[10] Diese Erfahrung der „Leerheit“ war der Kern von Buddhas Erleuchtung. Es ist daran zu erinnern, dass für Buddha „das Leiden“ nichts Absolutes ist – das ist eher die Interpretation Schopenhauers, die im Kontext einer Metaphysik der Welt als Wille und Vorstellung steht; ebenso wenig ist eine ursprüngliche Unvollkommenheit der menschlichen Gattung gemeint. In Meditation sitzend, „erwachte“ Siddahrta, d. h. er verstand, dass die Wirklichkeit dukkha („Leiden“ oder auch wie Andere übersetzen „Schmerz“, „Unzufriedenheit“ und „Unbehagen“) ist, eben weil sie anicca und anattā ist: d. h. veränderlich und unsubstantiell. Der Begriff dukkha deutet an, dass die Leidenschaften trotz aller Erregung nicht dauerhaft befriedigen, weil sie nicht auf etwas Substantiellem beruhen. Der nicht erleuchtete Zustand des Leidens ist der eines Egos, das nie zufrieden ist und blind und gierig von einer unbefriedigenden Erfahrung zu einer anderen geht. Für Buddha kommt es eher darauf an, die Illusion des Egos aufzulösen, das unbeständige Phänomene als substantiell ansieht. Letztere kann nur dann aufgelöst werden, wenn es gelingt, die Dinge als das zu sehen, was sie sind, in ihrer Unbeständigkeit und gegenseitigen Abhängigkeit, eben in ihrer Leerheit. Vgl. „Dhammapāda“, in: Gnoli, Raniero (a cura di), *La rivelazione del Buddha*, 2 voll., vol. I: I testi antichi, Mailand 2001, 554f. Vgl. dazu G. Pasqualotto, *Illuminismo ed illuminazione*, a. a. O., 33ff.

[11] Vgl. F. Perls, *L'approccio della Gestalt – Testimone oculare della terapia*, Rom 1977, 117–119, und F. Perls, P. Baumgardner, *L'eredità di Perls – Doni dal lago Cowichan*, Rom 1983, 91.

der Zwischenzone von Selbst und Welt herauszugehen, in der sich die psychologischen Verteidigungen des Egos konzentrieren. Im meditativen Selbstbezug „sorgt“ man sich um diese Verteidigungen (das Wort „Mediziner“ und „Meditierender“ teilen die gleiche Wurzel der sanskritischen Sprache „med“, die eben auf das Sorgen hinweist), indem man sich entleert. Schopenhauer selbst hatte das Phänomen gesehen, aber nicht ganz richtig ausgelegt, indem er die Negation des Willens dazu für notwendig hielt. Nicht um den Verzicht auf den leiblichen Willen, sondern vielmehr auf die Illusion eines im Reich der Bilder frei schwebenden Egos kommt es hier an. Es ist sozusagen einem Geschenk von Hermes zu verdanken, dem Seelenführer und Beschützer der Reisenden in die Fremde, dass der sitzende Leib mit etwas Fremdem und Unheimlichem wie der Leere vertraut wird und eine Reise sitzend übernimmt, die ihn dazu führt, sich in der Leere zu Hause zu fühlen. Dazu nur noch ein paar Details: Indem der Fokus sich auf die leiblichen Empfindungen und den Atem richtet, treten die wiederkehrenden Gedanken in den Hintergrund. Man beobachtet das Entstehen und Verschwinden von psychischen Inhalten. Beim Vertrautwerden mit dieser Übung wird die unbewusste Identifizierung mit den eigenen Gedanken gebrochen. Die Aufmerksamkeit wird auf den Atem gelenkt und so entsteht ein „medialer“ Zustand (mit Hinweis auf die verbale Form der altgriechischen Sprache, die auf eine Qualität hindeutet, die weder aktiv noch passiv ist), wofür man am besten sagen könnte: „es atmet in uns“.[12] Gerade um diesen „medialen“ Aspekt geht es in dem Zen-Spruch, der besagt: „Setz dich und das Gras wächst von selbst“.

Wenn wir diesen Typus des Sinnverstehens mit dem des Alltags vergleichen, stellen wir Unterschiede fest. Zugespitzt formuliert: Im alltäglichen Sinnverstehen herrscht eine egozentrische Position des Bewusstseins, die die Phänomene zumeist nach einer Logik von Vorteil und Nachteil auslegt. Diese Auffassung ist dualistisch, insofern sie ein absolutes Subjekt einer instrumentell gefassten Welt gegenüberstellt. Wenn sich die psychologische Struktur im Alltag im egozentrischen Horizont von Projektionen und Vorurteilen bewegt, entwickelt der intensiv sitzende Leib eine einheitliche Struktur psychischen Lebens ist eher integrativ und verstehend. Indem man sitzt und den Leib aus dem Leib selbst heraus fühlt, löst sich die Zentrierung im Ego und die praktische Logik von Vorteil und Nachteil auf. Es gibt auf dieser meditativen Ebene weder ein Subjekt, das den Sinn versteht, noch einen absolut objektiven Sinn; hier erscheint eine Modalität von Sein und Wissen, eine Bewusstheit (awareness), für deren Beschreibung die traditionelle Unterscheidung zwischen Aktion und Passion nicht angemessen zu sein scheint. Richtiger ist es, von einem „medialen“ Modus des Leibes zu sprechen, der weder ganz aktiv noch ganz passiv ist. Es handelt sich um eine „aktive Passivität und passive Aktivität“, wie es bei Bollnow heißt. Das Paradoxon der Leiblichkeit lautet dann wie folgt: Je mehr der Leib die Unbeweglichkeit im Sitzen versteht und offen und rezeptiv für das

---

[12] Die Lehrzeit in den fernöstlichen Künsten ist ein Weg in die psychosomatische Integration durch den bewussten Gebrauch des Atems. In seinem Kultbuch über seine Erfahrungen mit dem japanischen Bogenschießen berichtet Eugen Herrigel, dass er lernte, sich in voller Gelassenheit in der Atmung zu verlieren, sodass er manchmal das Gefühl hatte, dass nicht er derjenige war, der atmete, sondern dass er sozusagen geatmet wurde. Vgl. E. Herrigel, *Lo zen e il tiro con l'arco*, Mailand 1975, 38.

Atmen und die leibliche Qualität bleibt, desto mehr gerät das Wissen in Bewegung. Das ist aber etwas ganz anders als das, was normalerweise geschieht: Indem man sitzt (homo sedens), wird der Leib sediert (homo sedatus), wobei der Geist disponibel für die Flucht in Ideen bleibt. Dagegen können durch das Ganzleibwerden im Sitzen Vorurteile und Projektionen nach und nach abgebaut werden und man sieht die Dinge so, wie sie sind. Man kann wohl sagen: Es ist eben dem Ganzleibwerden, der intentionalen Zentrierung im Leib zu verdanken, dass sich das Auge des Geistes aufschließt und man die Anderen und die Natur aus ihrem eigenen Zentrum heraus versteht. Der exzentrische Mensch wird durch die immer neu herzustellende Zentrierung im Leib offen für das Leben.

3. Ich werde jetzt die Perspektive umkehren und die Bewegung des Leibes mit einbeziehen, so wie sie im Zusammenhang des Taoismus behandelt wird. Für die Taoisten besteht die Lebensweisheit darin, die Natur zu verstehen und ihr zu folgen. Dieser Gedanke ist auch der westlichen Philosophie vertraut. Epiktet formulierte sein Programm buchstäblich so und das Motiv zieht sich durch die gesamte griechische Philosophie. Beim Taoismus bedeutete dies nicht nur die Entwicklung von Kosmologie, Medizin und Moralphilosophie auf einer theoretischen Ebene: Vielmehr war damit ein Lebensstil gemeint, der dazu hätte führen sollen, das Tao in der Bewegung zu zeigen. Die Natur zu verstehen heißt, die Prinzipien des Tao zu verleiblichen. Es ist hier aber nicht an das christliche Modell der Inkarnation – nach Nietzsche der Ursprung aller Dekadenz – zu denken, denn diese basiert auf der platonisch gedachten Unterscheidung von Logos und Fleisch. Es ist vielmehr ein Naturwerden gemeint, das sich darin zeigt, dass der sich bewegende Leib mit dem Tao harmonisiert. Die unerschöpfliche Lebendigkeit dieser Auffassung beruht darauf, die Natur und die Leere gegenüber dem Denken und Sprechen zu bevorzugen: Der Taoist handelt aus einem Zustand der inneren Stille im Einklang mit dem Tao, der zur richtigen Zeit die richtige Handlung ohne Anstrengung des Willens hervortreten lässt. Da im Taoismus die Bewegung des Tao als leer, weich und spontan gedacht wird,[13] erlernt der Anhänger das „Wu Wei", die Kunst des „Nicht-Eingreifens" bzw. die Kunst zum „Handeln durch Nicht-Handeln". Es geht hier um eine Art von kreativer Passivität, um einen „medialen" Modus, wie ich bereits formuliert habe, der das Eingreifen des dualistischen Intellekts und des starren Willens beiseite schiebt. Die Erziehung des Leibes folgt deshalb einem paradoxen Weg: Es muss gelernt werden, sich in einer Situation intuitiv, flüssig, spontan und mit einem Minimum an Energieaufwand zu bewegen. So entsteht ein vollkommenes Handeln, das intuitiv das beste Mittel und die richtige Handlung erkennt. Aufgrund eines tiefen und konzentrierten Atems, der – wie Zhuangzi sagt – aus den „Fersen" kommt, lernt der Übende, sich wie fließendes Wasser zu bewegen und somit sein Ego zu transzendieren. Das Wasser gilt in diesem Zusammenhang als das Bewegungsmuster, weil es von allen Naturele-

[13] „Der Mensch, wenn er ins Leben tritt, ist weich und schwach, und wenn er stirbt, so ist er hart und stark. / Die Pflanzen, wenn sie ins Leben treten, sind weich und zart, und wenn sie sterben, sind sie dürr und starr. / Darum sind die Harten und Starken Gesellen des Todes, die Weichen und Schwachen Gesellen des Lebens. Darum: Sind die Waffen stark, so siegen sie nicht. Sind die Bäume stark, so werden sie gefällt. / Das Starke und Große ist unten." Lao Tzu, *Tao-tê-ching*, tr. it., Mailand 1997, cap. 76, 158.

menten am stärksten dadurch gekennzeichnet ist, dass es nachgibt.[14] Die taoistischen Klassiker wenden dieses Prinzip an und behaupten, dass sich der Leib als ein Ganzes flüssig bewegen soll; somit kann er nach Bedarf in eine bestimmten Richtung gehen, ohne das Bewusstsein der umgekehrten Richtung zu verlieren. Es wird gesagt, dass der taoistisch geschulte Leib das Spannungsverhältnis von yin und yang, von Verwurzelung und Entfaltung, Ruhe und Bewegung integriert.

Was heißt das und wie ist das möglich? Ich gehe von einer schönen Stelle bei Bollnow aus, wo er die meditative Funktion des Wanderns betont. „Auch im Wandern“ – so kann man in *Die pädagogische Atmosphäre* lesen –,

> „im echten, gemächlichen Wandern zu Fuß auf einem schmalen Wanderpfad oder noch ruhiger Landstraße erfährt der Mensch, wenn er sich ganz diesem Zustand überläßt, eine Form der inneren Gestimmtheit, in der die immer unruhige Zweckhaftigkeit seines sonstigen Berufs- und Arbeitsleben oder auch Schullebens von ihm abfällt und er mit unendlich tiefer Beglückung den Zustand eines zeitlosen und zweckfreien Daseins erfährt.“[15]

Bollnow deutet hier eine Bewegungserfahrung an, die die Struktur des Bewusstseins verändert, indem sie den tiefen Bezug zwischen Selbst und Natur entdecken lässt. Eine andere, erträglichere und leichtere Dimension des Seins kann durch die Bewegung ans Licht gebracht werden, wenn man sich der Bewegung selbst hingibt. Es ist hier eine tiefe Identifizierung mit der Leiblichkeit gemeint, die wir immer schon sind, aufgrund deren auch eine gewohnte Bewegung des Leibes eine innere Gestimmtheit hervorrufen und als vollkommene Bewegung im taoistischen Sinne gelten kann. Die große Belehrung des Taoismus hat ihren wesentlichen Punkt darin, dass die spontane Bewegung des Leibes von sich aus entsteht, und zwar in dem Moment, wenn man sich von jeder Zweckvorstellung freimacht. Die hier gemeinte Spontaneität integriert Atem, Bewegung und Umwelt und gerade als integrierende Erfahrung verändert sie die Struktur des Bewusstseins. Beide, Bollnow und die taoistische Tradition, wollen darauf hinaus, dass eine tiefgehende Ruhe durch leibliche Bewegung gefunden werden kann. In anderen Worten kann man auch sagen, dass dieses Ganzleibwerden eine physisch-moralische Aufgabe bildet, die wir jetzt am Beispiel des Gehens des Näheren betrachten wollen.

Gehen ist die uns bekannteste Leibesbewegung. Sie ist so selbstverständlich, dass wir erst anfangen, sie zu bemerken, wenn wir müde sind oder uns vielleicht die Füße wehtun. Meist gehen wir, ohne es wahrzunehmen. Wir haben ein Ziel im Auge und gebrauchen den Leib als ein Instrument, das uns von einem Punkt des Raumes zu einem anderen trägt, sodass wir mehr oder weniger schnell an unser Ziel gelangen können. Nun drängt stillschweigend das Streben nach dem Ziel, die Zweckintentionalität des Leibes den Atem und die Wahrnehmung des Qualitativen ins Unbewusste. Der Blick lenkt kaum

---

[14] „Das Allerweichste auf Erden überholt das Allerhärteste auf Erden. Das Nichtseiende dringt auch noch ein in das, was keinen Zwischenraum hat. Daran erkennt man den Wert des Nicht-Handelns. Die Belehrung ohne Worte, den Wert des Nicht-Handelns erreichen nur wenige auf Erden.“ Lao Tzu, a. a. O., 103.

[15] O. F. Bollnow, *Die pädagogische Atmosphäre. Untersuchungen über die gefühlsmäßigen zwischenmenschlichen Voraussetzungen der Erziehung*, Heidelberg, Essen 2001, 84.

Aufmerksamkeit auf die Umwelt und ist zumeist nach unten oder nach innen gerichtet; wir schauen mit dem Kopf in die Wolken, ohne wirklich zu sehen. Wir werden einfach abgelenkt. Es ist keineswegs erstaunlich, dass das Gehen meist gespannt, abwesend und mechanisch erscheint.

Wie müsste dagegen ein integrierend-meditatives Laufen aussehen? In der taoistischen Kampfkunst des Taijiquan lernt der Übende, den Schwerpunkt niedrig zu halten und das Gewicht progressiv und langsam von einem Bein zum anderen zu verlagern, sodass voll und leer an Gewicht unterschieden werden. Aber im Fall des freien Gehens in der Natur sind alle diese Techniken absolut überflüssig. Die Schritte entwickeln sich von selbst nach einer zeitlichen Ordnung, die von Wiederholung, Rhythmus und Konstanz charakterisiert ist. Im Gehen bewegt sich der ganze Leib tendenziell „wie das taktmäßige Fließen des Wassers eines Flusses“, wie es der taoistische Klassiker vorschreibt.[16] Damit diese Ordnung auch effektiv als Weg der Transformation wirken kann, gilt auch in diesem Fall das, was für den Fall des sitzenden Leibes galt: Wenn jemand geht, muss er sich nur von Zielen und Gedanken entleeren und die Aufmerksamkeit auf die Schritte, auf den Atem und auf die Umwelt richten. Man soll sich auf den Rhythmus einlassen, damit eine diffuse Aufmerksamkeit entsteht, die zwischen den kinästhetischen Wahrnehmungen und der Umwelt frei fluktuiert. Genauso wie im Falle des schweigend sitzenden Leibes liegt die große Schwierigkeit im Sichgehenlassen. Es geht darum, sich ganz dem zu überlassen, was man tut, und dies ohne einen Unterschied zwischen Ruhe oder Bewegung zu tun. Ein Umschalten im Verhältnis zum eigenen Leib wird hierbei notwendig. Die Leibintentionalität darf sich nicht auf die Ziele, sondern muss sich auf den sich bewegenden Leib selbst richten. Im Falle des Gehens ist es das Ziel, der eigene gehende Leib zu werden.

Dass dieses Umschalten, obwohl im Grunde simpel, nicht gerade einfach ist, leiten wir nicht nur von der direkten Erfahrung, sondern auch von der Theorie ab. Für die philosophische Anthropologie ist die Spannung zwischen Leibsein und Leibhaben nie völlig aufgehoben. Sie muss immer wieder neu gelöst werden. Nun hat aber die taoistische Tradition festgestellt, dass das Zusammenspiel zwischen einer langsamen, kontinuierlichen Leibbewegung, einem tiefen Atmen und einer fluktuierenden Aufmerksamkeit dazu beiträgt, diese Spannung zu lösen. Im selbstbezüglichen Gehen geschieht genau dies: Die Aufmerksamkeit ist auf die Bewegung, auf das Atmen und die Umwelt gerichtet und das Zusammenwirken dieser Elemente beruhigt die psychische Struktur und ermöglicht das Einswerden mit sich selbst. Bei dieser Integration von emotionalem und intentionalem Leben spielt der Blick eine wesentliche Rolle. Beim Gehen im Freien wird der Blick gelassener. Es besteht somit die Möglichkeit, dass der Blick für die ganze Wahrnehmungsgestalt offen bleibt. Wenn der Blick nicht nach innen oder unten oder auch oben, sondern nach vorne und außen gerichtet ist, wird die visuelle Wahrnehmung befreit und der Kontakt zur Umwelt als „Zwischenleiblichkeit“,[17] als zweiseitig gerichteter

[16] „Trattato del maestro Zhang Sangfeng“, in: Liao Waysun, *I classici del t'ai chi*, Rom 1996, 96.

[17] Waldenfels redet von einer „Zwischenleiblichkeit als Verschränkung von eigenem und fremden Leben“ und formuliert auf diese Art und Weise einen wichtigen Begriff der Gegenwartsphänomenologie, wofür der Bezug zum Anderen in den verschiedenen Formen der Stütze und der Beschränkung konstitutiv für die Erfahrung der Wirklichkeit steht. „Der Selbstbezug“ – schreibt

Bezug, als „einheitliches Interfunktionieren“ wieder integriert, wie es Phänomenologen und Gestalttheoretiker sagen.[18] Die Langsamkeit der Bewegung ist wichtig. Beim langsamen Gehen wird es möglich, die ergonomischsten Bewegungen zu entdecken und sich vor allem von einem Leistungsdruck zu entlasten; auf diese Weise werden auch die Geduld und die Lust für das verstärkt, was man tut: Eine bewusste Identifizierung mit der Bewegung in ihrer zeitlichen Entwicklung wird vorgenommen.[19] Merleau-Ponty redet von einer „motorischen Intentionalität“, die unlösbar „Bewegung und Bewusstsein der Bewegung“ ist.[20] Ich behaupte: Sie wird just durch eine langsame und aufmerksame Bewegung entdeckt, die Ruhe in der Unruhe integriert. Das ist eben der Fall beim Gehen, das durch seinen rhythmischen und konstanten Charakter die Möglichkeit bietet, die Kluft zwischen Subjekt und Welt zu überwinden. Im Anschlusss an die phänomenologische Psychologie von Erwin Straus kann man sagen, dass in einem aufmerksamen Gehen der innere Zusammenhang von Empfinden und Sich-Bewegen auf natürlicher Weise auftritt.[21] Im fließenden, kontinuierlichen und bewussten Kontakt zwischen Leib und Umwelt werden in der Tat Emotionen, energetische Ströme und Bewegung integriert. Energetisch gesehen steht diese Integration im Gegensatz zur psychischen Struktur in den alltäglichen Handlungen, in der oft der Konflikt von entgegengesetzten Motivationen zu Blockierungen und Verwirrung führt.[22] Der Leib findet im Modus der Zwischenleiblichkeit spontane und kreative Antworten auch deswegen, weil das Einswerden mit der Bewegung die Verflechtung von Vorurteilen und Projektionen auflockert und löst. Aufgrund der Bewegung kann somit eine Bewusstheit qua awareness (it.: *consapevolezza*) entstehen, die tiefer und umgreifender ist als das Bewusstsein qua subjektives Denken, das sich Gegenstände vorstellt.[23] Paradox ist, dass man es nicht mit Anstrengung erreichen kann, sich leicht und bewusst zu bewegen. Der Fehler von Descartes war genau der, dass er den Leib wie einen Mechanismus darstellte, der unter dem Joch des Willens steht.[24] Ein Leib, der sich so bewegt, hat dagegen weder Grazie noch Leichtigkeit. Ganz im Gegenteil lehrt die Psychopathologie, dass sich die entzweite und abwesende Person in dieser Weise bewegt. Die Bewusstheit als Qualität der Bewegung entsteht von sich aus, wenn man sich immer mehr mit dem Leib identifiziert. Wenn die Aufmerksamkeit in die Bewegung integriert ist, gibt es weder einen Gehenden noch sein mechanisch an-

---

Waldenfels – „geht dem Bezug zum Anderen nicht voraus, dadurch würde dieser zum sekundären Bezug, sondern Selbstbezug und Bezug zum Anderen sind synchron zu lesen.“ Vgl. B. Waldenfels, *Das leibliche Selbst*, a. a. O., 284f.

[18] F. Perls, R. F. Hefferline, P. Goodman, *Teoria e pratica della terapia della Gestalt: Vitalità e accrescimento nella personalità umana*, Rom 1997, 345.

[19] Dazu verweise ich auf die Theorie der motorischen Bewusstheit bei Moshe Feldenkrais, *Le basi del metodo per la consapevolezza dei processi psicomotori*, Rom 1991, 91.

[20] M. Merleau-Ponty, *Phénoménologie de la perception*, Paris 1945, 128.

[21] E. Straus, *Vom Sinn der Sinne*, Berlin/Göttingen/Heidelberg 1956, 240 ff.

[22] Vgl. M. Feldenkrais, *L'io potente. Uno studio sulla spontaneità e la compulsione*, Rom 2007, 65 ff.

[23] In diesem Sinn sagt auch Fritz Perls, dass die „awareness“ dem Bewussten etwas hinzufügt, weil sie der Person den Sinn für ihre Fähigkeiten sowie für ihren sensomotorischen Apparat gibt. F. Perls, *L'approccio della Gestalt*, a. a. O., 66.

[24] Vgl. A. R. Damasio, *L'errore di Cartesio. Emozione, ragione e cervello*, Mailand 1995, bes. 336–343.

gestrengtes Gehen, sondern eine eher ausgeglichene und ruhige Bewegung, in der Leib, Atem und Geist in harmonischer Balance zueinander stehen.

Ich fasse zusammen: In der Linie der phänomenologisch-hermeneutischen Anthropologie, des Zen-Buddhismus und der taoistischen Künste habe ich behauptet, dass das Schweigen als Verhalten des ganzen Leibes eine wichtige anthropologische Funktion hat. Es geht dabei weder um das bloße Sitzen noch um das Gehen als solches. Ich habe die Künste des Fernen Ostens als einen indirekten Weg herangezogen, um den Kernpunkt zu verdeutlichen. Je mehr man sich auf das Leibsein im Schweigen einlässt, desto mehr verwandelt sich auch das Wissen. Jegliche leibliche Tätigkeit kann zu einem tieferen Seinsverständnis führen. Auf das Wie kommt es an. Dagegen wird man wohl einwenden können, dass die Heilung des Bruches von Leibsein und Leibhaben eine offene und nie völlig zu lösende Herausforderung ist. Einerseits stimmt dies, andererseits gilt, dass die Identifizierung mit dem Leib im schweigenden Selbstbezug das Geflecht der Vorurteile auflöst. Dieses Phänomen habe ich am Motiv des Sitzens und Gehens versuchsweise beschrieben, aber es lässt sich verallgemeinern: Indem wir lernen, uns auf den Leib einzulassen, der wir immer schon sind, wird der egozentrischen Position des Bewusstseins der Boden entzogen. In diesem Sinn gilt Waldenfels' Behauptung, dass der leibliche Selbstbezug eigentlich eine Form von Selbstentzug darstellt, bei dem sich der Übergang zwischen Eigenem und Fremden, Leib und Umwelt fließender ergibt. Ich habe diesen Modus als gelassene, „mediale" Haltung verstanden. Es handelt sich um eine aktive Passivität und eine passive Aktivität. Dieser Zustand wird dadurch charakterisiert, dass der bewusste Leib fähig ist, in direkter und intuitiver Weise als Ganzes auf die Situationen der Außenwelt zu reagieren, ohne in Vorurteile verstrickt zu werden. Diese leibliche Bewusstheit ist von hoher erkenntnistheoretischer und moralischer Bedeutung: Sie transformiert das Wissen, indem sie immer wieder zu einem exzentrischen Blickwinkel führt, der die Projektionen des Egos erkennen lässt. Außerdem macht uns die Identifizierung mit dem Leib lebensfähiger, wacher und verantwortlicher. Das anthropologisch Relevante dabei ist, dass eine vollkommen erlebte Leiblichkeit das Gegenteil des Narzissmus darstellt: Ist in diesem Fall die Identität immer problematisch aufgrund der Konzentration auf das Ego, so lässt eine gelassene Subjektivität eine tiefere Identität wachsen, die sich mit allem Leben verbunden weiß. Diese Form von Identität können wir geistig nennen. Denn in dem hier gemeinten Sinn ist Geist ein unlösbar leibliches Phänomen, das sich ohne Leiblichkeit kaum fassen lässt. Der Begriff spielt auf ein Verständnis des Seins an, das sich durch Leichtigkeit und spielerische Zwecklosigkeit auszeichnet. Der schweigende Leib entdeckt in der Stille eine Wirklichkeit, die aus der Bewegung und der Bewusstheit der Bewegung selbst hervorgeht und jenseits der Unterscheidung von Subjekt und Objekt liegt. Allerdings ist diese Geistigkeit des Leibes sozusagen nicht unmittelbar zu sehen. Denn diese geistige Identität setzt einen energetischen Einsatz, eine leibliche Mühe voraus und erfordert gleichzeitig die Erfahrung, den Griff des Willens loslassen und „sich gehenlassen" zu können. Sie ist – wenn ich Saint-Exupéry und von Hofmannsthal zusammen paraphrasieren darf – sozusagen für die Augen unsichtbar und man versteht, worum es geht, wenn die egozentrischen Illusionen von Kontrolle in einem Zustand der Gelassenheit aufgegeben werden. Gerade in diesem Augenblick fängt man an, mit dem Herzen zu denken.

XIII Die Idee der Unergründlichkeit als Unbestimmtheitsprinzip der historischen Erfahrung

Abschließend möchte ich nur noch einige Überlegungen über den Begriff der Unergründlichkeit ergänzen, der von Dilthey und seiner Schule unterschiedlich formuliert wurde. Vor allem gehe ich auf Helmuth Plessner und seine Rezeption dieses Begriffs ein, denn die Begrifflichkeit der lebensphilosophischen Richtung wird bei ihm reicher durch Beiträge anderer Theorieansätze, wie etwa der Phänomenologie, der Wissenssoziologie und der theoretischen Biologie. Es stellt sich dann die Frage, ob Plessners (aber auch Bollnows) Prinzip der Unergründlichkeit die Schwierigkeiten der Strukturpsychologie Diltheys überwindet, welche die kulturellen Formen aus einer immer gleichen Struktur der menschlichen Psyche hervorgehen lässt. Ich meine ja und möchte thesenhaft vorausschicken, dass Plessner in seiner Theorie im Sinne Diltheys über Dilthey hinausgegangen ist und mit dem Gedanken des Unergründlichen eine Art Unbestimmtheitsprinzip der historischen Erfahrung herausgearbeitet hat.

Zunächst ist hervorzuheben, dass Plessner ein Bewunderer Diltheys war, der zu den Vorläufern der Dilthey-Renaissance gehörte. In *Macht und menschliche Natur* – von 1931 – rechnet er Dilthey das Verdienst an, die zeitgenössische Philosophie von der Alternative zwischen Empirismus und Rationalismus befreit zu haben. Bekanntlich hatte Dilthey die Unergründlichkeit der Lebenskategorien der abstrakten Klarheit der Verstandeskategorien entgegengesetzt; nach Dilthey sind die historischen Lebenskategorien unergründlich, d. h. sie lassen sich nicht aus einem Prinzip deduzieren und können nur historisch erforscht werden. Plessner sieht darin den Kern der Kritik der historischen Vernunft, weil die These der Unergründlichkeit die Durchführung der Kritik unter dem Aspekt der Historie erlaubt. Dilthey tritt bei Plessner somit als der Pionier auf, der die gegenseitige Abhängigkeit zwischen historischem Leben und kulturellen Formen für die Philosophie produktiv machte. An dieser systematischen Stelle setzt Plessners Weiterentwicklung des Themas des Unergründlichen an, die wir uns jetzt näher ansehen wollen.

1. Zuerst eine Bemerkung zur Bedeutung der Unergründlichkeit auf der Ebene der Kultur- und Politiktheorie: Plessner schreibt, dass die philosophische Anthropologie

den Menschen als „Zurechnungssubjekt seiner Welt, als ‚Stelle' des Hervorgangs aller überzeitlichen Systeme begreift, aus denen seine Existenz Sinn empfängt."[1] Bei der Auslegung dieser Passage versteht Bollnow Plessners Ansatz als eine „anthropologische Reduktion." Nun, was wird durch diese Reduktion in der Anthropologie erreicht? Es handelt sich um eine prinzipielle Behauptung: Die Sphären der Kunst, der Wissenschaft, der Religion, selbst der Philosophie müssen danach auf den Menschen zurückgeführt werden, der sie ans Licht gebracht hat. Soweit könnten zwar auch andere theoretische Ansätze kommen, etwa eine anthropologische Philosophie im Sinne Feuerbachs, aber auch jener von Dilthey, der alle kulturellen Leistungen von der Struktur der menschlichen Psyche und ihrer Beziehung zu der sie umgebenden Welt ableitet. Der kulturalistische Ansatz Plessners fügt ein Zweites hinzu: Die Kultursysteme geben zugleich eine Form der menschlichen Lebenswelt. Selbstmächtigkeit und Kultur gehören zusammen, wobei es prinzipiell unentschieden bleiben muss, was den Vorrang hat. Dieser Zugang sieht den Menschen als immer schon in kulturell gestalteten Kontexten situiert, die zugleich weiter gestaltet werden *können*. Die Unergründlichkeit bedeutet in diesem Zusammenhang, dass Kulturformen und politische Entscheidungen, Strukturen und Inhalte des historischen Lebens Kovarianzphänomene sind, d. h. sie wachsen zusammen und verweisen aufeinander.

Plessner betont allerdings, dass diese zirkuläre Verbindung vom Apriorischem und Aposteriorischem nach dem Prinzip der Unergründlichkeit das Ergebnis einer radikalen historischen Weltansicht bildet. Die Unergründlichkeit ist jedenfalls keine Seinsbestimmung des Menschen, sondern eher eine Betrachtungsweise, die dem historischen Bewusstsein entspricht; sie sieht den Menschen als bestimmt und zugleich offen für neue Möglichkeiten der Selbstgestaltung und des Selbstverständnisses an. Wird diese Leitidee nicht im Blick behalten, so wird auch ein Ganzes auf ein Teil reduziert. Das ist es, was empirische und ontologische Anthropologien tun, wenn sie das Menschliche auf ein Wesensmerkmal fixieren; mithin sind sie der Gefahr ausgesetzt, das Sein mit dem Sollen zu verwechseln. Zum Beispiel wenn das, was nicht in der Stärke des Herzens oder in der Angst begründet ist, für einen mangelhaften und uneigentlichen Modus des Menschseins gehalten wird. Selbst die Psychologie Diltheys ist nicht von diesem Trugschluss frei, etwa wenn sie die vollkommene Verwirklichung des Strukturzusammenhanges als Erfüllung des menschlichen Wesens beurteilt. Dilthey hatte tatsächlich nicht bemerkt, dass er damit ein altes humanistisches Bild hypostasierte, das zugleich die Funktion eines kulturellen Beurteilungskriteriums annahm. Man denke an Diltheys Abwertung der slawischen Völker.

Ganz im Gegensatz dazu warnt Plessner davor, dass bestimmte Möglichkeiten des Menschenseins heimlich idealisiert werden. Sein Prinzip der Unergründlichkeit macht mit der These Rankes Ernst, alles sei gleich unter dem Auge Gottes, und schließt sowohl ein Telos als auch eine ideale Form des Lebens aus, die man in der Geschichte verwirklichen sollte. Jede Lebensform ist autonom und prinzipiell gleichberechtigt. Diese Auffassung plädiert für einen kritischen und zivilisierenden Demokratiebegriff, der weder mit dem autoritären Nationalismus noch mit dem geschichtsphilosophisch orientierten Ethos einverstanden ist. Denn letztere glauben, die Unheimlichkeit des Anderen

[1] GS V, 148.

in der Gemeinschaft überwinden zu können; dem opponiert Plessner, da sich die Unheimlichkeit des Anderen nie ganz auflösen lässt, weil sie aus der tiefen Verflechtung des Eigenen und des Fremden herauswächst. Man begegnet dem Anderen als ein anderes Selbst in einem Anderen. Das Befremdende dabei ist, dass diese Spiegelerfahrung symmetrisch und reversibel ist und das ist nicht ohne praktische Folgen. Man kann den Anderen nie ganz bestimmen, genau so gut wie eine Selbstbestimmung und -erkenntnis immer nur relativ ist. In dieser Einsicht verschmelzen Phänomenologie, Psychoanalyse und europäische Moralistik; daraus folgt die These, dass das Leben opak ist – *vita abscondita*. Aus diesem Blickwinkel betrachtet scheint die Politik dadurch notwendig und universal zu sein, weil sie diese Undurchsichtigkeit regelt. Die Politik ist es, die jeweils sichtbare Grenzlinien zwischen dem Eigenen und dem Fremden zieht und somit dem Leben Formen gibt. Ihre Arbeit dringt tief in die Kultur ein, indem sie die Bezüge von Nähe und Distanz, Kooperation und Konflikt, Frieden und Krieg immer wieder gestaltet.

2. Meine zweite Bemerkung bezieht sich auf das Verhältnis zwischen der Unergründlichkeit und den Geisteswissenschaften. Dilthey hatte geschrieben, dass jede Geisteswissenschaft einem Schiff gleicht, das über das uns nicht ergründliche Meer fährt. Plessner nimmt das Motiv wieder auf und behauptet, dass die Geisteswissenschaften ihre Gegenstände als prinzipiell unergründlich infrage stellen. Nun sind Monumente und Dokumente zumeist verständlich; sie können beschrieben und erforscht werden, manchmal sogar unter Rekurs auf exakte Methoden der Naturwissenschaften. Wie wäre es, die Unergründlichkeit in Bezug auf das Erkenntnisideal der Geisteswissenschaften zu verstehen? Es ist an Stendhals Theorie der Liebe zu denken: Nicht die Schönheit zieht die Liebe an, sondern erst die Liebe ist es, die ihr Objekt schön macht. Die Struktur dieses Arguments gilt auch für das Prinzip der Unergründlichkeit: Unergründlich sind die historischen Objekte nicht als solche; vielmehr bringt die Unergründlichkeit eine Betrachtungsweise hervor, einen Zugang, der den Bezug zwischen Teilen und Ganzem, Subjekt und Objekt spezifisch auslegt.

Zwei Begriffe werden bei der Deutung der Bezüge zwischen Teilen und Ganzem wichtig für die Erkenntnisleistung des Verstehens. Einerseits soll die Kategorie der Funktion die Rolle eines Phänomens in einem Kontext herausstellen; andererseits kommt die Kategorie der Artikulation zu Hilfe, um Aussagen über ein System im Lichte eines Phänomens zu ermöglichen, das als sinnvolles Glied dieses Ganzen verstanden werden soll. Den heuristischen Wert dieser operativen Begriffe möchte ich kurz an zwei Beispielen veranschaulichen. Ich erwähne als erstes Beispiel das Phänomen des Vereins. Wir erinnern uns daran, dass die Formen menschlichen Selbstverständnisses und die Inhalte der subjektiven Erfahrungen zusammengehören, dass wir demzufolge die ersteren untersuchen müssen, um die zweiten zu verstehen; aber dies gilt auch umgekehrt, ohne dass eine einseitige kausale Richtung verabsolutiert werden kann. Wenn wir einen Verein verstehen wollen, müssen wir das Geflecht der Bezüge zwischen Vereinsmitgliedern und objektiven Systemen klären, die den Verein formen: einerseits Handlungen, Rollen, Absichten der einzelnen Vereinsmitglieder, andererseits implizite oder explizite Gesetze, soziale Zwecke und anerkannte Werte. Dieses Beispiel ist an sich simpel, doch es ist praktisch und theoretisch von Belang. Zu denken wäre etwa an die Richter, die entscheiden müssen, ob Interessengruppen innerhalb eines

Vereins lobbyistische Ziele verfolgen, die Gesetze brechen: Sie sollten danach fragen, ob individuelle, gesetzwidrige Handlungen etwas über die wirklichen Vereinszwecke besagen, d. h. ob die Funktion der Teile etwas Neues über das Ganze sagt, was wir nicht sehr gut kennen. Es ist auch an den Soziologen zu denken, der umgekehrt versucht, Schlüsse über das soziale System zu ziehen, das gesetzwidrige Vereine toleriert oder sogar heimlich fördert. Er würde in dem Fall implizit danach fragen, wie das Ganze beschaffen sein muss, damit jenes Phänomen sinnvoll erscheint. Ich erwähne noch ein sensibles ethisches Thema wie etwa das Phänomen der Geburt in den fortgeschrittenen Industriegesellschaften: Das Prinzip der Unergründlichkeit würde uns dazu sagen, dass selbst eine eng mit der conditio humana zusammenhängende Tatsache wie die Geburt kulturell geprägt ist und von der Auffassung abhängt, die eine Gesellschaft oder auch auf einer anderen Ebene eine Einzelperson davon hat. Für einen Bevölkerungsrückgang wären die Entscheidungen der sozialen Akteure und die kulturellen Formen einer Gesellschaft verantwortlich zu machen. Der interpretativen Arbeit wäre danach aufgegeben, Hypothesen darüber durch den Rekurs auf einen Pluralismus von Methoden aufzustellen. Es wäre danach zu fragen, welche Funktion die Geburtenkontrolle, Abtreibungen, das Schwinden sexuellen Begehrens usw. innerhalb einer bestimmten Gesellschaft spielen und zugleich wie letztere im Ganzen beschaffen sein muss, damit solches Verhalten sinnvoll in ihr auftreten. Man sieht: Es ist hier eine Wissenssoziologie implizit angelegt, die soziale Strukturen und Wissensformen als dynamische Korrelate nimmt. In der Tat berührt sich offensichtlich eine vom Prinzip der Unergründlichkeit geleitete hermeneutische Anthropologie in einigen Punkten mit nahestehenden Ansätzen, wie u. a. der phänomenologischen Sozialpsychologie und der systemtheoretischen Soziologie, der Theorie der Rollen und der sozialen Vorstellungen, dem Pragmatismus und der Kulturanthropologie. Diese Punkte systematisch herauszuarbeiten gehört aber zu einem anderen Kontext und muss für die künftige Forschung offen bleiben.

Es soll aber hier verdeutlicht werden, dass selbst die Anwendung dieser Begriffe abstrakt und statisch bliebe, wenn ein dynamischer und pluralisierender Faktor nicht hinzukäme. Es geht um die Kategorie der Entscheidung, die uns wieder auf das Verhältnis von Kultur und Politik zurückführt. Wir sind bereits einem ersten Aspekt dieses Bezugs begegnet, d. h. dass die Politik, die menschliche Selbstmächtigkeit bis in die Wissensformen eindringt. Komplementär dazu ist jetzt die These, dass das historische Wissen „politisch" ist, d. h. sein Objekt durch Entscheidungen konstituiert. Es ist erst dem vollen Einsatz des Subjekts und seiner Entscheidungen zu verdanken, dass Vergangenes greifbar wird. Der Bezug zwischen Subjekt und Objekt, Vergangenheit und Gegenwart wird also im Sinne der Unergründlichkeit als der einer offenen Immanenz im Sinne von Georg Misch aufgefasst: Jede historische Individuation wird aus einem kulturellen Kontext mühsam errungen, zugleich strukturiert sie aber durch ihre Entscheidungen das Ganze um, aus dem sie hervorgeht. Die Entscheidung vergegenwärtigt, indem sie ein Gestaltetes sichtbar macht und umgestaltet. Wenn diese Leitidee der subjektiven Vergegenwärtigung nicht im Blick behalten wird, entstehen Relativismus, der Positivismus der Geisteswissenschaften oder Skeptizismus; das sind alles Positionen, in denen sich ein schlechter Historismus ausdrückt, der die Vergangenheit absolut setzt. Dagegen reguliert die Idee der Unergründlichkeit das historische Wissen, sodass der Autonomie des verstehenden Subjekts Rechnung getragen wird. Es geht beim Verstehen aber nicht darum, Caesar zu sein, um Caesar zu verstehen: Zu dieser psychologistischen Fassung der Hermeneutik kann nur eine Theorie gelangen, die auf Begriffe wie Erlebnis, Nacherleben, Analogie, Kongenialität der menschlichen Gattung den Akzent setzt. Plessner (und auch der späte Bollnow, der auf den Erlebnisbegriff wegen seiner allzu poetischen Färbung verzichtet und lieber von kritischem und schaffendem Verstehen spricht) geht in eine andere Richtung, die die individuelle Hinwendung zum Gegenstand als Bedingung seiner Relevanz ansieht. Nach dem Prinzip der Unergründlichkeit sind deshalb die Geisteswissenschaften nicht durch ihren Gegenstand, sondern vom Ansatz her politisch: Ohne praktische und theoretische Entscheidungen, d. h. ohne das Geflecht von Motivation und Wahrhaftigkeit, Fragestellungen und Hypothesenbildungen, Kunst des Sprechens und Ansprechens, scharfe Formulierungen und treffende Antworten wird ein Objekt nicht sichtbar. Aber auch das Gegenteil gilt: Umso sichtbarer das Objekt, desto offener wird es für neue Entscheidungen. Das Sehenlassen der Phänomene und die aneignende Vergegenwärtigung sind untrennbar. Die Geisteswissenschaften sollten sich nicht nur davor hüten, anthropologische Konstanten fixieren zu wollen; sie erfüllen ihre Aufgaben erst positiv, wenn sie die historische Erfahrung vergegenwärtigen und ihre Bedeutsamkeit im Lichte lebenswichtiger Fragen der Gegenwart verständlich machen.

Doch wessen Gegenwart? Werner Heisenberg sagte, dass wir im Prinzip die Gegenwart nicht in jedem entscheidenden Faktor erkennen können. Das trifft in gewisser Hinsicht auch auf das historische Wissen zu: Wir können nicht in jedem Schlüsselelement die Vergangenheit erkennen, denn es gibt keine Gegenwart, in der sich alle vollkommen widerspiegeln. Die Gegenwart erfahren wir jeweils innerhalb der Sinnsphären, die relativ geteilt werden. Man kann dann nur von den Situationen der jeweils eigenen, d. h. mitgestalteten – weiter gestaltbaren – Gegenwart ausgehen, um Hypothesen über die Konstitution der Bezüge zwischen Teilen und Ganzem aufzustellen, die als fallibel gedacht werden müssen. Im Sinne des Unergründlichkeitsprinzips kann es nicht anders sein, weil es keine ontologische Struktur gibt, die ans Licht zu bringen wäre; daher kann das Wirkliche immer nur aus der Perspektive des Beobachters rekonstruiert werden, was es mithin in eine Bewegung bringt, die nie zur Ruhe kommt. Das Fazit ist, dass der Konflikt der Weltanschauungen kein Ende kennt, obwohl die Einbeziehung der Perspektiven die Blickwinkel erkennbar macht und sie zur Diskussion stellt.

3. Ich komme zu einer letzten Bemerkung. Der Begriff der Unergründlichkeit ist eine säkularisierte theologische Kategorie. Unergründlich sind die Ratschlüsse Gottes, die ein endlicher Verstand nicht ganz begreift. Gott selbst ist verborgen und unbestimmbar, da keine ontologische Bestimmung seine Natur erschöpft. Sein und Sprache sind zweierlei, genauso wie im Orient der Dao eigentlich nicht der Dao ist, den man durch die Sprache bestimmt. Die westliche Tradition hat mit dem Humanismus der Neuzeit dem Gedanken des Unergründlichen neue Sinnnuancen hinzugefügt, und zwar mit der Vorstellung, dass selbst der Mensch unbestimmt ist. Er ist, was er tut. Seine Würde hat mit einer offenen Selbstmächtigkeit zu tun. Nun rezipiert Plessner diese neuzeitlichen Motive durch die Vermittlung von Kant innerhalb eines Theorieansatzes, bei dem die Idee der Kritik als Höhepunkt der humanistischen Tradition zusammen mit der Entdeckung der historischen Individualitäten einhergeht. Die Unergründlichkeit bedeutet bei ihm, dass die

Selbstmächtigkeit und die Verborgenheit des Menschen eng zusammenhängen. Es besteht kein Telos der Geschichte, das es ihm ermöglichen würde, völlig zu sich selbst zu kommen; ebenso wenig gibt es ein absolutes Wissen, das die Identität vor dem Risiko des Unheimlichen bewahren könnte. Die Verschränkung des Vertrauten und des Fremden ist unlösbar und jeder Ausdruck des eigenen Lebens bringt mit sich immer schon auch etwas Fremdes.

Man sieht: Diese Auffassung der Unergründlichkeit geht in die Richtung Diltheys, sie führt aber viel weiter in theoretischem und praktischem Sinne als die Strukturpsychologie. Sie bestreitet sowohl einen teleologisch angelegten Strukturbegriff als auch ein Verstehen, das auf das Eigene, Vertraute, Naturfremde begrenzt wäre. Selbst Bollnows Auffassung der Unergründlichkeit radikalisiert Diltheys berühmten Satz, was der Mensch sei, sage ihm nur seine Geschichte, indem er von jeglichem archimedischen Punkt in der Geschichte Abschied nimmt, was sich allerdings auch gegen Diltheys psychologisches Modell einer immer gleichen menschlichen Natur richtet. Die Konsequenz der historischen Weltansicht und eines hermeneutischen Philosophierens ist folglich, dass nicht nur die Inhalte, sondern auch die Formen des menschlichen Selbstverständnisses als variabel zu behandeln sind. Diese Betrachtungsweise ist bei Plessner und Bollnow nicht nur theoretischer Natur, sondern vom Ansatz her pluralistisch angelegt, auch in dem Sinne, dass sie zur Autonomie des Blickes und der kritischen Entscheidung ermutigt.

Freilich könnte man gegen diese Idee des Unergründlichen einwenden, sie sei letztlich nichts anderes als eine Idee, ein unbegründetes Postulat, wie selbst der Kantianer Habermas in seiner Plessner-Kritik sagte. Aber die beste Antwort – *ante litteram* – auf ein solches Argument wäre eben die von Kant, der die Rolle der Ideen in ihrer Vermittlungsfunktion zwischen Theorie und praktischem Leben rehabilitierte. Wenn es nun im Sinne Kants stimmt, dass Ideen eine Richtung andeuten, die dem Wissen eine orientierende Einheit verleihen, so kann man die Unergründlichkeit in der Nachfolge Diltheys als ein praktisch relevantes Unbestimmtheitsprinzip des historischen Lebens rezipieren. Ungefähr – wie es sich gehört – lässt sich dies folgendermaßen zuspitzen: Wird eine ontologische Struktur des menschlichen Wesens bestimmt, so wird auch mit hoher Wahrscheinlichkeit eine idealisierte Vorentscheidung über das getroffen, was es erreichen könnte und sollte. Und ferner: Wenn Monumente und Dokumente verabsolutiert werden, tritt das Wissen – ich paraphrasiere Eliots *The Waste Land* – als Information und Erkenntnis auf, doch mit hoher Wahrscheinlichkeit geht dann jene Weisheit verloren, die beides entstehen lässt: die Autonomie und Offenheit für das Neue, die entscheidende Werte einer pluralistisch gedachten Welt sind.

Nachweise

„Zur Einführung: Der Gedanke der Unergründlichkeit des Lebens bei Dilthey und in seiner Schule"; erweiterte Fassung eines Vortrags, gehalten auf der Tagung „Die Aktualität der Philosophie von Dilthey", Wrocław, Oktober 2011.

„‚Der ganze Mensch'. Das Problem einer philosophischen Lehre vom Menschen bei Dilthey und Plessner"; gekürzte Fassung eines gleichnamigen Beitrags, in: *Dilthey-Jahrbuch für Philosophie und Geschichte der Geisteswissenschaften*, 7 (1990–91), 112–138.

„Plessners Verständnis der Moderne. Anthropologie und Geschichtsphilosophie beim frühem Plessner"; leicht veränderte Fassung eines Vortrags, gehalten auf der Plessner-Konferenz „Grenzen und Spielräume des Menschen in der anthropologischen Diskussion", Berlin, September 1992, veröffentlicht in: J. Friedrich/B. Westermann (Hrsg.), *Unter offenem Horizont. Anthropologie nach Helmuth Plessner*, Frankfurt a.M./Berlin/Bern/New York/Paris/Wien, Peter Lang, 1995, 182–196.

„Politische Kultur als Spiel der Zivilisation. Eine Auslegung von Plessners frühem politisch-sozialphilosophischen Ansatz", in: *Reports on Philosophy* (Kraków), 15 (1995), 91–108.

„Offene Identität. Ein anthropologischer Zugang zur Frage nach der Geschichtserfahrung", leicht veränderte Fassung eines in Nantes gehaltenen Vortrags. Veröffentlicht auf französisch in Guy Deniau-André Stanguennec, *Expérience et herméneutique. Colloque de Nantes – Juin 2005*, Paris, Vrin, Argenteuil, Le Cercle Herméneutique, 2006, 163–176.

„Die Tragweite von Diltheys Strukturbegriff für Anthropologie und Psychologie", Vortrag, gehalten beim internationalen Dilthey-Kolloquium, Bochum im Herbst 2005. Erschienen in G. Kühne-Bertram/F. Rodi (Hrsg.), *Dilthey und die hermeneutische Wende.*

Wirkungsgeschichtliche Aspekte seines Werkes, Göttingen, Vandenhoeck & Ruprecht, 2008, 273–282.

„Theorie der Lebensbezüge. Zur Systematik des Werkes von Otto Friedrich Bollnow“, in: *Bildung und Erziehung*, 61 (2008), 4, 475–497.

„Hermeneutik als meditative Philosophie“, in: *Deutsche Zeitschrift für Philosophie*, 58 (2010), 1, 31–50.

„Formae mentis. Zur Frage nach einer hermeneutischen Psychologie in der Nachfolge der Dilthey-Schule“, unveröffentlicht.

„Von der philosophischen Anthropologie zur Hermeneutik der Identitäten“, Vortrag, gehalten auf der internationalen Tagung „Philosophische Anthropologie: Ursprünge, Entwicklungen, Perspektiven“, Brixen, Dezember 2009 (eine italienische Fassung ist online veröffentlicht unter: *www.giornaledifilosofia.net – luglio 2011*).

„Menschenbild und Bildkritik. Zur Transformation des anthropologischen Fragens“, Vortrag, gehalten auf der internationalen Tagung „Imago hominis. Anthropologien und philosophische Anthropologie“, Levico, April 2011.

„Sitzen und Gehen. Zur Hermeneutik des Leibes in den fernöstlichen Künsten“, in *Etica & Politica/Ethics & Politics*, XIII (2011) Nr. 1 (The Paths of the Alien: on the Philosophy of Bernhard Waldenfels, hrsg. von F. Menga), 136–150.

„Die Idee der Unergründlichkeit als Unbestimmtheitsprinzip der historischen Erfahrung“, erweiterte Fassung eines Vortrags, gehalten auf der internationalen Dilthey-Konferenz „Anthropologie und Geschichte“, Meran, September 2011.

Personenverzeichnis

www.ingramcontent.com/pod-product-compliance
Lightning Source LLC
LaVergne TN
LVHW081337011026
849161LV00013BB/2943